普通高等学校省级规划教材

网络信息采集与编辑

第2版

主编　范生万　刘亚男
参编　徐祥辉　陶迎松　刘钊颖
曹　旭　傅贤举

中国科学技术大学出版社

内 容 简 介

“网络编辑”为教育部颁布的高等职业学校电子商务专业八大专业核心课程之一，本书依据网络编辑实际工作构建学习情境，通过分析实际工作过程、提炼典型工作任务、设计学习任务，将教材与职业岗位所需的知识、能力和素质相结合，将理论与实践相结合。主要包括网络编辑认知、计算机与互联网应用概述、多媒体基本技术、网页制作与发布、信息发布技术、网络内容采集与编辑、网络专题策划与制作、网络时评等内容。

本书适合高职院校电子商务、网络营销与直播电商、网络与新媒体等专业教学使用。

图书在版编目(CIP)数据

网络信息采集与编辑/范生万，刘亚男主编. --2版. --合肥：中国科学技术大学出版社，2024.8. --ISBN 978-7-312-06036-6

Ⅰ. G354.4

中国国家版本馆CIP数据核字第202424Z4V1号

网络信息采集与编辑

WANGLUO XINXI CAIJI YU BIANJI

出版 中国科学技术大学出版社
安徽省合肥市金寨路96号，230026
http://press.ustc.edu.cn
https://zgkxjsdxcbs.tmall.com

印刷 安徽省瑞隆印务有限公司

发行 中国科学技术大学出版社

开本 787 mm×1092 mm 1/16

印张 17.5

字数 393千

版次 2014年8月第1版 2024年8月第2版

印次 2024年8月第9次印刷

定价 48.00元

前　言

本书为安徽省省级规划教材，在编写中我们以培养高素质技术技能人才为目标，以适应工学结合的人才培养模式及教学做一体化的要求为准绳，对接《网络编辑员国家职业标准》，系统地阐述了网络信息采集与编辑的基本知识和职业技能要求，并以项目导向、任务驱动为体例完成编写。

全书分为 8 个项目，项目 1 为网络编辑认知，项目 2 为计算机与互联网应用概述，项目 3 为多媒体基础技术，项目 4 为网页制作与发布，项目 5 为网络信息发布技术，项目 6 为网络内容采集与编辑，项目 7 为网络专题策划与制作，项目 8 为网络时评。每个项目均含有知识目标、能力目标、素质目标、思维导图、案例导入、能力训练、思政园地、课后自测等栏目，优化了教材类型结构，引入了网络编辑的新知识、新方法，使教材情景化、形象化，突出了重点，强化了实践，体现了标准，创新了形式。书中内容既包含了网络编辑职业岗位基本的理论知识和职业能力要求，又体现了职业教育理念。本书既可作为高等职业院校电子商务专业、网络营销与直播电商专业、网络与新媒体专业等相关专业的教学用书，也可作为相关专业人员自学的参考用书或者网络编辑员资格考试的参考用书。

本书由安徽工商职业学院范生万和刘亚男担任主编，负责全书的框架设计，拟定编写大纲并总纂定稿。项目 1 由安徽工商职业学院刘亚男编写，项目 2 由安徽工商职业学院徐祥辉编写，项目 3、项目 4 由安徽工商职业学院陶迎松编写，项目5、项目6由安徽工商职业学院刘钊颖编写，项目7由安徽工商职业学院曹旭编写，项目8由安徽工商职业学院傅贤举编写。

本书在编写过程中参阅了国内外大量的文献资料及网络信息，借鉴和吸收了众多学者的研究成果，引用了网络编辑职业岗位的相关管理规章与制度，我们在此对原作者们表示最真挚的谢意！

由于编写时间仓促，编者水平有限，同时采用了新的体例，书中难免有疏漏之处，敬请广大读者批评指正，以便不断完善。如读者在使用本书的过程中有任何意见或建议，欢迎向编者反馈(邮箱：fansvv@126.com)。

编　者

2024年3月

目　录

项目1 网络编辑认知

知识目标

- 了解网络编辑的含义、现状及其发展趋势
- 理解网络编辑的职业特点及其工作的主要内容
- 掌握网络媒体的特点和网络编辑的职业守则

能力目标

- 能够根据网站的媒体元素分析网络媒体的特点
- 能够对不同类型的网站进行分析，体验网络编辑工作的流程

素质目标

- 激发学生对网络编辑岗位的热情，培养学生爱岗敬业的精神
- 培养学生的职业道德意识

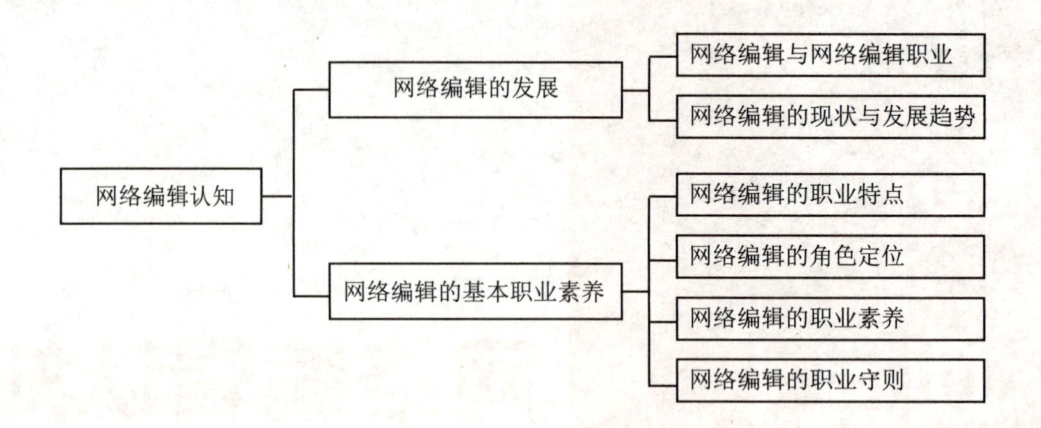

1.1　网络编辑的发展

新空间、新力量、新表达

4月21—22日，由中央网信办、《人民日报》社、江苏省委网信委联合主办，以“建设全媒体传播体系 塑造主流舆论新格局”为主题的2023中国网络媒体论坛在江苏南京举行。中国网络媒体论坛是我国网络媒体界层次最高、具有广泛权威性和影响力的年度盛会。

会上，与会嘉宾对行业进行了最前沿的观察。会外，人民网“强观察”栏目采访相关专家，同步解读。

浙江大学国际联合商学院数字经济与金融创新研究中心联席主任、研究员盘和林在接受“强观察”栏目采访时表示，从技术上看，生成式人工智能(Artificial Intelligence Generated Content，AIGC)的确具备一定的创作能力，并且具有替代现有创作工具的趋势。同时，AIGC降低了内容门槛，让更多用户可以参与到内容创作当中。虽然AIGC的功能日益丰富，但是人类在网络媒体领域依然是不可替代的，只有人类能够做好情绪输出和内容价值取向的决策。所以AI技术对于网络媒体来说是机遇，不是危机。网络媒体工作者要做的便是适应、拥抱新的媒体时代。

“在全员媒体时代，短视频等既是工具也是产品，是要重点发展的方向。”华侨大学国际关系学院教授黄日涵认为，目前，无论是国内还是国际传播都进入短视频时代，《中国网络视听发展研究报告(2023)》显示，截至2022年12月，我国短视频用户规模达10.12亿人，在整体网民中占比94.8%。所以，今后一段时间，我国主流网络媒体要把握住这个趋势，注重培养更多相关专业人才，熟悉掌握短视频制作、传播技巧，鼓励大胆创新，将更多优质的短视频产品带给大众。

（资料来源：华声在线．新空间、新力量、新表达，网络媒体如何塑造主流舆论新格局？[EB/OL]．(2023-

04-23)[2024-05-18]. https://baijiahao. baidu. com/s? id=1763963792232269042&wfr=spider&for=pc.)

互联网的兴起催生了第四媒体,形成了多元化的媒体竞争与共同繁荣的格局。在第四媒体盛行的今天,诞生了网络编辑这一职业。网络编辑应该是一种什么样的职业?作为网络编辑又该掌握怎样的技能?在本项目中我们将逐一解决这些问题。

中国的网络编辑行业伴随着中国互联网的发展而逐渐壮大,如今已经发展成为中国“三百六十行”的一个单独行业。2005年3月31日,国家劳动和社会保障部正式向社会发布了第三批10个新职业,从此网络编辑师正式成为国家和社会认可的新兴职业。

1.1.1 网络编辑与网络编辑职业

所谓网络编辑,就是指利用相关专业知识及计算机和网络等现代信息技术,从事互联网站内容建设的人员,是网站内容的设计师和建设者。网络编辑通过网络对信息进行收集、分类、编辑、审核,然后通过网络向世界范围的网民进行信息发布,并且通过网络从网民处接收反馈信息,产生互动。

网络编辑的工作内容在不同规模、不同定位的网站中略有不同,但其工作任务基本相同,主要工作内容基本类似。网络编辑的工作内容主要包括以下几个方面:

① 采集素材,对信息进行分类和加工。

② 对稿件内容进行编辑加工、审核及监控。

③ 撰写稿件。

④ 运用信息发布系统或相关软件进行网页制作。

⑤ 组织网上调查及论坛管理。

⑥ 进行网站专题、栏目、频道的策划及实施。

在同一网站的不同栏目中,网络编辑的工作内容也不完全相同。

1.1.2 网络编辑的现状与发展趋势

相关部门发布的数据显示,按照网站数量估算,目前我国网络编辑从业人员多达800万人。由于网络编辑是一个新兴的职业,其从业人员一般都是从传统媒体(如报纸、杂志、电视、电台)编辑、记者、网站管理员、图文设计师等职业中分流出来的。而在这些网络编辑的从业人员中,既有新闻、计算机等学科出身的专业人才,也有中文、法律、财经、历史、外语等学科出身的非专业人员,从而导致这支“专业”的队伍并不“专业”的现象。

即便如此,也挡不住互联网的迅速发展。据统计,在未来的10年内,网络编辑职位的需求量将继续呈需求上升趋势,总增长量将超过26%,高于其他各类职位的平均增长量。网络编辑职业的发展,也日益引起业界和相关领域的密切关注,其将继续呈现出高发展、多专业、强竞争的特点,主要表现在以下几个方面:

首先,网络编辑涉及的专业领域多,工作的整合性强。即使是一名普通的网络编辑,也要时常考虑网站的定位、内容的特色以及技术支持对内容实现的影响等问题,其业务范围经常横跨整个编辑部,专业知识涉及众多领域。

其次,网络媒体的迅速发展,使网络编辑的竞争性进一步增强,网络编辑队伍流动性大大加剧。网站内容的更新要求信息质量更高、传播速度更快、内容更丰富,从而导致了网络编辑工作的高强度与高效率,加剧了网络编辑队伍的高流动性。

再次,网络媒体的便捷性提高了网络编辑工作的效率,使其工作方式更加现代化。网络编辑除了需要具备传统媒体编辑的业务能力外,还需要掌握相关的法律知识和网络编辑的技术手段,信息技术的使用能大大提高网络编辑的工作效率。

最后,互联网的进一步发展,使网络的互动性增强,需要网络编辑正确把握媒体的舆论导向。

1.2 网络编辑的基本职业素养

"摇一摇"广告案:依法保障个人信息决定权

张某是某手机APP用户,在行走时无意间触发该手机APP的"摇一摇"开屏广告,并进入第三方购物界面,其欲关闭开屏广告"摇一摇"功能,但发现该手机APP并不支持关闭。张某认为,某公司未经其许可,在提供"摇一摇"广告时对其手机内的加速度传感器信息进行处理,侵害了其个人信息权益;案涉手机APP未提供关闭开屏广告"摇一摇"功能的选项,侵害了其作为消费者的自主选择权。张某遂向法院提起诉讼,要求某公司提供关闭开屏广告"摇一摇"功能的选项等。

法院认为,张某以其实名认证的手机号注册成为某手机APP用户,某公司通过该手机号已经或者可以识别张某本人,故对某公司而言,与张某有关的信息,均属于张某的个人信息。加速度信息可以反映张某本人在持握手机设备时的运动状态,属于与张某有关的信息,对某公司而言,该信息属于张某的个人信息。某公司处理张某的个人信息未取得张某的知情同意,属于违法处理,侵害了张某的个人信息权益。案涉"摇一摇"广告是以处理个人信息为手段来实现广告的目的,某公司未向用户提供关闭开屏广告"摇一摇"功能的选项,事实上剥夺了用户拒绝个人信息处理者处理其个人信息的权利,侵害了张某作为消费者的自主选择权。

(资料来源:金羊网. 如何推动网络文明建设?广州互联网法院发布一批典型案例[EB/OL]. (2023-09-21)[2024-05-18]. https://baijiahao. baidu. com/s? id=1777651539379569920&wfr=spider&for=pc.)

网络编辑应是复合型人才,从业人员既要具备传统编辑所需的基本技能,又要掌握必要的信息技术技能,这是一个具有挑战性的新型职业。

1.2.1 网络编辑的职业特点

网络作为第四媒体出现,不但改变了人们了解现实世界的途径,也改变了人们的行为方式和交流方式。

1. 网络媒体的特点

所谓媒体(Media),是指传播信息的介质,通俗地说就是宣传的载体或平台,能为信息的传播提供平台的介质就可以称为媒体,如常见的四大媒体:电视、广播、报纸和网站,此外,还有户外媒体,如路牌灯箱的广告位等。

但随着科学技术的发展,逐渐衍生出了一些新的媒体,如交互式网络电视(Interactive Personality TV,IPTV)、电子杂志等,它们在传统媒体的基础上发展起来,但与传统媒体又有着质的区别。

依照出现的先后顺序,媒体可划分为:第一媒体报纸刊物,第二媒体广播,第三媒体电视,第四媒体互联网及第五媒体移动网络。其中第四媒体和第五媒体既属于新媒体范畴,也属于网络媒体范畴。

但是,就其重要性、适宜性、有效性而言,广播的今天就是电视的明天。电视正逐步沦为"第二媒体",而网络媒体正在逐步上升为"第一媒体"。相对于传统媒体来说,网络媒体具有无可比拟的优越性,主要表现在以下几个方面:

(1) 即时性

网络媒体的即时性主要表现在网络信息的制作与传播可以满足高时效性的信息传播要求。例如,重大的时事新闻、体育比赛的直播等,可以通过网络媒体立即向社会发布,使受众可以第一时间了解事态的发展。

(2) 互动性

传统的媒体是将信息单向传给受众的,而网络媒体则可以提供一种双向的信息传输渠道,建立传播者和受众之间快速、直接交流的平台。例如,2009年的两会也成了网络媒体的盛宴。2009年2月28日,温家宝总理做客中国政府网、新华网,与网友直接对话,听取网民的意见、建议,回答网民的问题。香港政协委员梁振英说:"这是一次全民参与的'议国事',也是中国政府政治民主的公开表现。"这正是网络媒体互动性的充分体现。

(3) 多媒体性

在传统的媒体中,每种媒体只能使用单一或少量的媒体元素表达媒体信息,而网络媒体的信息表现则兼顾了文字、图形、图像、声音、动画和视频六大元素,丰富了信息传播的手段,使新闻更为直观、形象、生动,增加了新闻的现场感和冲击力。

(4) 全球性

“网络传播无国界”,网络传播空间理论上没有国家和地区的限制,其传播范围远远大于报纸、广播和电视等媒体。

(5) 新媒体特性

近年来,互联网融合报纸运作模式产生了网络报纸。随着网络流媒体技术的发展,互联网融合电台技术产生了网络电台,融合电视技术产生了网络电视台,融合移动通信技术产生了移动网络及手机短信、手机网站,变革编辑理念和模式产生了博客,基于互联网的新媒体层出不穷,精彩纷呈。可见,网络媒体既具有大众传播的优势,又兼具小(窄)众化、分众化传播的特点,强大的信息技术正在融合不同的媒体形态,体现了媒体变革最明显的特征。

除了上述特点以外,网络媒体还具有海量性、超文本性等特点。当然,网络媒体在信息传播上也存在一些缺陷,例如,知识产权容易被侵犯、复制抄袭现象严重、信息垃圾泛滥、公信度不高等。

2. 网络编辑的职业特点

网络编辑作为一种新兴的媒体职业,与传统的媒体职业相比,它具有超链接式编辑、全天候编辑、交互性编辑和数据库化编辑等特点。具体表现在以下几个方面:

(1) 超链接式编辑特点

网络编辑工作的编辑特点几乎都可以归功于互联网中的超文本与超媒体技术。超文本与超媒体是由相对独立的节点信息和表达它们之间关系的链接所组成的信息网络,节点、超链接和网络是超文本的3个基本要素。

节点内容可以是文本、图形、图像、动画、视频、音频、计算机程序等,也可以是它们的组合形式。节点内容的多元化造就了网络编辑元素的多元化。超链接的编辑方式具有非线性的特点。受众利用网络浏览信息时,首先看到的是被传播信息的标题,单击标题后,浏览器会打开一个承载信息内容的页面,这个页面就有可能包含部分或全部的节点元素。于是受众的阅读视野从一个平面跳入了另一个平面,从一个空间进入了另一个空间,实现了时空的变化。这种非线性的编辑方式恰恰是报纸等媒体的线性表达方式所不具备的。

(2) 交互性编辑特点

交互性是网络编辑较为显著的特征之一。在网络媒体中,网络传播的一对一、一对多、多对一、多对多的传播方式已经模糊了传播者和受众的身份,两者可以互为主体,这在BBS中尤为突出。网络在线聊天、即时聊天工具更是把网络交互性的特点表现得淋漓尽致。

当然,对于网络编辑来说,更应该重视BBS的交互性特点。在虚拟的网络中,信息的传播者和访问者身份都难以确定,信息的真假也难以辨别,BBS的网络编辑应该根据国家的相关法律法规,建立相应的管理制度,约束信息的发布人员,从而构建一个健康、和谐、可信度更高的网络环境。

(3) 全天候编辑特点

互联网的出现使得新闻的时效性大大增强,在网络上网络编辑可以第一时间发布新闻信息，可以第一时间更新、修改、删除已经发布的新闻，也可以在网站以图文方式或视频方式在线直播，使新闻的时效性大大增强。

不过在新闻时效性增强的同时，其缺点也显而易见。全天候的新闻编辑不易于新闻的过滤，反而易于虚假信息、有害信息传播；而且更新的速度过快，易于淹没一些有价值的新闻信息而造成信息泡沫。在这种情况下，网络编辑就应该有高度的职业责任感、高度的新闻敏感以及高度的新闻集纳能力，及时地把有较高新闻价值的信息突出出来，以专题等方式建立栏目频道，给不同兴趣的受众自由选择的余地，满足受众的求知欲。

(4) 数据库化编辑特点

目前大多数网站的数据都以数据库的方式进行存储，用数据库系统管理网站数据，与此同时，也在网站页面中建立站内搜索功能，使受众能迅速地找到自己所需要的资料。例如，人民网可以查阅《人民日报》1995年1月1日以后的全部内容，新华网可以查阅其2000年后的新闻资料，《中国青年报》可以在网上查阅2000年5月15日至今的报纸内容等。这些数据库的建设大大方便了受众查询资料。网络编辑要想使自己的网站获得较高的点击率或者稳定的受众，可以用数据库的方式建造自己的网络资料库，进一步方便受众阅读或获取信息。

虽然网络编辑工作有以上所述的四大特点，但是网络编辑作为编辑的属性并没有发生根本性的改变，只不过因为技术的发展和网络媒体的崛起，传统媒体的编辑方式无法照搬到网络媒体，这就需要我们对信息承载的新平台——网络媒体的技术特性和编辑技巧进行研究，以便网络编辑更好地在网络上发布信息，努力达到最佳的传播效果。

1.2.2 网络编辑的角色定位

有人说，网络编辑就是网络信息的搬运工，只是一个“Ctrl+C”(复制)、“Ctrl+V”(粘贴)别的媒体内容的“无冕贼王”。难道他们真的是这种角色吗？当然不是。网络编辑应当既是网络技术的操作者，也是网络信息的培育者、舆论导向的把握者。

1. 网络技术的操作者

纵观各个网站的网络编辑招聘信息，不难发现用人单位都要求网络编辑掌握一定的信息技术知识，例如能熟练使用平面设计软件、能够独立设计网页、能够掌握相关的网络知识等。可见，网络编辑在一定程度上就是网络技术的操作者。

网络媒体具备传统媒体无法比拟的优势，使用一定的信息技术手段可以极大地丰富网络信息的数量，也可以减轻网络编辑的工作压力和负担。例如，网络编辑可以使用真正简单聚合(Really Simple Syndication，RSS)技术帮助他们在互联网上按频道订阅相关的信息，这些被订阅的信息将会按照编辑所希望的格式、时间、地点和方式直接传送到计算机上供编辑使用。

当然，网络技术只是网络编辑的一个技术手段，网络编辑还应该从宏观和微观上把握受众的多元要求，充当网络信息的培育者和舆论导向的把握者。

2. 网络信息的培育者

在信息爆炸的时代，广大受众需要专门的人员替他们进行“信息过滤”，从而将无用的信息拒之门外，将有用的信息简单、快速地转化为自己的知识。网络编辑不仅是信息的收集者，而更应该是“信息的培育者”。“信息的培育者”意味着网络编辑要对信息进行仔细鉴别、精心挑选，保证信息的有效性及有用性。

3. 舆论导向的把握者

对于网络编辑来说，必须在舆论导向上严格遵守国家关于发布互联网信息的原则，强调信息的真实性、时效性，同时还要不刻板、不单调，增加与受众的互动性和信息的娱乐性，使其活泼新颖，形成自身的突出特点，提高点击率。

由于媒体的表现形式不同，网络编辑从诞生之日起就决定了它的内容、趋势等将更多也更密切地受到技术的影响，网络编辑工作将随着技术的进步而不断发展变化。正是由于技术的深度介入，网络编辑工作表现出更多的动态性、开放性。网络编辑应更好地把握网络媒体发展规律，在网络编辑的过程中不断地探索、进取。

1.2.3 网络编辑的职业素养

网络编辑不但是新媒体时代的“把关人”，更是一位思想者，这就对网络编辑的素质与综合能力提出了很高的要求。网络编辑人员素质的高低，将直接影响网络编辑队伍的整体水平。根据网络编辑的职业特点，网络编辑应该具备以下几种基本的职业素养：

1. 优秀的网络编辑应该具备较高的政治素养

互联网是一个复杂的“社会”，网络信息在其中传播具有不可控性。网络编辑对信息的选择将直接影响网络世界的秩序，这就要求网络编辑对内容选择、传播手段与传播策略进行把关。只有具有较高政治素养和政策水平的网络编辑才能沉着应对复杂的网络环境，严守党的宣传纪律，分清是非，坚持正确的舆论导向，传播有价值的新思想、新观点。

2. 优秀的网络编辑应该是一名合格的记者

作为一名网络编辑，在编辑别人的稿件之前，首先自己要能写出漂亮的文章，有一定的新闻敏感性。如果网络编辑自己的写作水平不高、新闻敏感性不强，又怎能对别人的文章进行“编辑”呢？要知道，很多作者的水平是非常高的。如果发现不了文章中的问题，那就是编辑失职；如果文章本身没有问题，被编辑修改之后反而出了问题，那就闹笑话了。

3. 优秀的网络编辑应该具备扎实的编辑业务能力

网络编辑除了应具备传统编辑的基本素质外，还应具备一定的文字能力、信息筛选与加工能力、新闻采访和写作技能等。

4. 优秀的网络编辑应该具备丰厚的知识储备

网络编辑是一个需要具备复合型知识的职业。在信息时代,网络编辑除了应该具备编辑本身的基本知识外,还应该对所负责的领域的最新发展和动态有较好的了解与掌握,始终保持对相关领域的关注度。例如,汽车频道的编辑至少应该懂得汽车领域的基本概念,体育频道的编辑需要懂得体育相关的基本知识。

5. 优秀的网络编辑应该具备必要的信息技术素养

网络不仅是网络编辑获取信息的渠道,也是受众参与互动的平台,网络编辑应该具备网络的基本知识,掌握基本的网页制作技术,具备娴熟的数字化信息处理能力和网络应用能力,为更好地实现网络信息的传播提供支持。

6. 优秀的网络编辑应该具备其他能力素养

网络编辑除了需要具备上述的基本能力之外,还应该具有较高的外语水平和较强的互动能力,以完成信息的采集、编辑与发布等方面的工作。

1.2.4 网络编辑的职业守则

网络编辑作为国家新颁布的职业之一,在从业中除了需要遵守一般的职业道德标准外,还需要履行网络编辑的职业守则。

1. 网络编辑的职业守则

根据网络编辑的职业特点,国家职业标准规定了网络编辑的职业守则,主要包括以下两个方面:

第一,遵纪守法,尊重知识产权,爱岗敬业,严守新闻出版规定和纪律。

第二,实事求是,工作认真,尽职尽责,一丝不苟,精益求精,具有团队精神。

网络编辑工作还是新闻工作的一部分,因此,网络编辑在工作中应遵守新闻工作者的职业道德准则。

2. 网络文明建设

网络编辑从业人员既是网络信息的编辑者,同样也是网络信息的使用者。

2006年4月19日,中国互联网协会发布《文明上网自律公约》,号召互联网从业者和广大网民从自身做起,在以积极态度促进互联网健康发展的同时,承担起应负的社会责任,始终把国家和公众利益放在首位,坚持文明办网,文明上网。

2021年《关于加强网络文明建设的意见》印发,进一步明确了加强网络文明建设的总体要求、工作目标、主要任务、保障措施,为新时代网络文明建设提供了有力指导。

2023年7月,以"网聚文明力量 奋进伟大征程"为主题的2023年中国网络文明大会在福建厦门拉开帷幕,着力打造我国网络文明的理念宣介平台、经验交流平台、成果展示平台和国际互鉴平台。这场网络文明领域的盛会，进一步凝聚了网络文明向上向善的社会共识。

网络文明是新形势下社会文明的重要内容，是建设网络强国的重要领域。

党的十九届五中全会作出了“加强网络文明建设，发展积极健康的网络文化”的重要部署，为“十四五”时期网络文明建设搭建了制度框架。

近年来，有关部门深入贯彻落实习近平总书记关于网络强国的重要思想，推进互联网内容建设，深化网络生态治理，全社会共建共享网上美好精神家园的氛围日渐浓厚，网络文明建设取得一系列新进展、新成效。

能力训练

任务1

选择几种不同类型的大型网站，如教育类、政府类、电子商务类网站等，分析总结网络媒体和网络编辑工作的特点，并写出分析报告。

任务2

在腾讯招聘网络编辑的时候，采用了下述题目作为面试试题，该面试采用的是开放性面试的形式，5~10人一起面试。请根据该题目分析网络编辑应具备的基本技能。

题目：一艘船触礁后只有一条逃生船可以逃生使用，上面有7个人，即有伤但经验丰富的船长、有罪的水手、孕妇、单臂少年、日本年轻女子、专家、医生，但是只能有3个人坐上逃生船，问选择哪些人？

思政园地

由于部分科研工作的要求，大学生有时需要去外网获取相关资料，此时，会出现一些非法“翻墙”、出售“翻墙”软件的行为，可能会涉嫌刑事犯罪。

案例1

2019年4月，某大学学生小曹通过网络自学成功搭建2个网站，并通过网站提供“翻墙”软件下载，同时租用并配置境外服务器建立节点，将连接节点需要的服务器地址、密码等信息以订阅链接的形式在网站上配套出售，订阅链接包含与节点通信所需要的服务器地址、密码等信息。2021年7月8日，公诉机关以提供侵入、非法控制计算机信息系统程序、工具罪，将小曹公诉至法院。最终小曹被判处有期徒刑2年6个月，缓刑4年，并处罚金10000元。

案例2

2019年12月，某大学学生小南为牟取非法利益，从他人处获得某VPN“翻墙”软件的代理权。随后其利用社交平台推广该VPN“翻墙”软件，开发注册账号售卖给客户，先后吸引了数百人购买。2021年下半年，小南被公安机关抓获。检察机关以涉嫌提供侵入、非法控制计算机信息系统程序、工具罪对小南依法提起公诉。最终小南被判处有期徒刑3年，缓刑3年6个月，并处罚金15000元。

法条链接

《中华人民共和国计算机信息网络国际联网管理暂行规定》（节选）

第六条　计算机信息网络直接进行国际联网，必须使用国家公用电信网提供的国际出入口信道。

任何单位和个人不得自行建立或者使用其他信道进行国际联网。

第十四条　违反本规定第六条、第八条和第十条的规定的，由公安机关责令停止联网，给予警告，可以并处15000元以下的罚款；有违法所得的，没收违法所得。

第十五条　违反本规定，同时触犯其他有关法律、行政法规的，依照有关法律、行政法规的规定予以处罚；构成犯罪的，依法追究刑事责任。

《中华人民共和国刑法》（节选）

第二百八十五条 【非法侵入计算机信息系统罪】违反国家规定，侵入国家事务、国防建设、尖端科学技术领域的计算机信息系统的，处三年以下有期徒刑或者拘役。

【非法获取计算机信息系统数据、非法控制计算机信息系统罪】违反国家规定，侵入前款规定以外的计算机信息系统或者采用其他技术手段，获取该计算机信息系统中存储、处理或者传输的数据，或者对该计算机信息系统实施非法控制，情节严重的，处三年以下有期徒刑或者拘役，并处或者单处罚金；情节特别严重的，处三年以上七年以下有期徒刑，并处罚金。

【提供侵入、非法控制计算机信息系统程序、工具罪】提供专门用于侵入、非法控制计算机信息系统的程序、工具，或者明知他人实施侵入、非法控制计算机信息系统的违法犯罪行为而为其提供程序、工具，情节严重的，依照前款的规定处罚。

课后自测

1. 单选题

（1）中国互联网协会发布（　　），号召互联网从业者和广大网民从自身做起，在以积极态度促进互联网健康发展的同时，承担起应负的社会责任，始终把国家和公众利益放在首位，坚持文明办网，文明上网。

A.《文明上网自律公约》　　B.《互联网自律约定》

C.《网民上网文明公报》　　D.《互联网从业守则》

(2) 随着科学技术的发展，逐渐衍生出了一些新的媒体，如IPTV。这里的IPTV指的是(　　)。

A. 数字电视　　B. 交互式网络电视

C. 电子杂志　　D. 有线电视

(3) 下列媒体属于新媒体的是(　　)。

A. 第一媒体报纸刊物和第二媒体广播

B. 第三媒体电视和第五媒体移动网络

C. 第四媒体互联网和第五媒体移动网络

D. 第三媒体电视和第四媒体互联网

2. 多选题

(1) 超文本的三个基本要素(　　)。

A. 节点　　B. 超链接　　C. 网络　　D. 计算机语言

(2) 网络作为一种新兴的媒体，与传统的媒体相比，具有(　　)等特点。

A. 超链接式编辑　　B. 全天候编辑

C. 交互性编辑　　D. 数据库化编辑

(3) 通常说的四大媒体指的是电视和(　　)。

A. 广播　　B. 报纸　　C. 网站　　D. 杂志

项目2 计算机与互联网应用概述

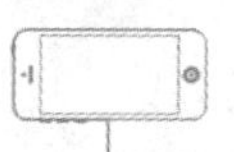

知识目标

- 了解计算机的硬件系统组成和互联网组成
- 理解计算机网络的概念
- 掌握系统的基本操作方法

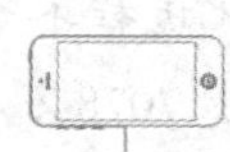

能力目标

- 能够熟练连接和安装常用计算机外设
- 能够使用搜索引擎进行关键字搜索
- 能够使用常用软件编辑和传播网络资源

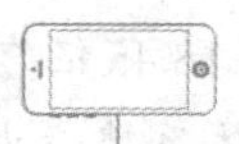

素质目标

- 引导学生树立正确的信息素养观，即信息意识、信息知识、信息能力和信息品质
- 树立计算机道德意识和法律意识，培养学生形成积极的人生态度和价值观
- 培养学生的爱国主义情感和社会主义道德品质

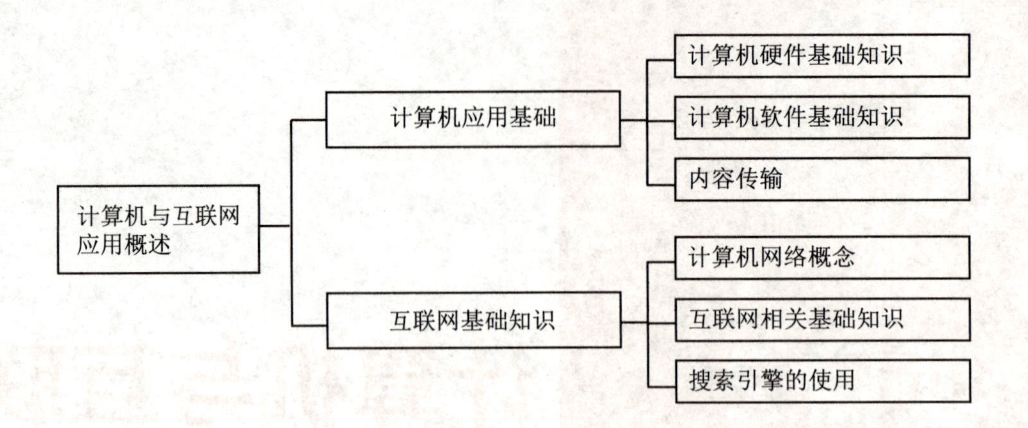

2.1 计算机应用基础

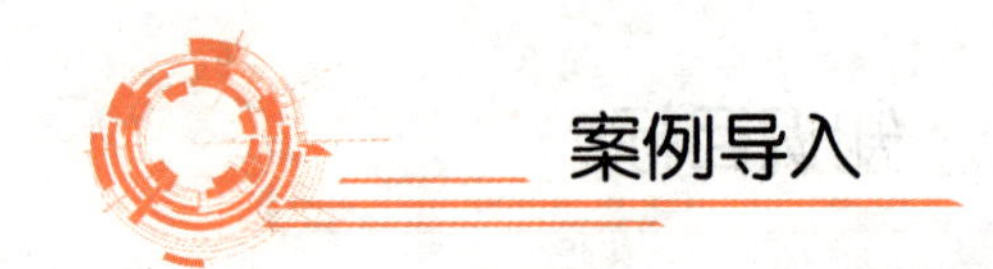

第51次《中国互联网络发展状况统计报告》发布

2023年3月2日，中国互联网络信息中心(CNNIC)第51次《中国互联网络发展状况统计报告》(以下简称《报告》)发布。《报告》显示，截至2022年12月，我国网民规模达10.67亿人，较2021年12月增长3549万人，互联网普及率达75.6%。

《报告》显示，传统领域应用线上化进程不断加快。其中，线上办公市场快速发展，用户规模已达5.40亿人，较2021年12月增长7078万人，占网民整体的50.6%。此外，在线教育、互联网医疗等数字化服务供给持续加大，我国农村地区在线教育和互联网医疗用户分别占农村网民整体的31.8%和21.5%，较上年分别增长2.7和4.1个百分点。

在网络基础资源方面，我国域名总数达3440万个，IPv6地址数量达67369块/32，较2021年12月增长6.8%。在信息通信业方面，我国5G基站总数达231万个，占移动基站总数的21.3%，较2021年12月提高7个百分点。在物联网发展方面，我国移动网络的终端连接总数已达35.28亿户，移动物联网连接数达18.45亿户。

《报告》还提到，工业互联网网络体系建设也在加速推进，具有影响力的工业互联网平台达240个；"5G+工业互联网"发展促进了传统工业技术升级换代，加速人、机、物全加速面连接的新型生产方式落地普及。

(资料来源：人民网. 第51次《中国互联网络发展状况统计报告》发布[EB/OL]. (2023-03-03)[2024-05-18]. http://yn. people. com. cn/n2/2023/0303/c378440-40322824. html.)

中国互联网的迅猛发展得益于我国计算机产业的快速发展。同时，互联网网络资源价值的提升也有助于推动计算机产业的不断发展。是什么原因让互联网渗透到我们生活的方方面面？计算机又在我们的生活中以及互联网的发展中起到什么样的作用呢？本项目中我们将对计算机和互联网的知识进行简单的介绍。

计算机系统是由计算机硬件系统和软件系统构成的，计算机硬件系统是整个计算机的躯干，是计算机运行的基础；计算机软件系统是计算机的灵魂，利用软件可以充分发挥计算机的性能，使之能够应用于各行各业。

2.1.1 计算机硬件基础知识

世界上第一台计算机于1946年2月15日在美国宾夕法尼亚大学诞生，被称为电子数字积分计算机，英文全称为Electronic Numerical Integrator And Computer，简称ENIAC。随着电子技术的不断发展，计算机的运算速度越来越快，而体积却不断缩小，当前我们所用的计算机已经可以很方便地随身携带了。虽然计算机的科技不断创新，但是其硬件系统依然遵循美籍匈牙利数学家冯·诺依曼提出的“存储程序”和“程序控制”的原理，即冯·诺依曼结构。下面介绍计算机的结构。

1. 计算机硬件系统

整个计算机硬件系统包括主机和外设两大部分，其中主机由运算器、控制器和内存储器构成，外设由输入设备、输出设备和外部存储设备组成。

2. 常用外设

计算机外设作为人与计算机之间最重要的数据交换设备，随着计算机的发展而不断更新。传统的计算机外设（如显示器、键盘、鼠标等）随着科技的进步不断更新迭代，然而其功能性方面并没有大的改变。相反，由于计算机产业不断地渗透到人们生活中的各个领域，一些新兴的外设渐渐进入人们的视野，并成为生活中不可或缺的工具。例如，打印机、扫描仪、数码摄像机、数码照相机等就是人们常用的外设工具。

2.1.2 计算机软件基础知识

软件是指计算机运行所需要的程序及相关的文档资料。软件系统是指各种软件的集合。计算机软件系统由系统软件和应用软件两部分构成。

1. 系统软件

系统软件是为了高效使用和管理计算机而编制的软件。它运行在计算机基本硬件之上，通过对计算机各种资源的控制和管理，为用户提供各种可能的计算机应用手段和应用方式。系统软件在计算机运行过程中的作用有：控制和管理各种硬件装置，对运行在计算机上的其他软件及数据资料进行调度管理，为用户提供良好的界面和各种服务，为用户提供与计算机交换信息的手段和方式，等等。系统软件包括操作系统、语言处理软件、数据库管理系统和服务程序。

2. 应用软件

应用软件是指为用户专门开发和设计的，用来解决具体问题的各类程序及相关文档的集合。计算机的应用软件不计其数，但与网络编辑相关的软件大致可分为以下几类：

（1）文字处理软件

文字处理软件是用于输入、存储、修改、编辑、打印文字材料的软件。Windows系统中的记事本和写字板都是文字处理软件，但是其功能性较弱，只能进行简单的文字处理。微软公司Office办公软件中的Word就是一个功能强大的文字处理软件，也是目前使用率非常高的文字处理软件，另外还有金山公司的WPS Office办公软件中的WPS文字也可以实现一些文字编辑的高级功能。

（2）图形、图像处理软件

图形、图像处理软件是对原始图片素材进行编辑和修改的软件，它被广泛应用于广告制作、平面设计、影视后期制作等领域。市面上比较有影响力的图形、图像处理软件有Adobe公司的Photoshop和Illustrator、Macromedia公司的Fireworks和Freehand、Corel公司的CorelDraw等，另外Macromedia公司的动画制作软件Flash也是一款优秀的矢量图制作软件。

（3）影音编辑软件

影音编辑软件可以实现音频和视频文件的解码、剪辑、编辑等功能，在广告制作、网页设计、动画制作、家庭录像等产业中都可以看到影音编辑软件的身影。常用的影音编辑软件有Adobe Premiere、Sound Forge、绘声绘影等。

（4）其他常用软件

作为一名网络编辑人员，除了要掌握以上的应用软件的操作外，还要能够熟练操作以下的常用软件：网页制作软件（如FrontPage、Dreamweaver）、浏览器软件（如Internet Explore）、即时通信软件（如腾讯QQ 、MSN）、FTP软件（如Flash FTP、CuteFTP）、解压缩软件（如WinRAR、WinZip）等。

3. 计算机病毒和杀毒软件

（1）计算机病毒

计算机病毒是一种特殊的应用程序，它指的是编制或者在计算机程序中插入的破坏计算机功能或者破坏数据，影响计算机使用并且能够自我复制的一组计算机指令或者程序代码。计算机病毒具有破坏性、寄生性、传染性、潜伏性、隐蔽性和可触发性六大特点，绝大部分的计算机病毒都是通过网络传播的。

（2）计算机病毒的分类

按破坏性分类，病毒可分为以下两类：

① 良性病毒:指那些只是为了表现自己而并不破坏系统数据,只占用系统CPU资源或干扰系统工作的一类计算机病毒。

② 恶性病毒:指病毒制造者在主观上故意要对被感染的计算机实施破坏的计算机病毒,这类病毒一旦发作就会破坏系统的数据、删除文件、加密磁盘或格式化操作系统盘,使系统处于瘫痪状态。

按寄生方式分类,病毒可分为以下四类:

① 系统引导型病毒:系统引导时病毒装入内存,同时获得对系统的控制权,对外传播病毒,并且在一定条件下发作,实施破坏。

② 文件型(外壳型)病毒:病毒将自身包围在系统可执行文件的周围、对原文件不做修改、运行可执行文件时,病毒程序首先被执行,进入系统中,获得对系统的控制权。

③ 源码型病毒:在源程序被编译之前,病毒插入到源程序中,经编译之后,成为合法程序的一部分。

④ 入侵型病毒:病毒将自身入侵到现有程序之中,使其变成合法程序的一部分。

按广义病毒概念分类,病毒可分为以下五类:

① 蠕虫(Worm)病毒:监测IP地址,通过网络传播。

② 逻辑炸弹(Logic Bomb)病毒:在特定的条件下触发,类似定时器。

③ 特洛伊木马(Trojan Horse)病毒:是隐含在应用程序上的一段程序,当它被执行时,会破坏用户的安全性。

④ 陷门(Trapdoor)病毒:在某个系统或者某个文件中设置机关,使得当提供特定的输入数据时,允许违反安全策略。

⑤ 细菌(Germ)病毒:不断繁殖,直至填满整个网络的存储系统。

(3) 计算机病毒防治

杀毒软件也是应用软件中的一种,用于消除计算机病毒和恶意软件的一类软件,它的出现是为了应对病毒。杀毒软件常用的病毒扫描方法有:特征码扫描法、加总比对法、先知扫描法、宏病毒陷阱等。常用的杀毒软件有:金山毒霸、瑞星杀毒软件、江民杀毒软件等。

2.1.3 内容传输

作为一名网络编辑人员,我们经常在网上搜索资源、传递信息,与其他部门进行各种编辑素材的内容传输。如何使用前文所提及的应用软件帮助我们在网络中有效地进行内容传输是实际工作中需要解决的一个问题,下面我们就在局域网和互联网中如何利用软件高效地进行数据传输进行讲解。

1. 局域网内的内容传输

局域网内的内容传输通常用于同一个公司或同一个部门不同计算机之间的信息传递,合理地利用局域网内的内容传输技巧,可以有效节省资源,达到信息的最大化使用。

（1）利用Windows 10的文件共享实现内容传输

在Windows操作系统中，自带的文件共享功能就可以很方便地实现局域网内的内容传输，具体操作步骤如下：

① 在需要共享的文件夹上单击鼠标右键，在弹出的快捷菜单中选择“属性”。

② 在弹出的文件夹属性的“共享”选项卡中选中“共享”选项，以在网络上共享这个文件夹，如图2.1所示。

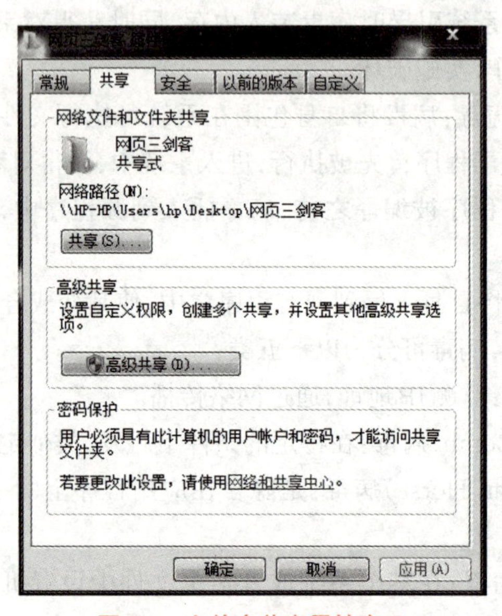

图2.1　文件夹共享属性窗口

③ 对于启用防火墙的系统还需要设置防火墙的例外程序，否则其他用户无法访问该共享文件夹。在系统的控制面板中打开“Windows Defender防火墙”，查看Windows防火墙设置，在弹出的“允许应用或功能通过Windows Defender防火墙”窗口中选中“文件和打印机共享”，如图2.2所示。

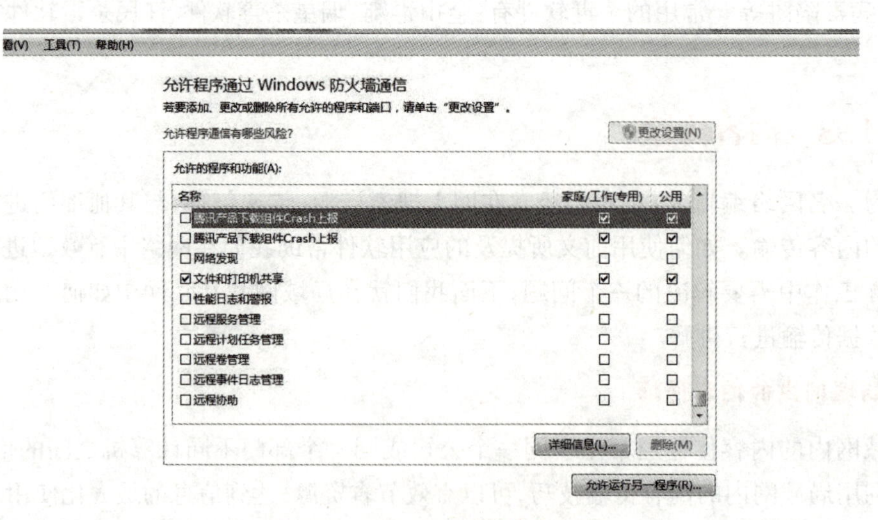

图2.2　Windows防火墙窗口

④ 设置完成后该文件夹已经能够在局域网内共享,其他用户可以通过“网络”的“查看工作组计算机”找到已经设置好共享资源的计算机,鼠标双击打开后,就可以访问该文件夹的内容。

需要注意的是,如果想让其他计算机能够访问自己共享的资源,在计算机用户管理中要将Guest账户启用,具体启用方法不做说明。

(2) 利用软件实现内容传输

除了Windows 10的文件夹共享功能可以较好地实现局域网内的文件传输外,还有很多专用于局域网的文件传输软件也可以实现这个功能,如飞鸽传书、飞秋(FeiQ)等。此外,还可以在局域网内部通过架设文件传输协议(File Tansfer Protocol,FTP)站点等方式实现内容的传输。

2. 互联网中的内容传输

互联网中的各种信息资源是我们开展编辑工作的庞大的素材库,如何将互联网中的信息方便地下载到自己的计算机中,或是将自己计算机中的信息上传到互联网上供他人使用也是网络编辑要掌握的技能。

(1) 使用FTP软件实现互联网内容传输

互联网中有许多的FTP站点供用户上传和下载文件,且大多是免费的,利用这些站点我们可以很方便地与他人交换信息,实现资源共享。下面我们就以CuteFTP为例,讲解如何使用FTP软件连接FTP站点实现内容传输。

① 启动CuteFTP,在启动窗口中单击“文件”菜单下的“连接向导”。

② 在弹出的“连接向导”中输入要连接服务器的标签,以区别于其他的FTP站点。

③ 输入要连接FTP站点的网址,这里可以是网站的域名,也可以是IP地址,如图2.3所示。

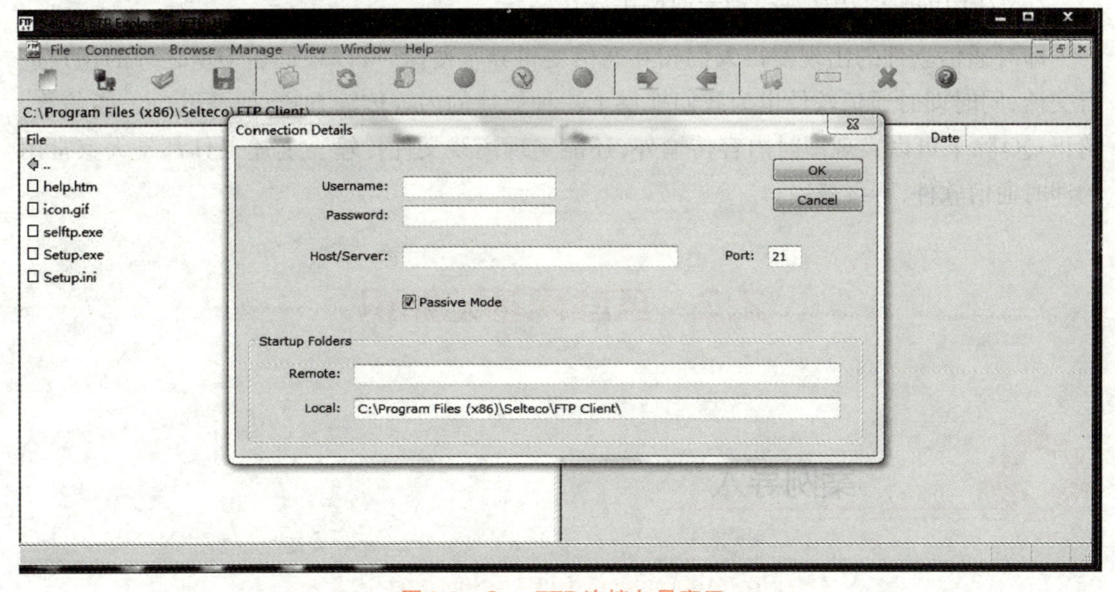

图2.3 CuteFTP连接向导窗口

④ 输入要登录FTP站点的用户名和密码,也可以选择“匿名访问”。

⑤ 设置上传和下载文件存放的默认目录。

⑥ 单击“完成”按钮完成连接向导。

连接完成后,我们就可以通过CuteFTP向连接上的站点上传和下载文件了。CuteFTP窗口中左边是本地目录,通过这个窗口可以选择本地文件上传到FTP站点;右边是FTP站点目录,通过这个窗口我们可以把FTP站点上的信息下载到本地计算机中;下边是上传和下载任务显示窗口,如图2.4所示。

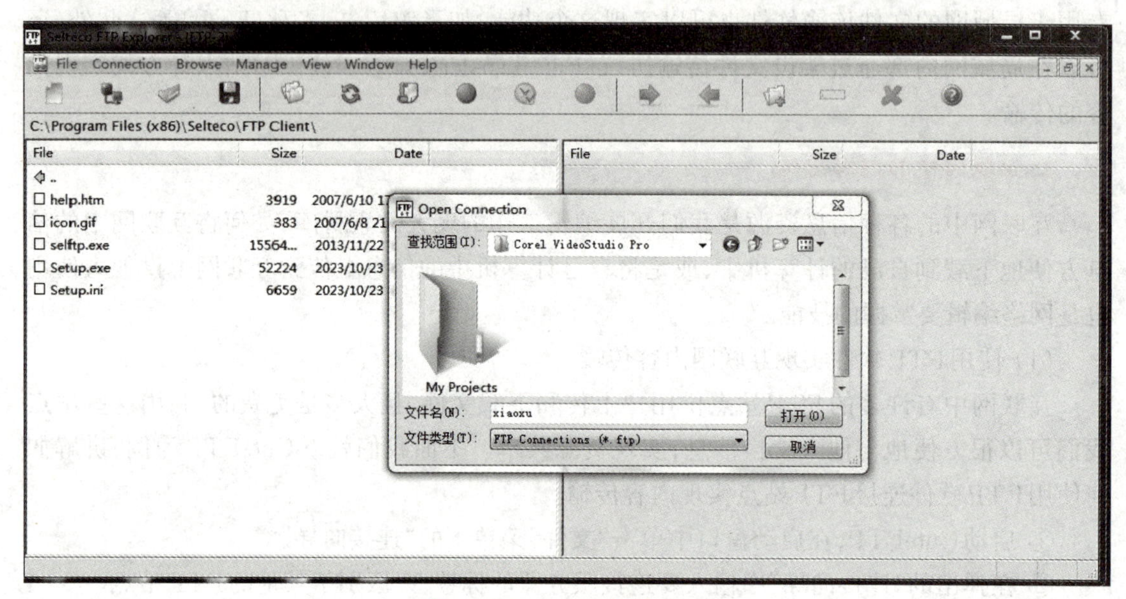

图2.4　CuteFTP程序窗口

(2) 使用即时通信软件实现互联网内容传输

即时通信软件的出现使得人们相互通信变得异常便捷,可以跟远在千里之外的用户进行交流,同时即时通信软件也为我们提供了一种便捷的内容传输方式,如腾讯QQ、微信等。腾讯QQ除了可以实现即时内容传输外,还能实现离线文件传输。上述工具都是大家常用的即时通信软件,不再赘述。

2.2　互联网基础知识

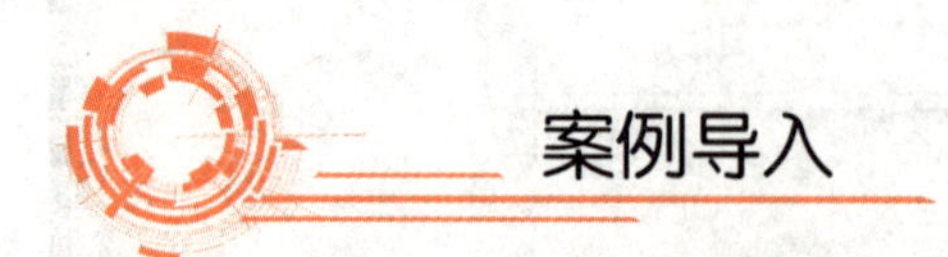

让互联网的发展成果更好地造福全人类

“眼动输入”无障碍解决方案、绘画机器人、智能头盔……近日,2022年世界互联网大会

“互联网之光”博览会在浙江乌镇举行，吸引了来自40个国家和地区的415家企业和机构参与，以线上线下结合的方式，展示人工智能、大数据、网络安全等领域的最新技术产品。一名参观者感叹：“通过参观展览，我真真切切地体会到了数字技术的魅力，‘互联网之光’正在日益点亮人们的生活。”

世界因互联网而更多彩，生活因互联网而更丰富。习近平总书记强调：“发展好、运用好、治理好互联网，让互联网更好造福人类，是国际社会的共同责任。”前不久，国务院新闻办公室发布《携手构建网络空间命运共同体》白皮书，系统阐释了构建更加紧密的网络空间命运共同体的中国主张，宣示“中国将一如既往立足本国国情，坚持以人为本、开放合作、互利共赢，与各方一道携手推动构建网络空间命运共同体，让互联网的发展成果更好地造福全人类”。

互联网是我们这个时代最具发展活力的领域，网信事业代表着新的生产力和新的发展方向。信息革命以来，以互联网为代表的信息技术日新月异，引领了社会生产新变革，创造了人类生活新空间，拓展了国家治理新领域，极大提高了人类认识世界、改造世界的能力。今天，人工智能突飞猛进，“虚拟现实”走进现实；量子通信取得重大突破，数字经济日益蓬勃发展；物联网、云计算、大数据全方位进入人类生产、生活、学习……互联网领域层出不穷的发展成果，深深影响着人类的认知形式、思维方式与生活状态，也深刻改变了全球经济格局、利益格局与安全格局。

习近平总书记指出：“只有解决好发展不平衡问题，才能够为人类共同发展开辟更加广阔的前景。”互联网发展需要大家共同参与，发展成果应由大家共同分享。当前，世界百年未有之大变局正在加速演进，信息流引领技术流、资金流、人才流，信息资源日益成为重要生产要素和社会财富。数据显示，全球仍有近30亿人没有接入互联网，约4.5亿人居住在移动网络尚未覆盖的地区。互联网发展是无国界、无边界的。面向未来，我们应该推进网络空间国际合作，推动彼此在网络空间优势互补、共同发展，携手构建网络空间命运共同体。

“坚持尊重网络主权”“维护网络空间和平、安全、稳定”“营造开放、公平、公正、非歧视的数字发展环境”“构建更加公正合理的网络空间治理体系”……白皮书提出了构建更加紧密的网络空间命运共同体的中国主张。这是建设人类共同新家园的客观需要，也是应对信息化挑战的迫切要求。面向未来，弥合发展鸿沟、破解发展赤字，充分发挥互联网和数字技术在抗击疫情、改善民生、消除贫困等方面的作用，推动新技术新应用向上向善，推动实现开放、包容、普惠、平衡、可持续的发展，就能让更多国家和人民搭乘信息时代的快车，共享互联网发展成果。

“买全球、卖全球。”今年“双11”购物节期间，得益于中国物流企业成功出海、建设了大量的海外仓，一名法国巴黎的消费者下单2小时后，就在自己家门口收到了包裹。这是全球物流网络发达畅通的写照，更是互联网助力美好生活的印证。顺应数字化、网络化、智能化趋势，推动网络空间互联互通、共享共治，携手构建网络空间命运共同体，我们就一定能让互联网的发展成果更好地造福全人类，让这个家园更繁荣、更干净、更安全。

（资料来源：求是网．让互联网的发展成果更好地造福全人类[EB/OL]．(2022-11-23)[2024-05-18]. http://www.qstheory.cn/qshyjx/2022-11/23/c_1129152698.htm.）

1969年，由美国国防部高级研究计划署(Advanced Research Projects Agency，ARPA)资助，美国建立了一个可靠性较强的通信网络，协定将美国西南部的斯坦福大学、加利福尼亚大学、加利福尼亚大学洛杉矶分校和犹他州大学的四台主要计算机连接起来。这个协定由剑桥大学执行，并于1969年12月开始联机，这就是互联网的最早雏形——ARPA网。起初建立ARPA网的目的是促使联网的学校能够方便地交流信息、共享资源。

2.2.1 计算机网络概念

1. 计算机网络的概念

凡是利用通信设备和通信介质按不同的拓扑结构将地理位置不同的、功能独立的多个计算机系统连接起来，以功能完善的网络软件(网络通信协议、信息交换方式及网络操作系统等)实现网络中硬件、软件资源共享和数据通信的系统，都被称为计算机网络系统。计算机网络的基本功能是数据传输和资源共享。

2. 计算机网络的分类

计算机网络可分为局域网(Local Area Network，LAN)和广域网(Wide Area Network，WAN)两大类。局域网是指地理位置在一定范围内的多台计算机组成的网络，使计算机之间能够相互通信、共享资源、传递数据，如校园网、公司内部网、大楼内部网等都属于局域网。局域网有别于其他类型网络的特点如下：

① 局域网的覆盖范围有限，一般小于10 km。

② 共享传输信道，通过基带传输、数字通信传输数据。

③ 数据传输率高，一般在10~100 Mbps，现在的高速LAN的数据传输率可达到1000 Mbps甚至10 Gbps。

④ 传输的过程中延迟小、差错率低。

⑤ 多采用分布式控制和广播通信，其拓扑结构一般采用总线状、星状、树状和环状。

⑥ 局域网易于安装，便于维护。

广域网是指将分散在较远距离的计算机连接起来，实现更大范围内的资源共享和数据传递，一般是跨地区、城市、国家的计算机网络，通常是由不同地域的主干节点连接组成的。当前大多数全国性网络都是广域网，如中国公用分组交换数据网(CHINAPAC)、中国公用数字数据网(CHINADDN)和中国公用计算机互联网(CHINANET)等。将全球各地的局域网连接起来而形成的一个网就是网际网络，简称网际网(Network of Networks)。网际网使网络的功能得到更充分的扩展，如火车售票网、民航售票网等。

3. 计算机网络的构成

计算机网络包括网络硬件和网络软件两大部分。计算机网络的硬件包括服务器、工作站、路由器、交换机、网络适配器和传输介质等。计算机网络软件包括节点工作站操作系统、网络操作系统、网络服务软件和通信协议等。

4. 计算机网络的应用

计算机网络的主要应用有以下四项:

(1) 资源共享

通过计算机网络可以快速及时地检索、查询有关资料,使用网络资源。

(2) 远程教育

计算机网络使以前的广播电视教育形式得到进一步的拓展,可以实现点播、对话等新功能,能更好地提高教学效果。

(3) 金融系统联网

计算机网络能完成银行金融系统大联网,包括银行之间的转账业务、银行的异地存款业务、银行自动取款机的自动取款业务、商店与银行之间的消费结账系统等。

(4) 军事应用

现代化战争在很大程度上依赖于通信网络。海、陆、空的立体防卫系统,雷达预警系统,导弹的遥控发射和反导弹系统等,都离不开计算机网络。

计算机网络和人们的生活也密切相关,如城市交通管理系统、公共安全管理系统、远程医疗、图文传播等都离不开计算机网络技术。总之,计算机网络将赋予人们更好的现代化生活。

2.2.2 互联网相关基础知识

1. 互联网的发展

互联网(Internet)是迄今最大的全球性网络。它是由数万个广域网和局域网通过网间互联形成的一个网际网,也称国际互联网。互联网发展到目前可以划分为三个阶段。

(1) 研究实验阶段

1968—1984年,由美国国防部高级研究计划署建立的ARPA网,把美国重要的军事基地与研究单位用通信线路连接起来,进行单纯的军事通信。为了在不同结构的计算机之间实现正常的通信,制定了一个网络通信协议(Transmission Control Protocol/Internet Protocol,TCP/IP),供联网用户共同遵守。

(2) 实用发展阶段

1984—1995年,以美国国家科学基金会(National Science Foundation,NSF)的NSF网为主干网,开始对全社会开放,实现了以资源共享为中心的实用服务方式,使互联网得到了迅速发展。

(3) 商业化阶段

1995年以后,互联网的主干网也从原来由政府部门资助转化为由计算机公司、商业性通信公司提供。由于商务的需求,吸引了一批又一批的商业用户,联网的计算机数量也迅猛增长。我国于1994年4月成为第71个正式连入互联网的国家,互联网上的最高域名为".cn"。近年来,我国互联网更是发展迅猛,截至2023年12月,我国网民规模达10.92亿人,互联网域名总数为3160万个,国家顶级域名".CN"为2013万个,连续9年稳居世界第一。我国的域名使用量越来越多,由此可见,我国信息化发展已经和世界接轨,我国已经成为世界互联网"超级"大国,发展速度惊人。随着Internet的不断普及,其必将对我国的社会经济和文化事业起到不可估量的作用。我国建立比较早的四个骨干网是:中国教育科研网(CERNET)、中国公用计算机互联网(CHINANET)、中国金桥信息网(GBNET)、中国科研网(CRN)。

2. 互联网的服务系统

互联网在计算机网络中能够得以广泛的应用得益于它庞大而完善的服务系统。

(1) 采用服务器/客户机工作模式

服务器:以Web页面方式存储信息资源并响应客户请求,针对请求获取并制作数据,包括VB脚本和程序、Java脚本和程序,为文件设置适当的MIME类型来对数据进行前期处理和后期处理,并将处理好的页面通过互联网发送给客户。

客户机:客户机负责运行客户端程序,处理查询和发送文件或信息传输请求方面的工作。大部分的互联网应用系统有很多不同的客户端程序可供利用,它们能够在Windows、Macintosh和UNIX环境下运行。

浏览器:用于接收用户命令、发送请求信息、解释服务器响应的客户端程序。常用的浏览器有:IE浏览器、Netscape Navigator浏览器、Mozilla Firefox(火狐)浏览器等。

(2) 互联网服务的主要特点

① 以超文本方式组织网络多媒体信息。

② 用户可以在整个互联网范围内查找、检索、浏览及添加信息。

③ 提供生动直观、易于使用、统一的图形用户界面。

④ 服务器之间可以互相链接。

⑤ 可访问图像、声音、影像和文本信息。

3. 互联网提供的服务功能

互联网对用户最大的便利,就是其中取之不尽的信息资源和高效的服务功能。下面介绍互联网的几大主要功能。

(1) 电子邮件

电子邮件(E-mail)是互联网出现最早、最基本、最重要的服务功能,它为人们提供了一种方便、快捷而且经济的信息传递手段。通过网上电子邮件工具,用户之间可以彼此快捷地收发电子邮件。由于互联网几乎覆盖了全世界的所有国家和地区,因此它成了最为便捷的全球通信工具。

(2) 文件传输

文件传输功能可以将一台计算机上的文件传送到另一台计算机,且与计算机的位置无关。为了在不同文件组织结构、运行不同操作系统的计算机之间能够交换文件,需要有一个统一的文件传输协议FTP。文件传输功能使得信息共享有了一种很好的实现方式。互联网上有无以计数的FTP服务器。连接FTP服务器,输入有效的账号和口令后,才能将文件下载到自己的计算机中。许多文件服务器公司希望更多的用户访问自己共享的资源以提升网站在国际上的排名,常常将各种软件供用户免费使用。这些公司在网上设置了"匿名(anonymous)FTP"服务器,用户不需账号和口令,也不需要服务费用,就可获得所需资源。

(3) 远程登录

远程登录即允许将自己的本地计算机与远处的服务器进行连接,然后在本地计算机上发出命令送到远程的计算机上执行。远程登录所对应的通信协议称为Telnet,所以远程登录功能又称为Telnet功能。利用远程登录功能,可以足不出户对远在千里的服务器、交换机、路由器等网络设备进行管理和配置,使本地的计算机能作为远程的网络设备的终端进行工作,充分共享了网络的软硬件资源。

(4) 电子公告牌系统

BBS是电子公告牌系统(Bulletin Board System)英文全称的缩写,主要进行信息的发布和讨论,有讨论区、信件区、聊天区和文件共享区等区域。讨论区包含各种各样的分类讨论区,用户可以根据不同的区域挑选感兴趣的话题发表自己的观点;信件区的BBS信息可以让各用户相互收发消息和邮件;聊天区的用户可以随意谈天说地,即时地发布自己的观点;文件共享区既可以让用户提供自己的文件与他人共享,也可下载他人提供的文件来使用。现在网上交流信息用得最多的是论坛、聊天室、博客和虚拟社区,比较著名的有天涯论坛、新浪博客等。

(5) 信息检索

互联网是一个把信息检索技术与超文本技术融合而形成的、操作简单但功能强大的全球信息系统。可以说互联网是由无数Web页组成的,即成千上万个分布在与互联网相连的计算机上的Web页通过链接相互连接在一起,构成了全球的信息资源网络。全球很多的搜索引擎将全世界互联网上不同地点的相关数据库信息有机地编织在一起,只需提供检索要求,而到什么地方检索及如何检索都由搜索引擎自动完成。

(6) 电子商务

电子商务(Electronic Commerce,EC)通常是指在全球各地广泛的商业贸易活动中,在互联网开放的网络环境下,基于浏览器/服务器应用方式,买卖双方不谋面地进行各种商贸活动,实现消费者的网上购物、商户之间的网上交易和在线电子支付以及各种商务活动、交易活动、金融活动和相关的综合服务活动的一种新型的商业运营模式。

4. 互联网的通信协议

为了使互联网上不同的计算机能够相互访问、进行数据传输,各计算机之间的信息传递都必须遵守共同的协议。互联网的通信协议包括以下几个:

① TCP(Transport Control Protocol)数据传输控制协议:规定如何对传输的数据进行分组和在网上传输。

② IP(Internetworking Protocol)网络连联协议:主要规定互联网中计算机地址的统一表示方法。由四段0~255的数字组成。以上两个协议是互联网上最基本的通信协议。

③ HTTP(Hypertext Transfer Protocol)协议:超文本传输协议,使各种文字、声音、图像等信息能在网上传输。

④ UDP(User Datagram Protocol)用户数据报协议:用于QQ等软件。

⑤ FTP(File Transfer Protocol)文件传输协议:用于在网络上进行文件传输的协议。

⑥ 邮件协议:如SMTP(Simple Mail Transfer Protocol)简单邮件传输协议,POP3(Post Office Protocol-Version 3)邮局协议。

5. URL的组成

URL是Uniform Resource Locator的缩写,即统一资源定位器。统一资源定位器的格式为"协议名或传送方式://服务器域名或IP地址:端口号/路径/文件名"。具体解释如下:

① 协议名或传送方式:HTTP(超文本传输协议)、FTP(文件传输协议)、Telnet(远程登录协议)。常用的传输方式有电子邮件传送、新闻组传送方式等。

② 服务器名或IP地址:IP地址由四段0~255的数字组成,是互联网上分配的唯一的地址标志。由于IP地址不便于记忆,通常使用计算机域名来代替IP地址。当用户输入计算机域名时,互联网的域名解析服务器会将域名转换成IP地址在网络中传输。

③ 端口号/路径/文件名:各种协议约定的默认逻辑端口,一般省略不写,路径/文件名是指所访问文件在服务器中的存储路径和文件名。

例如,某学校的域名和IP地址分别为www.ahbvc.cn和61.191.31.12,其某个二级网站的地址是http://www.ahbvc.cn/jwc/index.asp。在这里协议名就是http,域名为www.ahbvc.cn,路径名为jwc,文件名为index.asp。在这个二级网站的地址里缺少了端口号,因为采用了HTTP协议的默认80端口,所以端口号省略。在这种情况下我们分别输入下面的任何一种形式的地址,都可以链接到该学校的这个二级网站。

A. http://www.ahbvc.cn/jwc/index.asp

B. http://www.ahbvc.cn:80/jwc/index.asp

C. http://61.191.31.12/jwc/index.asp

D. http://61.191.31.12:80/jwc/index.asp

大家要注意这四种访问形式的变化。

2.2.3 搜索引擎的使用

随着互联网的飞速发展,面对体量巨大而又不断变化的信息库,网络编辑如何从成千上万个网络站点上快速地搜索到自己需要的站点和信息已经变得越来越重要了。搜索引擎的出现了解决这一问题。

1. 搜索引擎的概念

所谓搜索引擎,就是在互联网上执行信息搜索的专门站点,这些站点把众多网址(或资料)分门别类地登录在自己的数据库内,用户只要输入关键词就可以很快地找到自己所需要的资料。它们可以对互联网中的网站进行分类与搜索。如果输入一个特定的搜索词,搜索引擎就会自动进入索引清单,将所有与搜索词相匹配的内容找出,并显示一个指向存放这些信息的连接清单。互联网中有许多著名的搜索引擎,如Google、Baidu、Yahoo等。掌握它们的使用方法,对提高搜索效率很有帮助。常用的中文搜索引擎有百度、搜狐、网易、新浪网和中国雅虎等,它们都收录了上万个中文的互联网站点。

2. 搜索引擎的分类

搜索引擎通常由信息收集和信息检索两部分组成。可以根据信息组织方式、语种和搜索范围的不同,将搜索引擎分类。按信息组织方式分类,搜索引擎可分为目录式(网站级)搜索引擎和全文(网页级)搜索引擎。按语种方式分类,搜索引擎可分为单语种搜索引擎和多语种搜索引擎。按搜索范围分类,搜索引擎可分为独立搜索引擎和多元搜索引擎。

3. 搜索引擎的使用基础

由于搜索引擎中涵盖的信息非常广泛,为了避免在搜索结果中涵盖大量的无用信息,首先应做好以下准备:

一是要明确搜索目标。明确所查信息是中文的还是英文的、是网站还是文章、是事业单位还是企业单位,等等。根据搜索对象的类型,如地址的搜索、文字的搜索等,再结合自己的需求选用符合自己搜索要求的搜索引擎。

二是要明确问题中的重要概念,选择合适的查询关键词。在查询中,我们建议大家尽可能使用查找内容中存在的一些比较特殊的短句或单词,不要使用很常见的词,否则查询结果中会有很多无用信息。要进行有效的搜索,输入的关键词或词组最好是自己感兴趣的,而且要尽可能多、尽可能精确。提供的关键词越精确,搜索所得的结果越少,内容的相关性越强。

三是掌握搜索引擎的特性,选择满足需要的搜索引擎。在完成对查找信息的分类分析后,接下来的工作就是利用网络上查询信息的有力工具来进行检索。我们以百度为例介绍如何使用搜索引擎。

步骤1:左键双击桌面Internet Explore图标启动IE浏览器,在地址栏中输入百度的网址(www.baidu.com),进入百度的站点。

步骤2:在百度首页中心的文本框里输入要查找的内容,如网络编辑师。单击网页中“百度一下”按钮,会搜索出很多与网络编辑师有关的网页,如图2.5所示。

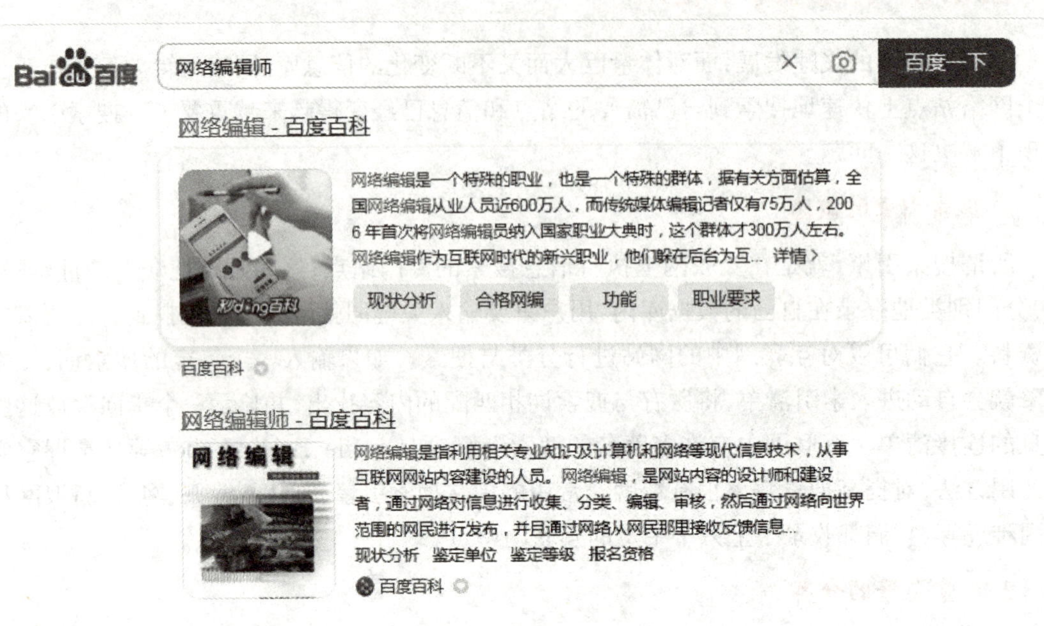

图2.5 百度搜索界面

步骤3:我们将鼠标移动到某一个标题项上,鼠标就会变成“手形”,此时单击鼠标左键就可以打开一个新的网页,这个网页就是涵盖要搜索的信息的网页。

步骤4:浏览完网页后关闭,浏览器窗口将会回到百度的搜索结果页面。除了上述基本操作方法外,我们还可以通过搜索引擎的一些技巧来帮助实现相对精确的搜索。

(1) 加号的使用

用加号把两个关键词连成一对时,只有同时满足这两个关键词的匹配结果才有效,若只满足其中一项则将被排除。例如我们输入“电脑+计算”,则在查询“电脑”的结果中将排除不包含“计算”的结果。

(2) 减号的使用

两个关键词之间用减号连接,其含义为包含第一个关键词,但结果中不含有第二个关键词。例如,我们输入“电脑-计算”,则在查询“电脑”的结果中将包含“计算”的结果排除。

(3) 圆括号的使用

当两个关键词用另外一种操作符号连在一起,而又想把它们列为一组时,就可以将这两个词加上圆括号。我们可以输入“(电脑-计算)+(程序设计)”来搜索包含“电脑”、不包含“计算”但同时包含“程序设计”的网站。

(4) 星号的使用

星号可代替所有的数字及字母,用来检索那些变形的拼写词或不能确定的某个关键字。例如输入“电*”后查询结果可以包含电脑、电影、电视等内容。

(5) 双引号的使用

用双引号括起来的词表示要精确匹配，不包括演变形式。例如我们输入带双引号的“电脑报”,则“电脑商情报”等信息就不会在结果中出现。

(6) 逗号的使用

逗号的作用类似于逻辑运算符中的“或”运算,也是寻找那些至少包含一个指定关键字的文档。与其不同的是,查询所得的文档中包含关键字越多,其排列的位置越靠前。例如,查询的关键字是“数字,图书馆,网络”,在查询时,同时包含这三个关键字的文档将出现在前面。

能力训练

任务1

结合实训室内的电脑配置情况,描述计算机的硬件和软件组成,列举计算机的主要组成部分,并对各组成部分功能及作用进行阐述,写出分析报告。

任务2

智能家居系统是近年来兴起的一种新型家庭生活方式,其中计算机网络技术是其必不可少的组成部分。通过网络连接,智能家居系统可以实现家庭设备的控制和信息交互。通过智能手机上的应用程序,家庭成员可以随时随地控制家里的灯光、空调、电视等设备,实现远程操控。同时,智能家居系统还能够收集各个设备的使用数据,为用户提供智能化的推荐和管理服务。请根据所学知识,写一份安装智能家居策划方案,

思政园地

某市公安机关网安部门认真贯彻落实公安部、省公安厅的部署要求,持续深化夏季治安打击整治和网安“净网”专项行动,全力防风险、保安全、护稳定、促发展,重拳打击了一批网络谣言、网络侵犯公民个人信息、网络赌博等违法犯罪活动,有效净化了网络环境。

案例1

2023年6月,某市网安部门在日常巡查中发现,某市某信息系统被黑客攻击,导致数据泄漏。经排查,有不法分子通过系统漏洞窃取了大量公民个人信息并进行售卖,通过缜密侦查,最终抓获犯罪嫌疑人8名,查获涉案资金200余万元。经进一步调查,事件起因系某科技公司受托负责涉案信息系统的网络和数据安全运维工作,由于运维责任落实不到位导致信息泄露。公安机关依法对该公司及具体运维人员予以行政处罚。

案例2

近日,济南网安部门接报警,某网民在QQ群内发言称其可提供“远控免杀”软件,并附远程控制软件截图。经查,张某等3名犯罪嫌疑人将木马控制软件绑定在游戏内,诱使他人运行木马程序,非法控制他人计算机系统并以此牟取不法利益。公安机关依法对张某等3名犯罪嫌疑人采取刑事强制措施。

当今社会信息技术发展迅速,公民各种信息大都以电子数据的形式存在。当公民的个人信息成为资源时,各种企图盗取这些信息的黑客行为层出不穷,对于黑客行为,情节严重的可能要承担刑事责任。

案例3

2022年5月,某大学学生小王通过“翻墙”了解到了“黑灰产”的信息,发现掌握此类信息就能轻松赚到快钱,于是便通过自己在学校学习的技术,建了1个DDOS攻击网站、2个侵犯知识产权的电影网站。通过有偿模式攻击目标网站,同时在非法电影网站为“黑灰产”相关犯罪行业发布广告来获取非法所得。后被公安机关发现,公安机关以小王涉嫌非法利用信息网络罪,依法采取刑事强制措施。

案例4

2019年4月,某地警方在破获一起利用黑客软件盗取售卖公民个人信息的案件时,顺藤摸瓜找到了黑客软件的制作者——年仅18岁的小刘。小刘自学计算机技术,成功编写出一款软件,该软件可通过内置接口对接到各网站,轻松获取网站用户账号和对应的手机号,小刘还租用了网络数据对信息进行储存,并专门在境外租用十多台服务器支持操作,案发后小刘被公安机关刑事立案侦查。

法条链接

《中华人民共和国治安管理处罚法》

第二十九条 有下列行为之一的,处五日以下拘留;情节较重的,处五日以上十日以下拘留:

(一)违反国家规定,侵入计算机信息系统,造成危害的;

(二)违反国家规定,对计算机信息系统功能进行删除、修改、增加、干扰,造成计算机信息系统不能正常运行的;

(三)违反国家规定,对计算机信息系统中存储、处理、传输的数据和应用程序进行删除、修改、增加的;

(四)故意制作、传播计算机病毒等破坏性程序,影响计算机信息系统正常运行的。

《中华人民共和国刑法》

第二百八十七条之一【非法利用信息网络罪】利用信息网络实施下列行为之一，情节严重的，处三年以下有期徒刑或者拘役，并处或者单处罚金：

（一）设立用于实施诈骗、传授犯罪方法、制作或者销售违禁物品、管制物品等违法犯罪活动的网站、通讯群组的；

（二）发布有关制作或者销售毒品、枪支、淫秽物品等违禁物品、管制物品或者其他违法犯罪信息的；

（三）为实施诈骗等违法犯罪活动发布信息的。

单位犯前款罪的，对单位判处罚金，并对其直接负责的主管人员和其他直接责任人员，依照第一款的规定处罚。

有前两款行为，同时构成其他犯罪的，依照处罚较重的规定定罪处罚。

课后自测

1. 选择题

(1) 世界上第一台电子数字计算机是(　　)。

A. ENIAC　　B. EDSAC　　C. EDVAC　　D. UNIVAC

(2)早期的计算机是用来进行(　　)的。

A. 科学计算　　B. 系统仿真　　C. 自动控制　　D. 动画设计

(3) 目前，制造计算机所用的电子器件主要是(　　)。

A. 电子管　　B. 晶体管　　C. 集成电路　　D. 超大规模集成电路

(4) 一般家用计算机属于(　　)。

A. 工作站　　B. 小型机　　C. 微型计算机　　D. 大型主机

(5) (　　)表示计算机辅助制造。

A. CAD　　B. CAI　　C. CAT　　D. CAM

(6)“网络订票系统”属于计算机在(　　)方面的应用。

A. 辅助设计　　B. 信息管理　　C. 自动检测　　D. 科学计算

(7) 计算机存储器容量最小单位是(　　)。

A. 吉字节(GB)　　B. 千字节(KB)

C. 字节(B)　　D. 兆字节(MB)

(8) 采用 16×16 点阵汉字字形码显示一个汉字，需要(　　)字节。

A. 16　　B. 32　　C. 64　　D. 128

(9) (　　)不是计算机的特点。

A. 运算速度快　　B. 具有逻辑判断能力

C. 具有记忆能力　　D. 执行必须要有人工干预

(10) 一个国标汉字使用(　　)位二进制数进行编码。

A. 8　　B. 10　　C. 14　　D. 16

(11) 在ASCII码表中，按照ASCII码值从小到大排列顺序是(　　)。

A. 数字、英文大写字母、英文小写字母　　B. 数字、英文小写字母、英文大写字母

C. 英文大写字母、英文小写字母、数字　　D. 英文小写字母、英文大写字母、数字

(12) 下列4个不同进制的数中，其值最大的是(　　)。

A. (CA)16　　B. (310)8　　C. (201)10　　D. (11001011)2

(13) 下列各种进制的数中最小的数是(　　)。

A. (72)8　　B. (111001)2　　C. (3B)16　　D. (59)10

(14) 计算机能处理的最小数据单位是(　　)。

A. ASCII 码字符　　B. 字节　　C. 字符串　　D. 二进制位

(15) 在计算机中，一个字节是由(　　)个二进制位组成的。

A. 4　　B. 8　　C. 16　　D. 24

2. 填空题

(1) 到目前为止，电子计算机的基本结构基于存储程序思想，这个思想最早是由____提出的。

(2) 世界上公认的第一台电子计算机于____年在____诞生。到今天，计算机发展经历了____代。

(3) 计算机由硬件系统和软件系统所组成，没有安装任何软件的计算机称为_____。

(4) 数字计算机所有的信息是采用_____表示的。

(5) 在数制中，允许选用的基本数码的个数称为该数制的“_____”。

(6) 标准的ASCII码是用____个字节的二进制表示的，其最高位为_____。

3. 问答题

(1) 计算机的发展经历了哪几代？每一代的主要特征是什么？

(2) 计算机主要应用于哪些领域？

(3) 信息素养应该包含哪几个方面的能力？

(4) 简述计算机的选购原则。

(5) 计算机控制器由哪些主要部件组成？

(6) 简述存储器的类型。

(7) 操作系统有哪些类型？

(8) 简述操作系统的安装过程。

(9) 简述应用程序的安装过程。

(10) 简述计算机软件的分类。

项目3 多媒体基础技术

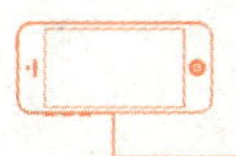

知识目标

- 了解数字图像的基本知识
- 了解Flash动画基础知识
- 了解音频和视频的常用术语及常见格式

能力目标

- 能够使用Photoshop进行简单的图形图像处理
- 能够使用Flash制作简单的动画
- 能够使用Adobe Audition进行简单的音频录制和编辑
- 能够使用Premiere对视频文件进行简单的编辑

素质目标

- 培养学生热爱传统文化、热爱祖国的意识
- 培养学生形成积极的人生态度和价值观

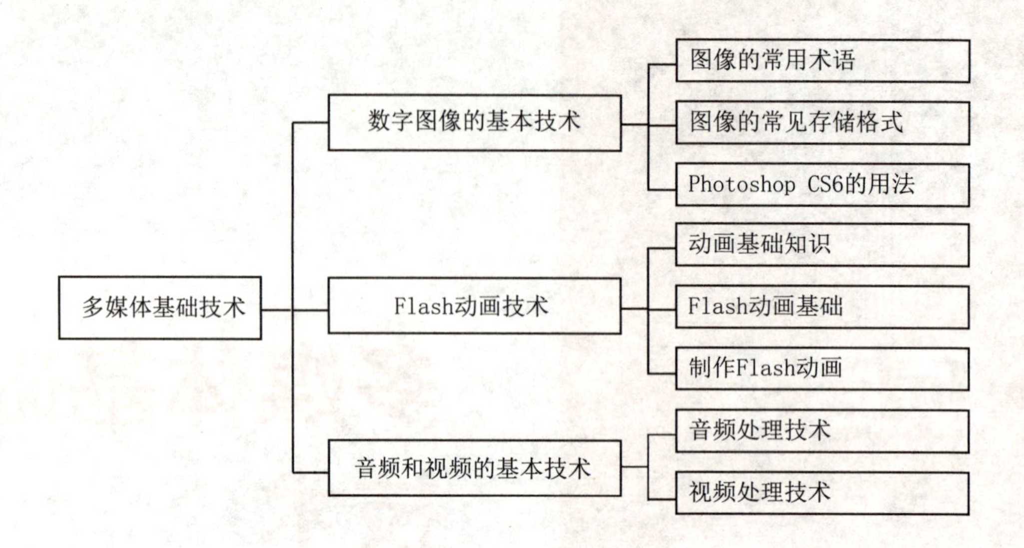

3.1　数字图像的基本技术

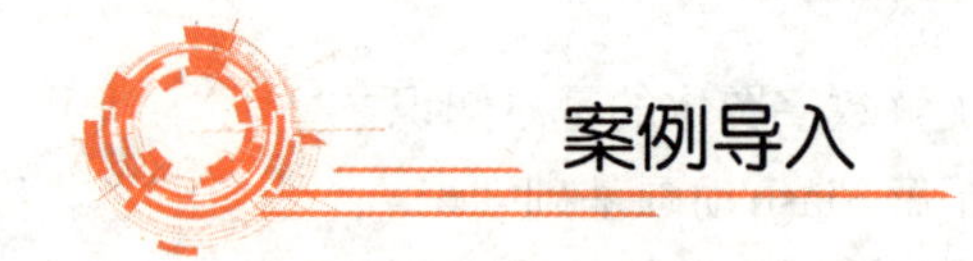

智慧城市不断建设　数字图像处理应用需求持续攀升

数字图像处理是指将图像信号转换成数字信号，并利用计算机对其进行处理的过程。图像处理早期被应用于提高图像质量，优化视觉效果。随着计算机技术的快速发展，计算机技术和数字图像处理之间关联性加强，促使数字图像处理技术应用领域不断拓宽，在医学图像、天文学、工业检测及遥感等众多领域有所发展。

根据新思界产业研究中心发布的《2021年全球数字图像处理行业市场现状调研报告》，随着数字图像处理技术应用领域不断拓宽，以及手机终端、汽车、电商消费、线上租赁等领域智能化发展，数字图像处理技术应用需求攀升，市场规模不断扩大，在2020年市场规模约为220亿元。未来在可穿戴设备、VR、AR等终端产业的快速发展带动下，数字图像处理技术市场规模不断扩大，预计在2024年市场规模将达到2980亿元左右，年复合增长率为91.8%。

（资料来源：新思界．智慧城市不断建设 数字图像处理应用需求持续攀升[EB/OL].(2021-03-02)[2023-02-20].http://www.newsijie.com/chanye/hulianwang/jujiao/2021/0302/11277484.html.）

互联网以其范围广、传播迅速的特点，成为许多新闻的传播平台，除了传统的文字信息以外，图片、音频、视频等多媒体内容也越来越多地利用互联网来发布。除了新闻外，多媒体信息还广泛应用在其他领域，如网络直播、娱乐节目、短视频等，这使得互联网内容更加丰富多彩，也使人们获取各种需求更加快捷。

在网络信息高速传播的今天，我们如何正确选择合适的图片、音频、视频等多媒体内容，并利用相应的技术手段对其进行编辑处理，以满足我们的需求，已经成为一个亟待解决的问题。多媒体技术（Multimedia Technology）是利用计算机对文本、图形、图像、声音、动画、视频等多种信息综合处理、建立逻辑关系和人机交互作用的技术。它极大地改变了人们获取信息的传统方法，符合人们在信息时代的阅读方式。多媒体技术的发展改变了计算机的使用领域，使计算机由办公室、实验室中的专用品转变成信息社会的普通工具，广泛应用于工业生产管理、学校教育、公共信息咨询、商业广告、军事指挥与训练，甚至家庭生活与娱乐等领域。一名合格的网络编辑人员至少需要掌握计算机专业基础知识、文字编辑以及图片、动画、声音、视频的基础处理能力。本项目将介绍数字图像、Flash动画、音频、视频的相关知识和基本的处理技术。

3.1.1 图像的常用术语

1. 像素

像素（Pixel）是组成图像的基本单位，也称为栅格。我们若把图像放大若干倍，会发现这些连续色调其实是由许多颜色相近的小方点所组成的，这些小方点就是构成图像的最小单位——像素。如图3.1所示，将图3.1(a)所示图像放大到一定倍数后，即呈现图3.1(b)所示的小方格（马赛克现象），即为像素。

(a)

(b)

图3.1 像素图放大效果图

2. 分辨率

分辨率是衡量图像细节表现力的技术参数，具体可分为屏幕分辨率、图像分辨率和输出分辨率等三类。

① 屏幕分辨率：显示器屏幕上的最大显示区域，即水平与垂直方向的像素个数。

② 图像分辨率：数字化图像的大小，即该图像的水平与垂直方向的像素个数。

③ 输出分辨率：输出设备输出图像时每单位长度所产生的油墨点数。

在图像处理中，我们比较关注图像分辨率。单位长度上像素越多，图像越清晰，但图像文件就会越大。图3.2所示的是Photoshop软件的"新建"对话框，其中分辨率即指图像分辨率。具体操作时，需要根据图像的用途合理设置，其默认为72像素/英寸（1英寸=2.54厘米），如果图像要用彩色印刷，则一般要设置为300像素/英寸。

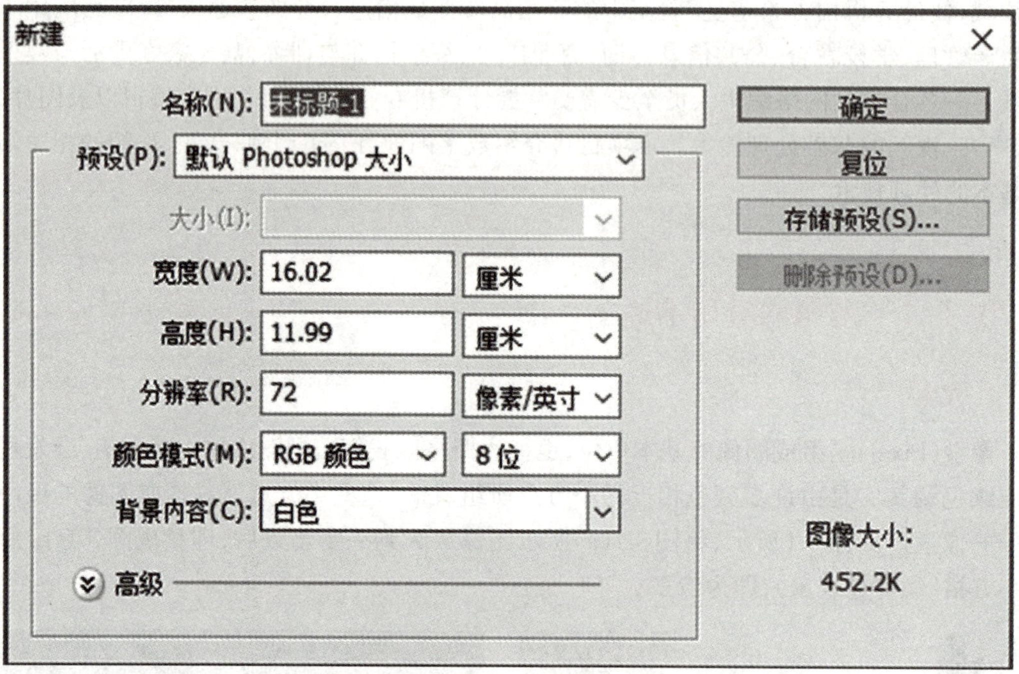

图3.2　Photoshop"新建"对话框

使用相机、扫描仪、视频截图等方式进行图像采集时，也要根据用途进行采集分辨率的设置。因为像素图放大时会失真，所以原则上，采集图像时分辨率设置得越高，图像的用途也就越广。

3. 矢量图

矢量图一般指用计算机绘制的画面，如直线、圆、圆弧、矩形和图标等，基本组成单位是锚点和路径。图形的格式是用数学方式描述曲线的绘图格式，不记录像素的数量，与分辨率无关，可以任意缩放而不影响其图片质量。目前常用的矢量软件有Illustrator、CoreDRAW、Flash等。常用的矢量图文件格式有CDR、ICO、WMF等。

4. 位图

位图也称点阵图或像素图，是指输入设备捕捉的实际场景的画面，或以数字化形式存储的任意画面。静止的位图是一个矩阵，阵列中的各项数字用来描述构成图像的各个点（称为像素点）的强度与颜色等信息。位图的文件格式很多，如BMP、JPG、GIF、PSD等。

位图图像的表现力强、细腻、层次多、细节多，可以模拟照片的效果。但位图包含固定数量的像素，缩放时会影响其清晰度和光滑度，出现所谓“马赛克”的图像失真现象。用数码相机、扫描仪和位图软件加工的图像都是位图。

3.1.2 图像的常见存储格式

各种图形文件格式的不同之处在于：表现图像数据的方式（作为像素还是矢量图）、压缩方法及所支持的 Photoshop 功能。在 Photoshop 中，处理完的图像通常不都是直接输出的，也可以导入到排版或图形软件中，加上文字和图形并完成最后的版面编排和设计工作，然后存储为相应的文件格式。

1. PSD 格式

PSD 格式是 Photoshop 的默认文件格式。因为 Adobe 产品之间是精密集成的，所以其他 Adobe 应用程序（如 Adobe Illustrator、Adobe InDesign、Adobe Premiere、Adobe After Effects 等）可以直接导入 PSD 文件并保留其许多 Photoshop 功能。

2. JPEG 格式

JPEG 是一种高效率的压缩文件，存储文件时能够将人眼无法分辨的资料删除，以节省存储空间，但解压时这些被删除的资源无法还原，所以 JPEG 文件并不适合放大观看，输出成印刷品时品质也会受到影响。同样一张图片，用 JPEG 格式存储的文件大小是存储为其他类型的图形文件大小的 5%～10%，所以它被广泛运用在互联网上，以节约宝贵的网络传输资源。

3. BMP 格式

BMP 是英文 bitmap（位图）的简写，它是 Windows 操作系统中的标准图像文件格式，能够被多种 Windows 应用程序支持。随着 Windows 操作系统的普及与丰富的 Windows 应用程序的开发，BMP 格式理所当然地被广泛用于多种应用程序。

BMP 格式的特点是包含的图像信息较为丰富，几乎不用进行压缩，但因此导致它会占用过大的磁盘空间。

4. PNG 格式

PNG 是英文 Portable Network Graphics（便携式网络图形）的简写，是作为 GIF 的无专利替代品开发的，用于无损压缩和在 Web 上显示图像。PNG 支持 24 位图像并产生无锯齿状边缘的背景透明度。

5. GIF 格式

GIF 是英文 Graphics Interchange Format 的简写，是 Compuserve 公司所制定的格式，因为 Compuserve 公司开放使用权限，所以它被广泛应用，且适用于各式主机平台，各种软件都支持这种格式。GIF 格式支持透明背景，并且可以将数张图片存为一个文件，形成动画效果。

6. TIFF格式

TIFF是英文Tag Image File Format(标记图像文件)的简写,该格式用于在应用程序和计算机平台之间交换文件。TIFF是一种灵活的位图格式,被大部分绘图、图像编辑和页面排版应用程序支持。而且,几乎所有的桌面扫描仪都可以生成TIFF图像。

3.1.3 Photoshop CS6的用法

Photoshop是常用的图像编辑软件之一,它的应用领域十分广泛,不论是平面设计、数码艺术、网页制作、矢量绘图、多媒体制作,还是桌面排版,Photoshop都发挥着不可替代的重要作用。本部分以Photoshop CS6为例,介绍一些图像处理的基本方法。

1. Photoshop的基础操作

Photoshop文件基本操作主要包括新建文件、打开文件、更改图像大小、保存文件等。

(1) 新建文件

当需要新建一个图像文件时,执行“文件”＞“新建”命令,或者使用快捷键“Ctrl+N”,弹出“新建”对话框,如图3.3所示。

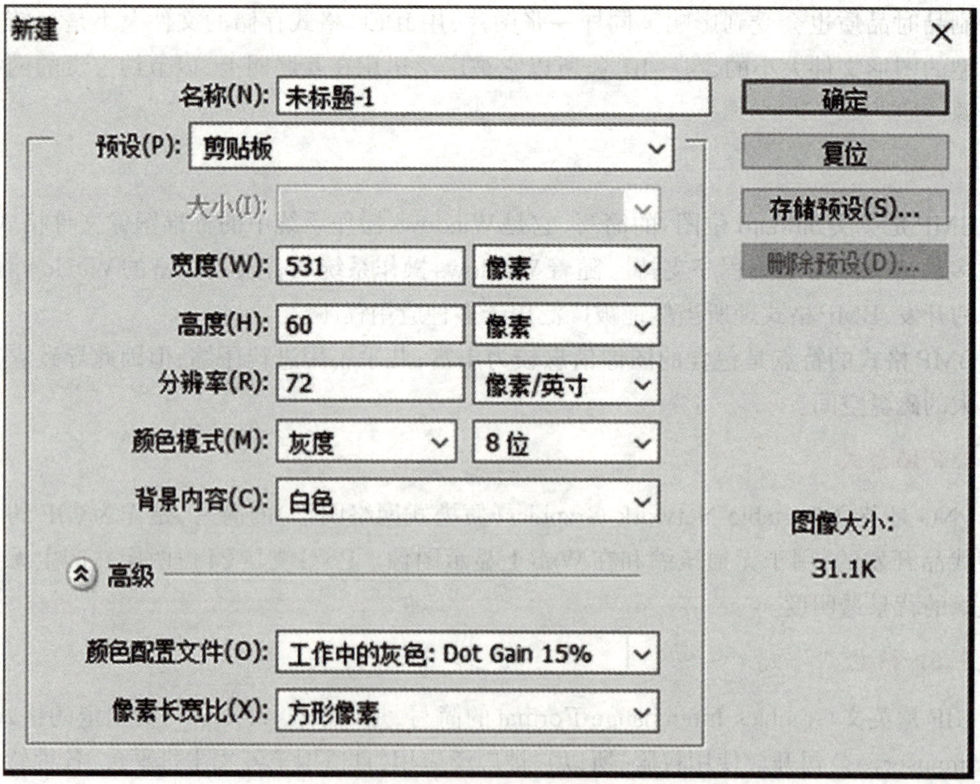

图3.3 Photoshop“新建文件”对话框

① 名称:图像存储时候的文件名,可以输入新的文件名称,也可以使用默认的文件名“未标题-1”。创建文件后,文件名会显示在文档窗口的标题栏中。保存文件时,文件名会自动显示在存储文件的对话框内。

② 预设/大小:用于设置图像的宽度和高度,可以从“预设”菜单选取文档大小,也可以在“宽度”和“高度”文本框中输入数值。“预设”里已经预先设定了一些图像的大小,提供了各种尺寸的照片、Web、国际标准纸张纸、胶片和视频等常用的文档尺寸。

③ 宽度/高度:新建图像的宽度和高度,可以自行填入数字,在右侧的选项中可以选择一种单位,包括“像素”“英寸”“厘米”“毫米”“点”“派卡”和“列”。

④ 颜色模式:可以选择文件的颜色模式,包括位图、灰度、RGB颜色、CMYK颜色和Lab颜色。一般来说,如果是印刷或打印用途选择CMYK,其他用途选择RGB即可。如果用灰度模式,图像中就不能包含色彩信息;位图模式下图像只能有黑白两种颜色;Lab模式包括了人眼可以看见的所有色彩的色彩模式。“颜色模式”后面的通道数一般选用8位就足够了。但是如果颜色模式选择位图的话,通道数只能是1位。

⑤ 背景内容:图像建立以后的默认颜色,包括“白色”“背景色”和“透明”。“白色”为默认的颜色,“背景色”是使用工具箱中的背景色作为文档“背景”图层的颜色。

⑥ 高级:单击“高级”前面的⊗按钮,可以显示出对话框中隐藏的选项:“颜色配置文件”和“像素长宽比”。在“颜色配置文件”下拉列表中可以为文件选择一个颜色配置文件;在“像素长宽比”下拉列表中可以选择像素的长宽比。计算机显示器上的图像是由方形像素组成的,除非使用用于视频的图像,否则都应选择“方形像素”。

⑦ 存储预设:单击该按钮,打开“新建文档预设”对话框,输入预设的名称并选择相应的选项,可以将当前设置的文件大小、分辨率、颜色模式等创建为一个预设。以后需要创建同样的文件时,只需在“新建”对话框的“预设”下拉列表中选择该预设即可,这样就省去了重复设置选项的环节。

⑧ 删除预设:选择自定义的预设文件以后,单击该按钮可将其删除。但系统提供的预设不能删除。

(2) 打开文件

当需要在Photoshop中处理一张图像文件时,首先需要将其打开。

① 使用“打开”命令打开文件。执行“文件”>“打开”命令,或者使用快捷键“Ctrl+O”,或双击Photoshop的空白区域,弹出“打开”对话框,如图3.4所示。

在“查找范围”一栏中选择要打开图像文件所在的文件夹,在右侧的查看菜单中,可以选择图片的查看方式,选择“缩略图”可以很方便地查看图片。选择需要打开的一个文件(如果要选择多个文件,可以先按住Ctrl键,再单击它们),单击“打开”按钮即可将其打开。

② 快捷方式打开。在没有运行Photoshop的情况下,只要将一个图像文件拖动到Photoshop应用程序图标上,就可以运行Photoshop并打开该文件。如果运行了Photoshop,则只要将图像文件拖动到Photoshop窗口中即可打开。

图3.4　Photoshop“打开”对话框

(3) 更改图像大小

图像的分辨率与图像大小和文件大小密切相关。一般来说，分辨率越大，图像越精细，图像文件越大。不同的使用需求，需要的图像精细程度不同。改变图像大小的具体方法如下：

① 将图像文件在Photoshop中打开。

② 执行“图像”>“图像大小”命令，打开“图像大小”对话框，如图3.5所示。在“图像大小”对话框中修改参数。

A. 像素大小：输入宽度值和高度值或百分比。设置好后，新文件的大小会出现在“图像大小”对话框的顶部，而旧文件大小在括号内显示，如图3.6所示。

B. 约束比例：如果需要保持当前图像的长宽比，保证调整后的图像不变形，则必须选择该复选框；如果需要对图像的宽度、高度分别设置，则需要取消该选项。

C. 缩放样式：选中该选项，如果图像带有应用样式的图层，则调整图像大小时样式效果会同时缩放。只有选中了“约束比例”复选框，才能使用此选项。

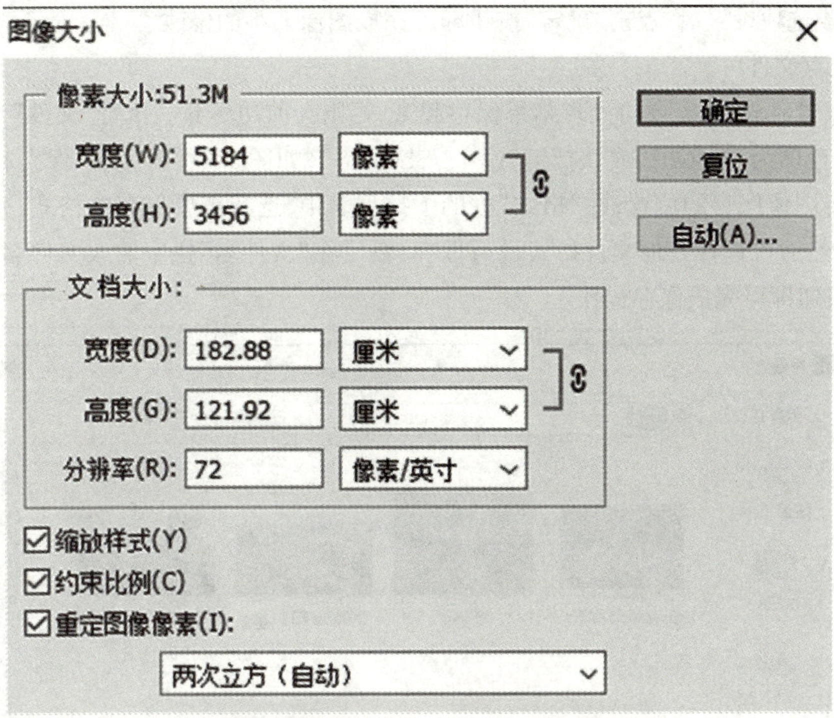

图像大小
像素大小:51.3M
宽度(W): 5184 像素
高度(H): 3456 像素
文档大小:
宽度(D): 182.88 厘米
高度(G): 121.92 厘米
分辨率(R): 72 像素/英寸
缩放样式(Y)
约束比例(C)
重定图像像素(I):
两次立方（自动）
确定
复位
自动(A)...

图3.5　Photoshop“图像大小”对话框

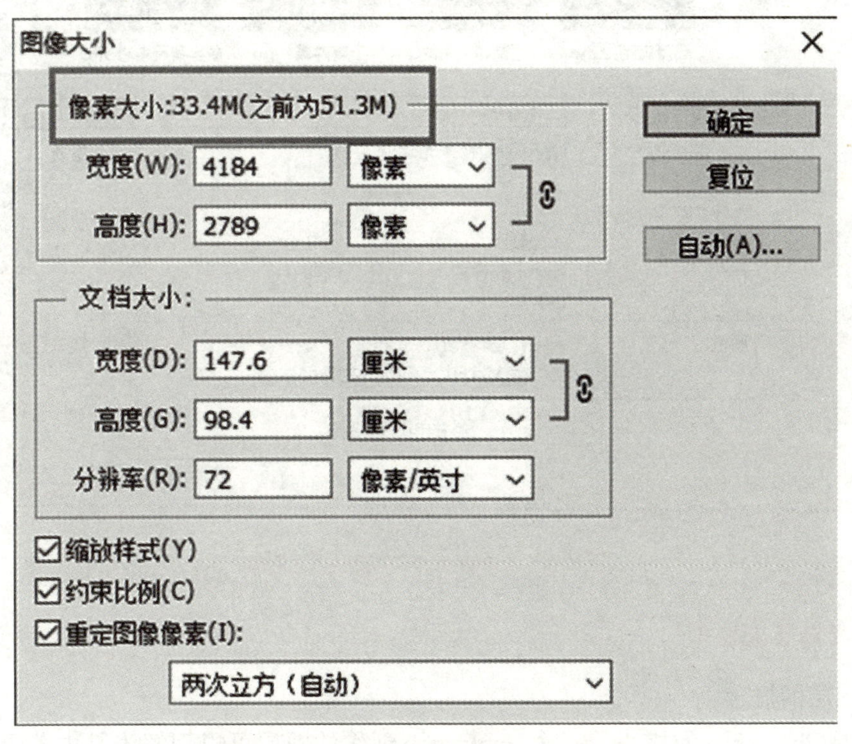

图3.6　Photoshop修改像素大小对话框

③ 完成选项设置后,点击“确定”按钮即可完成图像大小的修改。

(4) 保存文件

图像编辑完成后,需要将处理结果保存起来,否则会前功尽弃。执行“文件”>“存储为”命令弹出“存储为”对话框,或快捷键“Ctrl+Shift+S”,如图3.7所示。在“保存在”一栏中,选择需要将图像保存的位置;在“格式”栏的下拉列表中,选择需要保存的格式,建议先保存PSD格式,然后再选择其他文件格式进行保存;最后在“文件名”栏中输入文件名称,然后点击“保存”按钮即可完成保存操作。

图3.7　Photoshop“存储为”对话框

2. 图层的基本操作

(1) 图层的概念

图层是Photoshop的核心。一个Photoshop创作的图层可以理解为是由若干张包含图像各个不同部分的不同透明度的纸叠加而成的,每一张“纸”称为一个“图层”。由于每一个层及层内容都是独立的，用户在不同的层中进行绘制或编辑等操作不影响其他层的内容。利用“图层”面板可以方便地控制内容的增加、删除、显示或顺序关系。通过图层的透明区域还可以看到下面的图层内容，通过移动图层来决定图层上内容的位置，也可以使用图层来执行多种任务，如向图像添加文本、形状、复合多个图层等。

(2) 图层类型

Photoshop CS6中常用的图层有背景图层、普通图层、文字图层、形状图层等几种，如图3.8所示。

① 背景图层：位于最下面的一个图层，名称以斜体字“背景”命名，背景图层为锁定状态，一张图像只能有一个背景图层，它是不透明的，无法与其他图层调换顺序。

② 普通图层：Photoshop CS6中最基本的图层类型，新建的普通图层都是透明的，所有的功能都可以在这种图层上进行应用。

③ 文字图层：使用文字工具后，系统自动生成的图层，只能进行文字输入和编辑。

④ 形状图层：包含了位图、矢量图两种元素，可以以某种矢量形式保存图像。

(3) 图层的基本操作

① 新建图层。

通过图层面板按钮栏找到“创建新图层”按钮，或者使用快捷键“Ctrl+Shift+N”就可以创建一个新的图层，如图3.9所示。

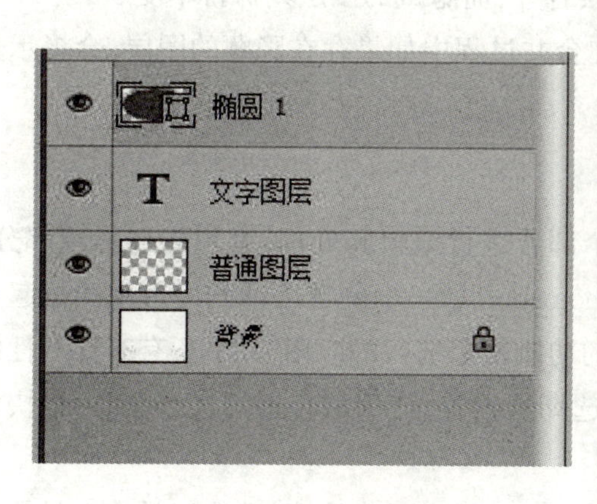

图3.8 Photoshop图层

图3.9 Photoshop创建新图层

② 选择图层。

A. 选择单个图层：在“图层”面板中单击某一图层，即可将一个图层选中。

B. 选择多个连续的图层：先选中第一个图层，然后按住Shift键点击最后一个图层，即可选中多个连续的图层。

C. 选中多个不联系的图层：按住Ctrl键并在图层面板中单击需要选中的图层即可。

D. 选中所有图层：执行“选择”＞“所有图层”即可选中所有图层。

③ 移动与重命名图层。

A. 移动图层：先选中需要移动的图层，用鼠标将其拖动到合适的位置即可完成移动图层操作。

B. 重命名图层：双击图层名称，在出现的编辑框中输入新的名称即可完成重命名操作。

④ 复制与删除图层。

A. 复制图层：需要制作同样效果的图层时，可以选中该图层，单击鼠标右键，在弹出的快捷菜单中选中“复制图层”命令；也可以选中该图层，然后用鼠标将该图层拖动到“图层”面板下方的“创建新图层”按钮上即可。

B. 删除图层：选中该图层，单击鼠标右键，在弹出的快捷菜单中选中“删除图层”命令；也可以选中该图层，然后用鼠标将该图层拖动到“图层”面板下方的“删除图层”按钮上即可。

⑤ 合并图层。

确定图层内容后可以通过合并图层来缩小图像文件的大小和减少图层的数量。合并图层时，顶部图层上的数据会替换它所覆盖的底部图层上的任何数据。图层合并后，所有透明区域的交叠部分都会保持透明。

Photoshop CS6提供了“向下合并”“合并可见图层”“拼合图像”三种图层合并方式，可以利用“图层”菜单或“图层”面板菜单调用这些命令，如图3.10所示。

A. 向下合并：将当前图层与下一层图层图像合并，其他图层保持不变。

B. 合并可见图层：将图像中所有显示的图层合并，而隐藏的图层则保持不变。

C. 拼合图像：将图像中的所有图层合并，在合并过程中如果存在隐藏的图层，会提示是否要删除，确定后将删除所有隐藏图层。

3. 简单选择工具的使用

在Photoshop CS6中，如果要对图像中某个部分进行编辑和处理，必须先选择该部分。通过某些操作选择图像的区域，即形成选区，Photoshop CS6中的选区即四周由虚线框起来的部分。在Photoshop中，最重要、最不可缺少的功能就是选区的应用，几乎所有有针对性的操作都要先从建立选区入手，用户可以根据要选择的内容，使用最合适的选区命令，最快捷地创建选区。

选区可以由选取工具、路径、通道等创建，一般用选取工具来完成，选取工具在工具箱的最上边，如图3.11所示。从选区的形态看，我们可以创建规则选区、不规则选区；按颜色区分，可选择单色或多色等。选区是一个封闭的区域，一旦建立，一切命令只对选区有效，对选区外无效。如果要对选区外操作，则要取消选区（快捷键“Ctrl+D”取消选区）。

向下合并
合并可见图层
拼合图像

图 3.10　Photoshop 图层合并命令

图 3.11　Photoshop 选取工具

(1) 选区创建

在 Photoshop 中选区的创建,通常由工具箱的第一部分工具及选择菜单命令来完成。

① 规则选区选择工具。

规则选区选择工具主要是在文件中创建各种类型的规则选择区域,创建后,操作只在选框内进行,选框外不受任何影响。规则选区选择工具包括矩形选框工具、椭圆选框工具、单行选框工具和单列选框工具。下面以矩形选框工具为例加以说明。

利用矩形选框工具,可以创建一个矩形的选区,图 3.12 为用矩形选框工具选择的效果图。

图 3.12　Photoshop 矩形选区

矩形选框工具选项栏如图 3.13 所示,各选项的作用如下:

图 3.13　Photoshop 矩形选框工具选项栏

"新选区"按钮:单击该按钮,则表示创建一个新选区。在该状态下,如果已有一个选区,再选择创建选区时,原来的选区将消失。

“添加到选区”按钮：在添加选区状态下，鼠标指针变为+形状。如果先前没有选区，则创建一个新选区；如果已有一个选区，那么在创建一个选区时，新选区在原来的选区外，则将形成两个封闭的虚线框；如果新选区和原来的选区有相交，则形成一个封闭的虚线框。

“从选区减去”按钮：在该状态下，鼠标指针变为+形状。如果先前无选区，则创建一个新选区；如果已有一个选区，且新选区与原选区有相交部分，则减去两选区相交的区域。

“与选区交叉”按钮：其作用是保留两个选区交叉的部分。

羽化：通过建立选区和选区周围像素之间的转换边界来模糊边缘。模糊边缘操作将使选区边缘的一些细节丢失。注意，使用选项栏上的羽化功能，须在创建选区前设置该值，否则不起作用。

样式：用来规定拉出的矩形选框的形状。包括“正常”“固定比例”和“固定大小”三项。

调整边缘：该选项可以提高选区边缘的品质，并可让用户对照不同的背景查看选区以便轻松编辑。

规则选区的小技巧：在拖动鼠标创建选区时不松开鼠标左键，按下空格键，可保持当前的选区不变并可将其平移。松开空格键后，可继续绘制选区。

使用矩形选框工具或椭圆选框工具绘制选区时，按住 Alt 键拖动鼠标，将以单击位置为中心点绘制对称的选区形状。若同时按住“Alt＋Shift”键，则可以绘制正方形或正圆选区。

② 不规则选区选择工具。

不规则选区选择工具主要是在文件中创建各种类型的不规则选择区域，创建后，操作只在选框内进行，选框外不受任何影响。不规则选区选择工具包括套索工具、多边形套索工具、磁性套索工具和魔棒工具等。

A. 套索工具 套索工具 ：选择套索工具可以在画布内拖拽创建一个不规则的选区，如图 3.14 所示。如果选取的选区终点和起点未重合，则 Photoshop CS6 会自动将起点与终点用直线连接成一个封闭的选区。当创建一选区时有些部分多选，或有些区域漏选时，常用套索工具进行加选或减选。

图 3.14　Photoshop 套索工具

B. 多边形套索工具 多边形套索工具 :用多边形套索工具可以创建不规则的多边形选区。选择时,只需单击多边形的各个顶点,系统会自动形成一个封闭的多边形选区,如图3.15所示。

图3.15　Photoshop多边形套索工具

C. 磁性套索工具 磁性套索工具 :一种可识别边缘的套索工具,可以自动捕捉物体的边缘以建立选区。使用该工具时,用户可根据需要直接单击添加紧固点,也可用Backspace键或Delete键撤销建立的紧固点和线段。

选中"磁性索套工具"按钮,工具选项栏会新增套索宽度和频率两个选项,前者用于设置磁性套索工具在选取时探查的距离,后者用来制定套索连接点的连接频率。鼠标移到图像上单击选取起点,然后沿图形边缘移动鼠标,无需按住鼠标,回到起点时会在鼠标的右下角出现一个小圆圈,表示区域已封闭,此时单击鼠标即可完成此操作,如图3.16所示。

图3.16　Photoshop磁性套索工具

D. 魔棒工具 魔棒工具 :用于选取图像中颜色相似的区域,是基于与单击的像素的相似度。使用该工具时,只需单击选择的颜色区域,系统会选中与单击颜色相似或相近的区域,如图3.17所示。

图3.17　Photoshop魔棒工具

魔棒工具选项栏如图3.18所示。

图3.18　Photoshop魔棒工具选项栏

a. 容差:确定所选像素的颜色范围。以像素为单位输入一个值,范围介于0~255。如果容差值较小,则会选择与所单击像素非常相似的少数几种颜色;如果容差值较大,则会选择范围更广的颜色。

b. 连续:要使用相同的颜色只选择相邻的区域,请选择“连续”选项。否则,同一种颜色的所有像素都将被选中。

c. 对所有图层取样:使用所有可见图层中的数据选择颜色。否则,魔术棒工具将只从当前图层中选择颜色。

注意,相近颜色选取的操作还可以使用菜单“选择”>“色彩范围”来完成。效果与魔棒工具类似。

(2) 选区的应用

① 选区的简单操作。

Photoshop CS6中,选区的操作及其快捷方式如表3.1所示。

表3.1　Photoshop选区操作及快捷方式

操　　作	快捷方式
全选	Ctrl+A
取消选区	Ctrl+D

续表

操　　作	快捷方式
重新选择	Ctrl+Shift+D
反选	Ctrl+Shift+I
羽化	Ctrl+Alt+D

② 选区的修改。

选区的修改命令集中在选择菜单命令下的修改复选项中，执行"选择">"修改">"边界""平滑""扩展""收缩""羽化"等命令，如图3.19所示。

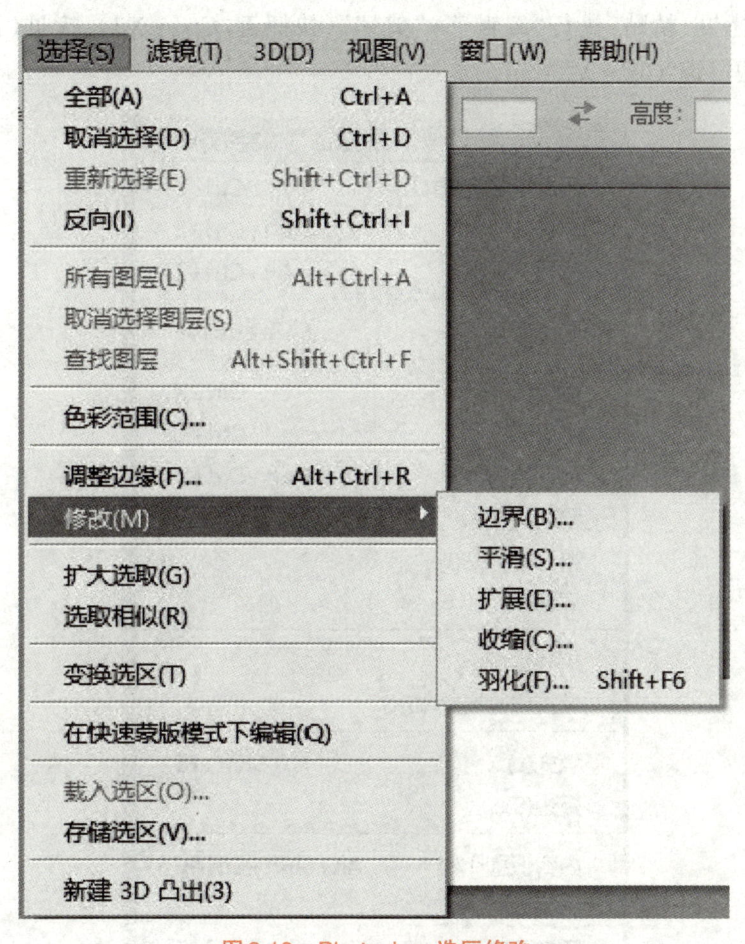

图3.19　Photoshop选区修改

A. 边界：设置选区边缘的宽度，使其成为轮廓区域。

B. 平滑：对边缘进行平滑处理，半径越大，边缘越平滑。

C. 扩展：按指定像素扩展选区。

D. 收缩：按指定像素缩小选区。

E. 羽化：在选区与其周围像素之间创建柔和边缘过渡。

③ 变换选区与自由变换。

A. 变换选区:主要针对选区进行操作,变换的是选区,不包含选区里的内容。使用“选择”>“变换选区”。

B. 自由变换:对选定的图像区域进行变换,使用“编辑”>“自由变换”,快捷键“Ctrl+T”。

④ 选区的编辑操作。

选区的编辑操作命令主要集中在“编辑”菜单命令下,如图3.20所示。

A. 删除选区内容:执行“编辑”>“清除”(快捷键Delete)。

B. 剪切、拷贝、粘贴:执行“编辑”>“剪切”(快捷键“Ctrl+X”)、拷贝(快捷键“Ctrl+C”)、“粘贴”(快捷键“Ctrl+V”)。

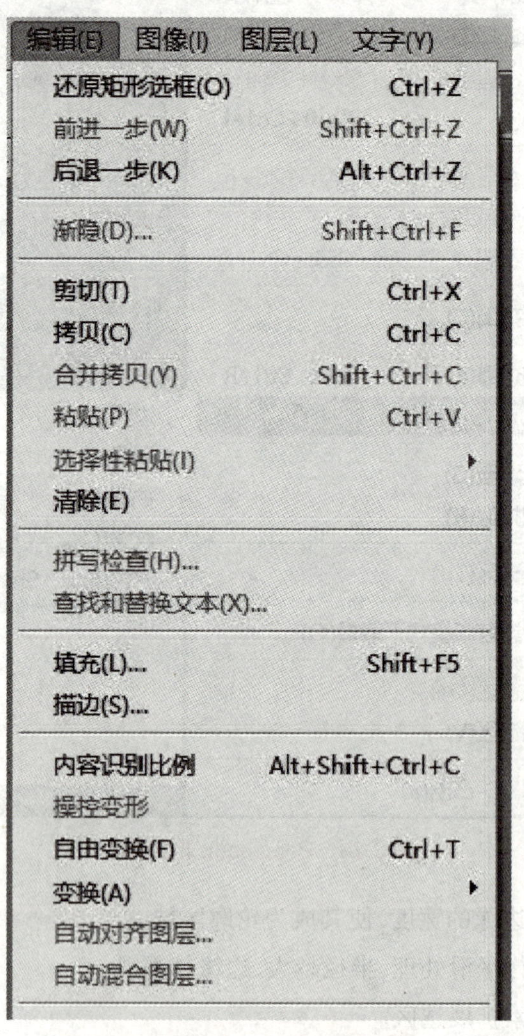

图3.20 Photoshop选区编辑

3.2 Flash动画技术

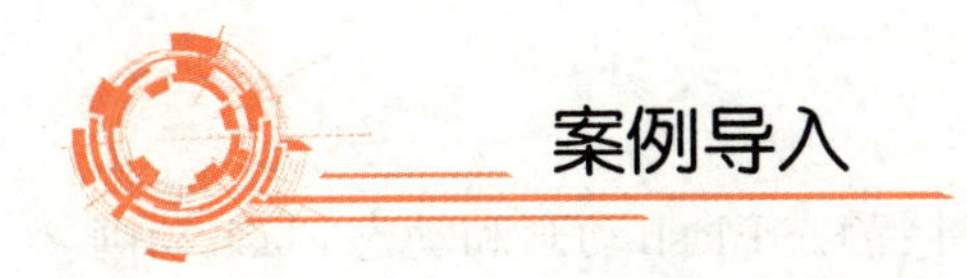

案例导入

融媒体时代，动画让新闻“动”起来

随着融媒体的不断发展，各类信息呈爆炸式增长。媒体之间的竞争越发激烈，个性化制作、可视化呈现、互动化传播成为新闻传播的大势所趋。新闻动画，就是通过将信息进行图形化、视频化包装，在不违背新闻真实性的原则下，呈现难以拍摄到的画面的一种新闻阐述方式。它将新闻信息化繁为简，化抽象为具象，使新闻更容易被识别、认知和记忆，从而提升用户体验，让阅读更轻松，加深用户对新闻信息的理解。

（资料来源：羊城晚报．融媒体时代，动画让新闻“动”起来[EB/OL].(2023-01-29)[2024-05-18]. https://news.ycwb.com/203-01/29/content_51718983.htm.）

动画作为一门古老的艺术，是通过把人、物的表情、动作、变化等分段画成多幅画，再通过放映手段连续播放，给人的视觉营造连续变化的画面感。随着计算机技术的发展，用计算机制作动画变得越来越简单，非美术专业的人士也能成为制作动画的高手。Flash动画以画面精美、易于传输播放、制作相对简单、媒体表现力丰富、交互空间广阔等一系列优势，借助网络进行传播，在今天，Flash的身影几乎无处不在，在网站制作、多媒体开发、动漫游戏设计、产品展示、影视广告、Flash MV和手机屏保等诸多领域，Flash都大显身手。本节以Flash CS6动画制作软件为操作平台，简要介绍如何用计算机制作动画。

3.2.1 动画基础知识

1. 动画的定义

世界著名动画艺术家约翰·哈拉斯(John Halas)曾指出：“运动是动画的本质。”动画是一种源于生活而又抽象于生活的艺术形式。医学研究表明，人眼具有“视觉暂留效应”(人的眼睛看到一幅画或一个物体后，在1/24秒内不会消失)，动画正是根据人眼的“视觉暂留”生物现象，将很多内容上连续但又彼此略有差别的单个画面按一定的顺序和速度播放，即可使人们在视觉上产生物体连续运动的错觉。

2. 动画的分类

根据不同的分类方法，动画可以被分为不同的种类：按播放的媒体划分，可分为TV版动画、OVA版动画、剧场版动画；按制作技术及手段划分，可分为以手工绘制为主的传统动画和以计算机制作为主的电脑动画；按动画的视觉空间划分，可分为二维动画（平面动画）和三维动画（空间动画）；按动画内容与画面数量关系划分，可分为全动画（24 fps）和半动画（低于24 fps）；按动画的播放效果划分，可分为顺序动画（连续动作）和交互式动画（反复动作）。

3. Flash动画简介

Flash动画是一种动画类型，它的形式主要有两种：静态Flash动画和动态Flash动画。静态Flash动画类似漫画，只不过创作的环境是在Flash中；而动态Flash动画是指在Flash中创作的多媒体互动动画，其动感强烈，表现力强且可以互动，深受网页、动画制作人员的青睐。

Flash动画与我们常用于网络的GIF动画不同，它采用的是矢量绘图技术，矢量图是可以无限放大而图像质量不损失的一种格式的图像。由于动画是矢量图构成的，这大大节省了动画的文件大小，在网络带宽有限的情况下，提升了网络传输的效率。

4. Flash动画应用领域

因为Flash生成的动画文件体积小，并采用了流媒体技术，同时具有很强的交互功能，所以使用Flash制作的动画文件在各种媒体环境中被广泛应用。例如，使用Flash制作的网页、网站动画，产品广告，教学课件，电子贺卡，电影、电视中的Flash短片、栏目，以及屏保、游戏等诸多领域。现在的Flash动画几乎无处不在，它的应用被延伸到网络、拓展至无线设备等多个平台，成为多媒体应用开发及互联网应用的一个重要分支，并且随着互联网和Flash技术的发展，Flash的应用范围会越来越广泛。

5. Flash动画制作流程

完成一部优秀的Flash动画作品需要经过很多的制作环节，其中每个环节的质量都直接关系到作品的最终效果，因此应该认真地把握每个环节的制作，切忌边做边看边想。每个公司或制作人员创建Flash动画的习惯不同，但都会遵循一个基本的流程。从宏观上看，商业Flash动画创作的流程大致可分为前期策划（包括动画目的、规划以及团队等）、素材准备（包括剧本编写、场景设计、造型设计、分镜头）、动画制作（包括录音、建立和设置影片、输入线稿、上色、动画编排）、后期处理（包括合成并添加音效、总检等）和发布（包括优化、制作加载动画和结束语）五个步骤。从微观上看，Flash动画的制作流程分为新建文档、设置文档属性、制作或导入素材、制作动画、发布设置、测试影片、发布影片和保存文档八个步骤，如图3.21所示。其中，制作动画部分是流程的关键，发布影片决定着影片的大小、质量和文档格式等重要属性，所以也是十分重要的。

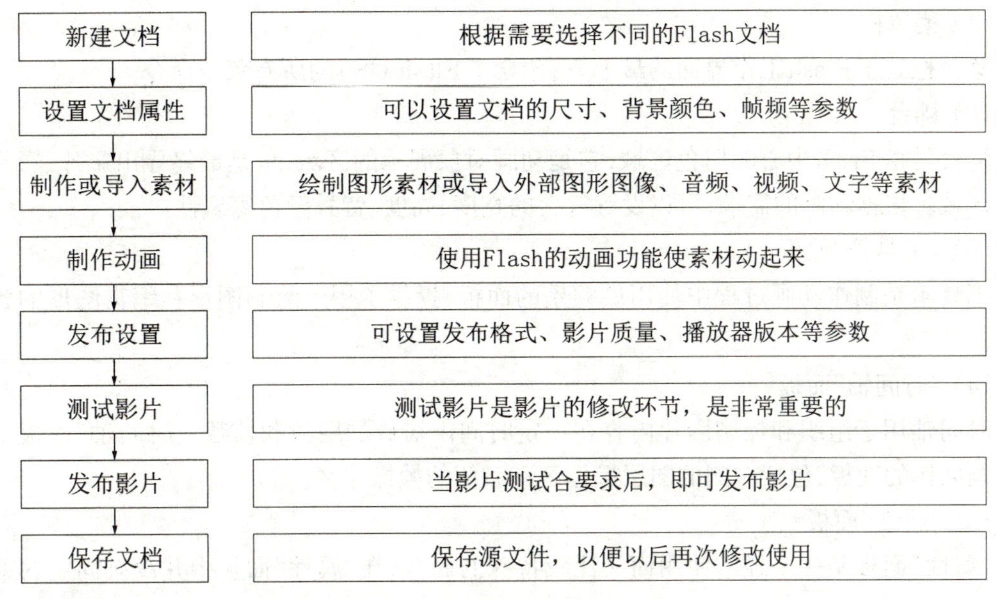

图3.21　Flash动画的制作流程

3.2.2　Flash动画基础

1. Flash CS6的基础操作

Flash CS6默认的基本功能界面有菜单栏、“属性”面板、“工具箱”面板、舞台、“时间轴”面板等，如图3.22所示。

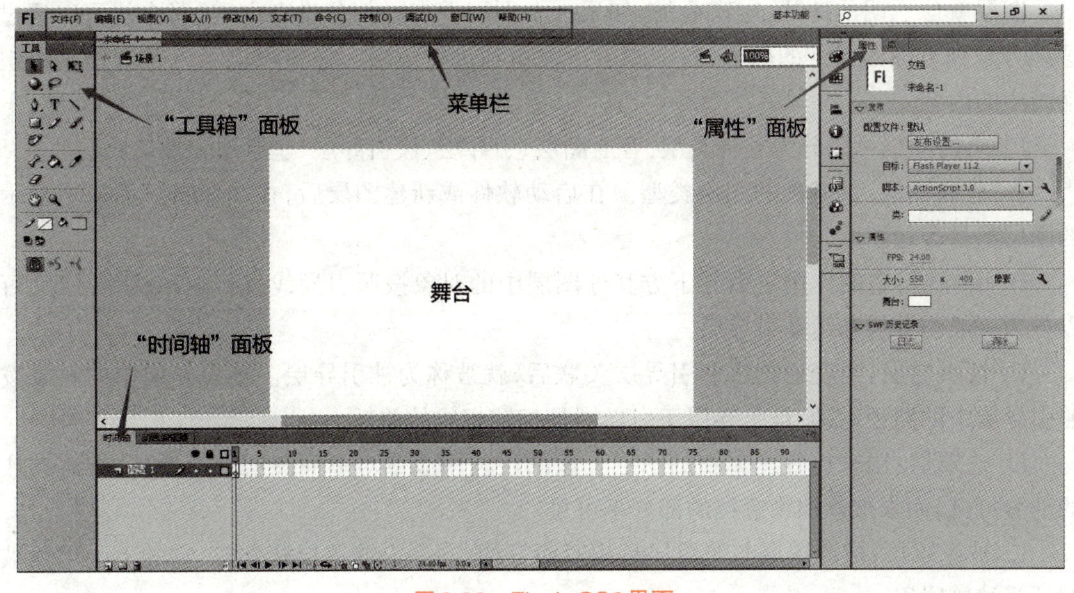

图3.22　Flash CS6界面

(1) 菜单栏

菜单栏处于Flash工作界面的最上方,包含了Flash CS6的所有菜单命令。

(2) 舞台

舞台是指Flash中心的白色区域,它是动画对象展示的区域,也是最终导出影片、影片显示的区域。根据动画的需求,可以设置舞台的宽度、高度、背景颜色等属性。

(3) "工具箱"面板

工具箱是制作动画过程中使用最频繁的面板,提供了用于绘制图形和编辑图形的各种工具。

(4) "时间轴"面板

时间轴用于组织和控制影片内容在一定时间内播放的层数和帧数。"时间轴"面板是进行动画创作的面板,包括左侧的图层操作区和右侧的帧操作区。

(5) "属性"面板

"属性"面板是一个经常使用而又比较特殊的面板,在"属性"面板中并没有固定的参数选项,它会随着选择对象的不同而动态出现不同的选项设置,这样就可以很方便地设置对象属性。

2. 图层和帧的应用

在Flash动画工程文件中通常会有很多图层,每一个图层分别呈现不同的动画效果,多个图层组合在一起就形成了复杂的动画。而帧是制作动画的关键,它控制着动画中各个动作和效果的发生以及动画的时长,依次显示每帧的内容就形成了动画。

(1) 图层的操作

① 认识图层。

图层就像透明的薄片,层次叠加,如果一个图层上有一部分没有内容,那么就可以透过这部分看到下面图层上的内容,各个图层可以单独进行编辑。通过图层可以很方便地组织动画中的内容。

Flash的图层可以分为五种类型:普通图层、引导层、被引导层、遮罩层和被遮罩层。

A. 普通图层:最基础的图层类型。在启动软件或新建图层后,在"时间轴"面板上显示的图层都是普通图层。

B. 引导层:它的作用是引导下方其他图层中的对象按照引导线进行运动,引导层又可以分为一般引导层和运动引导层。

C. 被引导层:当普通图层和引导层关联后,就被称为被引导层。被引导层中的对象按照引导层中的路径运动,被引导层于引导层是相辅相成的关系。

D. 遮罩层:用来放置遮罩物的图层。该图层利用遮罩对下面图层进行遮挡,被遮挡住的部分可见,而未被遮挡物遮挡的部分不可见。

E. 被遮罩层:被遮罩层与遮罩层是相对而言的,当一个遮罩层建立时,它的下一层便被默认为被遮罩层。

② 图层的基本操作。

图层的操作主要包括创建图层、创建图层文件夹、选择图层、复制图层、删除图层、重命名图层、更改图层顺序。

A. 创建图层。

a. 创建普通图层：当创建了一个空白的Flash文档后，它会自动包含一个普通图层，若需要创建更多的图层来满足动画制作的需求时，可以通过以下方法来实现在当前图层的上方插入一个图层：

• 单击“时间轴”面板左下方的“新建图层”按钮；

• 执行菜单栏中的“插入”>“时间轴”>“图层”命令；

• 右击图层，在弹出的对话框中选中“插入图层”。

b. 创建遮罩层和被遮罩层：在Flash CS6中没有一个专门的按钮来创建遮罩层和被遮罩层，需要通过修改普通图层，方法如下：

• 在某个图层上右击鼠标，在弹出的对话框中选中“遮罩层”，该图层就会生成遮罩层，系统同时会自动把遮罩层下面的一层关联为“被遮罩层”；

• 在某个图层上右击鼠标，在弹出的对话框中选中“属性”，在“图层属性”对话框中，将类型选择为“遮罩层”或“被遮罩层”即可。

c. 创建引导层和被引导层：引导层和被引导层的创建也是通过对一般图层进行修改而生成的，方法如下：

• 在某个图层上右击鼠标，在弹出的对话框中选中“引导层”，该图层就称为引导层，再将其他图层拖拽到引导层中，就生成了被引导层；

• 在某个图层上右击鼠标，在弹出的对话框中选中“添加穿透运动引导层”，当前选中的图层就是被引导层，系统会自动为当前选中的图层生成一个引导层；

• 在某个图层上右击鼠标，在弹出的对话框中选中“属性”，在“图层属性”对话框中，将类型选择为“引导层”，则当前选中的图层就会变成引导层，将其他图层拖拽到引导层中，就生成了被引导层。

B. 创建图层文件夹。

图层文件夹可以用来管理图层，当创建的图层数量很多时，可以将图层分门别类到不同的图层文件夹中进行管理。单击“时间轴”面板左下角中的“新建图层文件夹”按钮，即可在当前图层上方插入一个图层文件夹。拖拽选中的图册到图层文件夹中即可将图层添加进去。

C. 选择图层。

a. 选择单个图层：在“时间轴”面板中单击某一图层或单击该图层中的某一帧单元格，即可将一个图层选中；

b. 选择多个连续的图层：先选中第一个图层，然后按住Shift键点击最后一个图层，即可选中多个连续的图层；

c. 选中多个不连续的图层:按住Ctrl键单击“时间轴”面板中的多个图层即可。

D. 复制图层。

若要复制一个图层,可以右击某一图层,在弹出的对话框选择“复制图层”。

E. 删除图层。

当不需要某个图层时,可以通过以下三种方式对其进行删除:

a. 选中图层,单击“时间轴”面板下方的“删除”按钮即可;

b. 将需要删除的图层拖动到“时间轴”面板下方的“删除”按钮即可;

c. 右击某一图层,在弹出的对话框选择“删除图层”即可。

F. 重命名图层。

新建图层后,图层的名称都是默认的,为了快速地辨认每一个图层,可以通过以下两种方式对图层进行重命名:

a. 双击“时间轴”面板上的图层,然后输入新的图层名称即可;

b. 打开“图层属性”对话框,在“名称”文本框中输入图层新的名称,点击“确定”即可。

G. 更改图层顺序。

调整图层之间的相对位置,可以得到不同的动画效果和显示效果,可以直接拖动所需改变顺序的图层到合适的位置,松开鼠标即可。

(2) 帧的操作

① 认识帧。

帧是构成动画的基本单位,每一个精彩的Flash动画都是由很多个精心雕琢的帧构成的,在时间轴上的每一帧都可以包含需要显示的所有内容,包括图形、声音、各种素材和其他多种对象。

在Flash的帧中可以分为关键帧、空白关键帧和普通帧。在动画制作的开始,只有一个空白关键帧,当我们在空白关键帧上面绘制了一个图形时,它就变成关键帧了,而普通帧和关键帧的不同点在于前者不可编辑,后者可编辑。

A. 关键帧:在动画中是不能缺少的,因为它能使画面内容产生变化,是指在这一帧的舞台上实实在在的动画对象,这个动画对象可以是自己绘制的图形,也可以是外部导入的图形或声音文件等,动画创建时对象都必须插入关键帧中。

B. 空白关键帧:没有包含舞台上的实例内容的关键帧。

C. 普通帧:在时间轴上能显示实例对象,但不能对实例对象进行编辑操作的帧。

关键帧在时间轴上显示为实心的圆点,空白关键帧在时间轴上显示为空心的圆点,普通帧在时间轴上显示为灰色填充的小方格。

② 帧的操作。

A. 插入帧:在时间轴上插入帧,可以通过以下几种方式:

a. 在时间轴上选中需要创建帧的位置,按下F5键,可以插入帧,按下F6键可以插入关键帧,按下F7可以插入空白关键帧;

b. 右击时间轴上要创建帧的帧位置，在弹出的快捷菜单中选中“插入帧”>“插入关键帧”或“插入空白关键帧”命令；

c. 在时间轴上选中要创建帧的帧位置，选择菜单栏中的“插入”>“时间轴”命令，在弹出的子菜单中选择相应命令，可以插入帧、关键帧和空白关键帧。

B. 选择帧：选择帧是对帧以及帧中内容进行操作的前提条件。可以通过以下几种方式选择帧：

a. 选择单帧时，可以直接使用鼠标点击需要选择帧的位置即可，在选择帧的同时，该帧内的所有图形也被选择了；

b. 选择多帧时，可以按住Shift键选择帧的范围。

C. 移动帧：移动帧的操作主要有以下几种方式：

a. 选中需要移动的帧，单击菜单栏上的“编辑”>“时间轴”>“剪切帧”(快捷键“Ctrl+Alt+X”)，然后单击菜单栏上的“编辑”>“时间轴”>“粘贴帧”(快捷键“Ctrl+Alt+V”)；

b. 选中需要移动的帧并右击，从弹出的快捷菜单中选中“剪切帧”，然后用鼠标选中帧移动的目的地并右击，从弹出的快捷菜单中选中“粘贴帧”；直接使用鼠标左键拖拽。

D. 复制帧：复制帧的方法如下：选中需要复制的帧，单击菜单栏上的“编辑”>“时间轴”>“复制帧”(快捷键“Ctrl+Alt+C”)，然后单击菜单栏上的“编辑”>“时间轴”>“粘贴帧”(快捷键“Ctrl+Alt+V”)；选中需要复制的帧并右击，从弹出的快捷菜单中选中“复制帧”，然后用鼠标选中帧移动的目的地并右击，从弹出的快捷菜单中选中“粘贴帧”；按下Alt键的同时，使用鼠标左键拖拽。

E. 删除帧：删除帧的操作不仅可以把帧中的内容删除，还可以把被选中的帧删除，还原为初始状态。方法如下：选中要删除的帧，单击菜单栏上的“编辑”>“时间轴”>“删除帧”；选中需要删除的帧并右击，从弹出的快捷菜单中选中“删除帧”；选中需要删除的帧，按“Shift+F5”组合键。

3.2.3 制作Flash动画

网络上的Flash动画看起来效果丰富，但制作的方法基本上都是一致的。之所以会产生那么多看似不同的效果，主要是靠用户在充分理解制作功能的前提下，结合自己的创意完成的。

Flash动画是通过时间轴上对帧的顺序播放，实现各帧中舞台实例的变化而产生动画效果，动画的播放快慢是由帧频控制的。简单的Flash动画可以由几帧连续的画面组成。对于复杂的动画作品，Flash用到了“场景”这个概念，每一个场景包含一个独立的主时间轴，可以将多个场景组合以产生不同的交互播放效果。在制作过程中，根据制作方法和生成原理可将Flash动画分为基础动画类型和高级动画类型。基础动画类型包括逐帧动画、传统补间动画、补间动画和补间形状动画；高级动画类型包括图层动画(如引导层动画、遮

罩动画)、骨骼动画和3D动画。现以Flash CS6制作基础动画类型为例,将一些基本用法介绍如下:

1. 逐帧动画

逐帧动画是动画中最基本的类型,它的原理是将一个动画的连续动作分解成一张一张的图片,把每一张图片用关键帧描绘出来。当关键帧连续播放,则显现动画效果。

在制作逐帧动画的过程中,需要动手制作每一个关键帧中的内容,因此工作量极大,并且要求用户有比较强的逻辑思维和一定的绘图功底。虽然如此,逐帧动画的优势还是十分明显的,其具有非常强大的灵活性,适合表现一些复杂、细腻的动画,如3D效果、面部表情、走路、转身等,缺点是动画文件较大,交互性差。

下面以“倒计时”动画为例来介绍创建逐帧动画的步骤。

步骤1:新建文档。启动Flash CS6,新建一个Flash文档,设置文档尺寸为“500像素×500像素”,帧频为“1”,其他属性不变,如图3.23所示。

步骤2:输入文本。选中图层的第1帧,选中文本工具T,在舞台上输入数字“5”,在“属性”面板设置字体、大小、颜色,在“对齐”面板设置好文本的对齐方式。

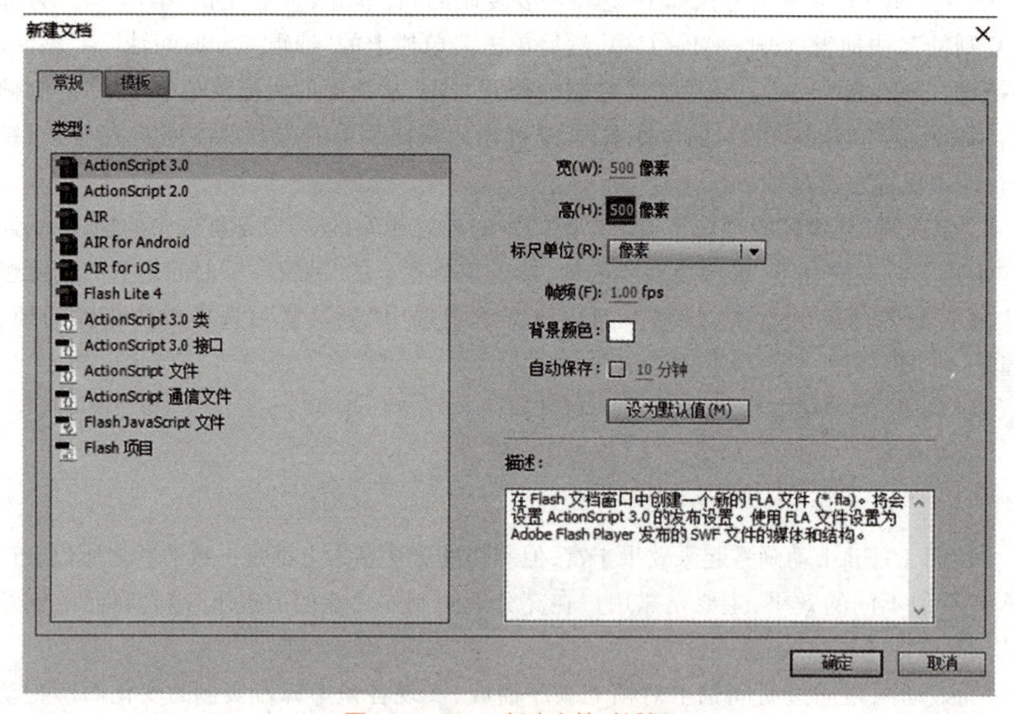

图3.23　Flash新建文档对话框

步骤3:创建逐帧动画。在图层的第1帧后插入6个关键帧,分别把前5帧的数字改为“4”“3”“2”“1”“0”。“时间轴”面板状态如图3.24所示。

步骤4:为了使倒计时跳到最后一帧时停止跳动,需要在最后一帧处添加一个工作指令。选中最后一帧,执行“窗口”>“动作”或按F9键打开“动作”面板,输入脚本命令“stop();”。

步骤5:保存和测试影片。按“Ctrl+S”组合键保存影片,按“Ctrl+Enter”组合键测试影片。

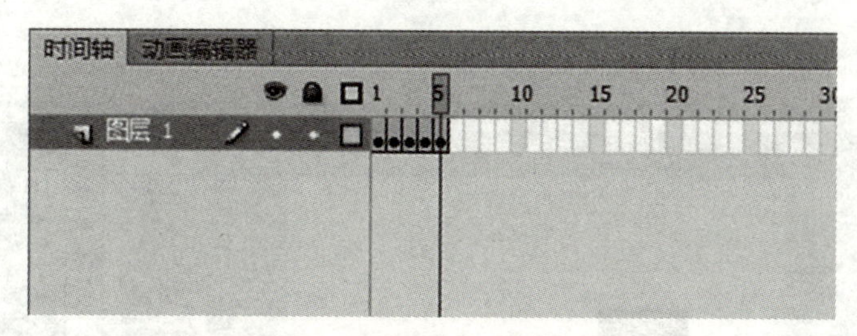

图3.24　Flash逐帧动画的“时间轴”面板

2. 传统补间动画

动画中由远及近、由大到小的变化时经常出现的,无论是表现场景还是角色,基本的制作方法都是一致的,都是使用传统补间动画。此类动画在制作时要注意剧本的编写,不要单一地让角色跑来跑去,要尽可能地展现更多视觉上的美感。

制作传统补间动画时需要分别制作动画的起始状态和结束状态。动画中间部分由Flash自动生成,而且一旦动画制作完成,只有通过修改起点和终点才可以改变动画的轨迹。

下面以“滚动的方块”动画为例来介绍创建传统补间动画的步骤。

步骤1:新建文档。启动Flash CS6,新建一个Flash文档,设置文档尺寸为“500像素×500像素”,其他属性不变。

步骤2:绘制对象。选中图层的第1帧,导入或绘制一个对象(本例以正方形为例),选中该对象,按F8键将其转换为元件实例,如图3.25所示。

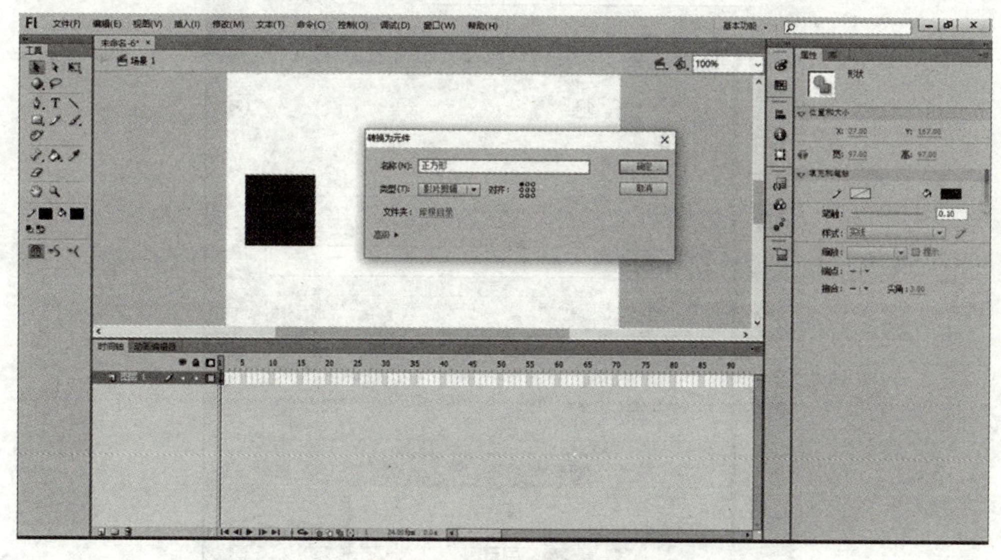

图3.25　Flash绘制正方形

步骤3:根据需要设置动画的长度,在第30帧处插入关键帧,改变对象的属性(如大小、位置等,本例将对象的大小和位置都做了改变)。

步骤4:在两个关键帧之间的任意一帧,单击鼠标右键,在弹出的快捷菜单中选择“创建传统补间”命令，创建的传统补间动画以黑色箭头和蓝色背景的起始关键帧处的黑色圆点表示，如图3.26所示。

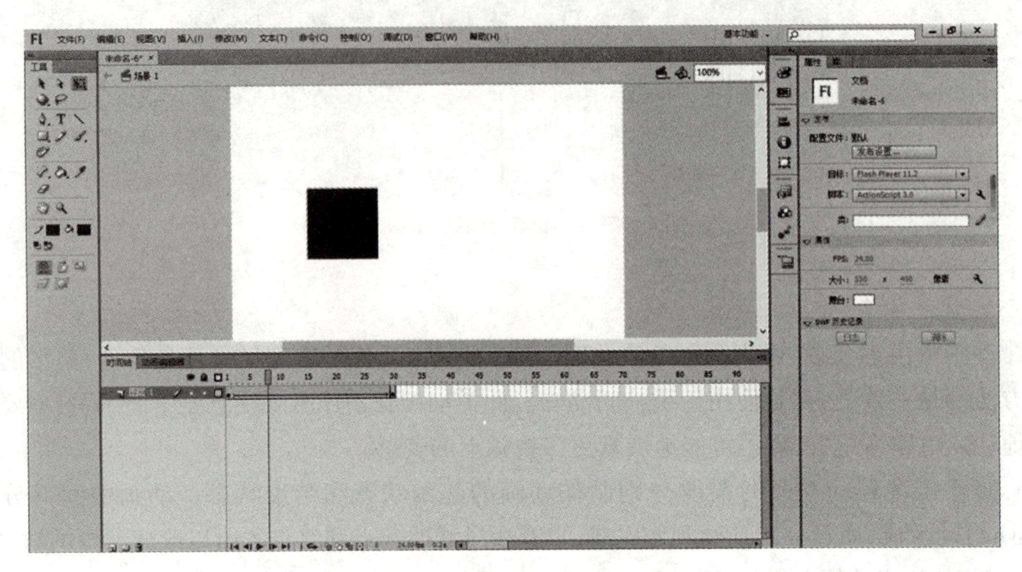

图3.26　Flash创建传统补间动画

在传统补间动画之间任何位置点击，在属性面板中，可以通过“旋转”设置对象旋转的方向和次数，如图3.27所示。

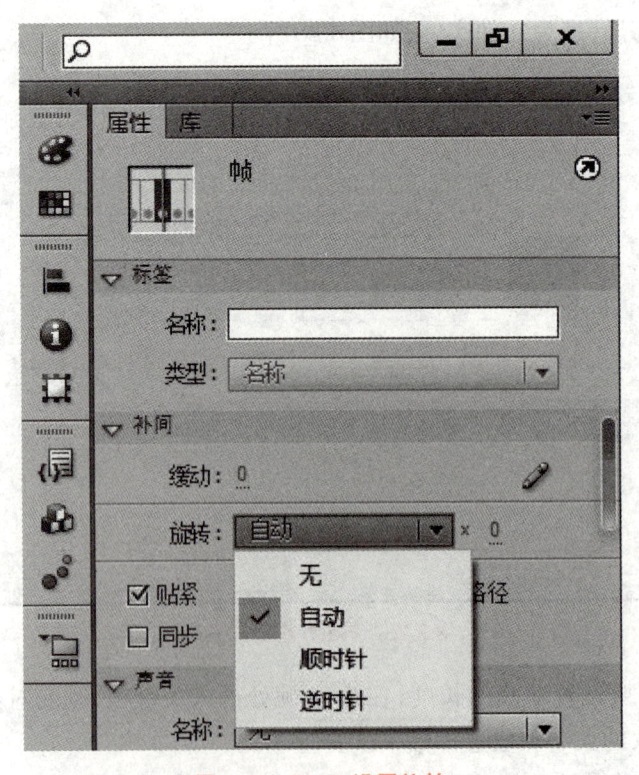

图3.27　Flash设置旋转

步骤5:保存和测试影片。按“Ctrl+S”组合键保存影片,按“Ctrl+Enter”组合键测试影片。

3. 补间动画

Flash软件支持两种不同类型的补间:传统补间动画和补间动画。与传统补间动画相比,补间动画是一种基于对象的动画,不再是作用于关键帧,而是作用于动画原件本身,从而使Flash动画制作更专业。作为一种全新的动画类型,补间动画功能强大且易于创建,补间不仅大大简化了Flash动画的制作过程,而且还提供了更大程度的控制。

下面以一个实例来介绍创建传统补间动画的步骤。

步骤1:新建文档。启动Flash CS6,新建一个Flash文档,设置文档尺寸为“500像素×500像素”,其他属性不变。

步骤2:绘制对象。选中图层的第1帧,导入或绘制一个对象(本例以正方形为例),选中该对象,按F8键将其转换为元件实例。

步骤3:创建补间形状。选中图层的第1帧,右击选择“创建补间动画”即可创建一个补间动画,如图3.28所示。

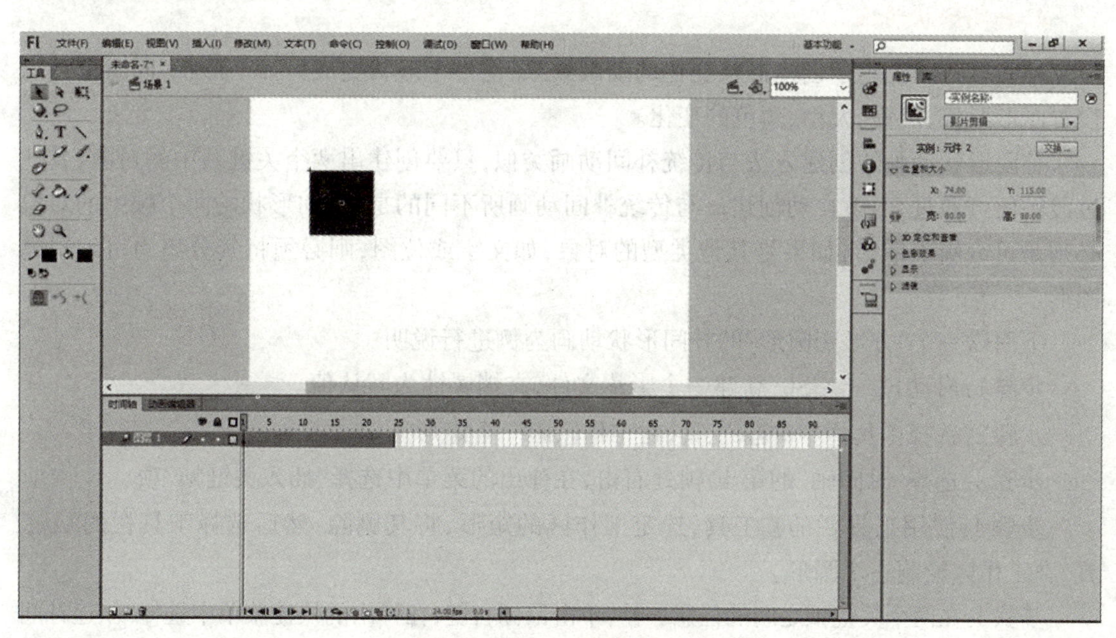

图3.28 Flash创建补间动画

步骤4:改变对象属性。可以选中图层第1帧后面的任何一帧,修改对象的属性,包括位置、大小、颜色、透明度等,本例修改了对象的位置,如图3.29所示。

步骤5:保存和测试影片。按“Ctrl+S”组合键保存影片,按“Ctrl+Enter”组合键测试影片。

制作完成后可以通过调整舞台中的绿色虚线修改动画的轨迹。

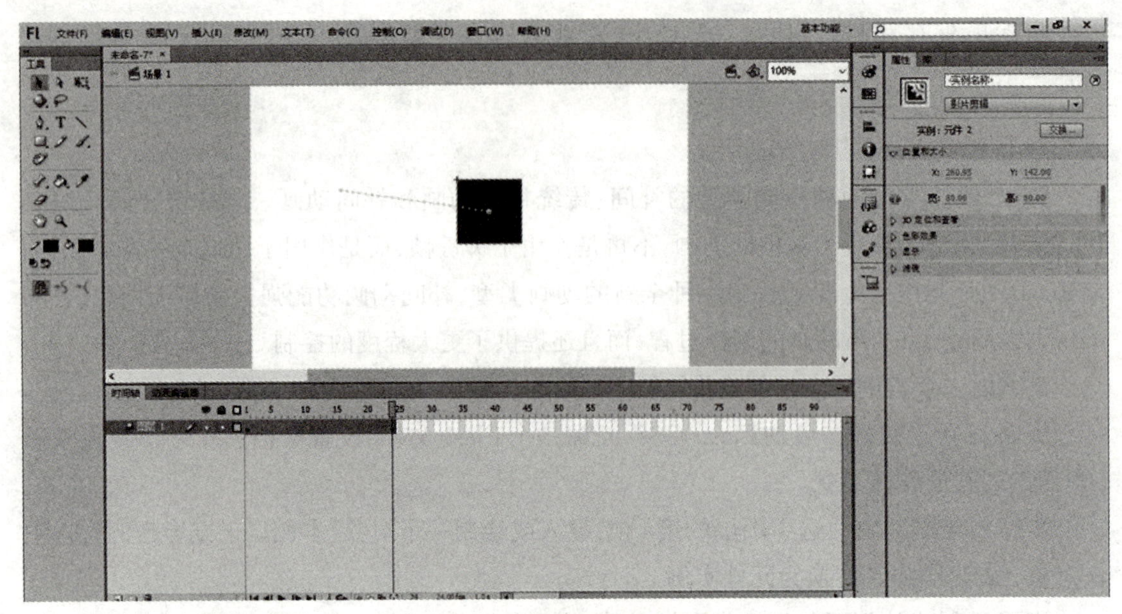

图3.29　Flash补间动画

4. 补间形状动画

补间形状动画用于创建形状变化的动画效果，使一个形状变成另一个形状，同时也可以设置图形形状、位置、大小、颜色的变化。

补间形状动画的创建方法与传统补间动画类似，只要创建出两个关键帧中的对象，其他过渡帧便可通过Flash自动创建。与传统补间动画所不同的是，补间形状的两个帧中的对象必须是可编辑的图形，如果是其他类型的对象，如文字或位图，则必须将其分离为可编辑的图形。

下面以一个“方形变圆形”的补间形状动画为例进行说明。

步骤1：启动Flash CS6，新建一个影片文件，文档属性为默认值。

步骤2：选择工具栏中的▭工具，在工作区画一个矩形。

步骤3：选择“时间轴”的第40帧处右击，在弹出的菜单中选择“插入关键帧”项。

步骤4：使用工具栏的▸工具，选定工作区的矩形，将其删除，然后选择工具栏的◯工具，在工作区绘制一个圆形。

步骤5：在两个关键帧之间的任意一帧，单击鼠标右键，在弹出的快捷菜单中选择“创建补间形状”命令，创建的补间形状动画以黑色箭头和淡绿色背景的起始关键帧处的黑色圆点表示。

步骤6：保存和测试影片。按“Ctrl+S”组合键保存影片，按“Ctrl+Enter”组合键测试影片。

3.3 音频和视频的基本技术

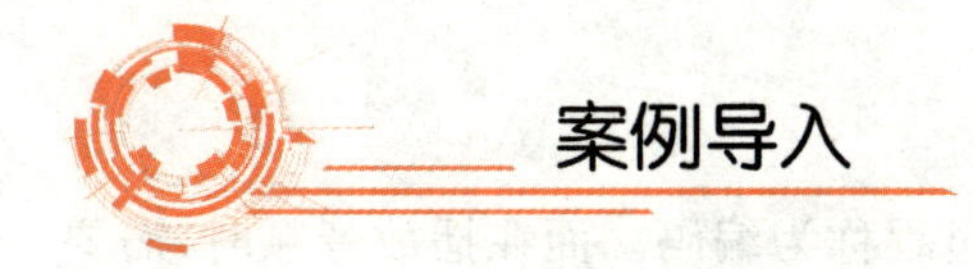

2022年中国短视频发展报告

2022年,中国短视频行业在发展中不断沉淀,在新旧交替、开放合作中出现了新形态、新业态,用户结构逐渐走向全民化,行业格局逐步稳固;主流媒体短视频化与短视频平台主流化交互影响,助力主流舆论引导;短视频内容边界充分拓展,长短视频开放合作,微短剧发展步入新赛道;垂直细分纵深推进,场景建构凸显社会价值。与此同时,短视频行业进入存量维系后市场竞争加剧,用户层面未成年人短视频沉迷防范任务依旧艰巨;内容层面导向不良、审核机制有待完善;营收层面亟待挖掘增量与增效空间。未来的短视频发展,需要坚持内容为本、传播主流价值,重视用户需求并增强场景适配,充分利用技术赋能拓展行业布局。

(资料来源:中视财华.2022年中国短视频发展报告[EB/OL].(2023-08-11)[2024-05-18]. https://baijiahao.baidu.com/s? id=1773923059651175175&wfr=spider&for=pc.)

3.3.1 音频处理技术

声音是多媒体信息的一个重要组成部分,也是表达思想和情感的一种必不可少的媒体形式,随着多媒体信息处理技术的发展,音频处理技术得到了广泛的应用,如视频图像的配音、配乐,静态图像的解说、背景音乐,游戏中的音响效果,电子读物的有声输出等。音频的合理使用可以使多媒体系统变得更加丰富多彩。

1. 常见的音频术语

(1) 音调

音调指声音的高低,由声波振动的频率决定,频率越快,音调就越高,反之则越低。

(2) 音量

音量指声音的强弱,由声波的振幅大小来决定,振幅越大,声音就越强,反之则越弱。

(3) 音色

音色指不同声音表现在波形方面总是有与众不同的特性,不同的物体振动都有不同的特点。

(4) 音质

音质指声音聆听效果的好坏,例如噪声信号强的声音就比噪声信号弱的声音音质差。

(5) 混响

混响在相对封闭的空间中,声音会由于多次反射而持续一段时间再消失,称为混响。

2. 音频的处理

(1) 压缩

压缩的目的就是降低数据量,以便于传输,这一过程称为编码。而在播放音频时,需要有一个解码的过程,将压缩后的数据还原为可以直接播放的数字声音。

(2) 音频编辑

音频的编辑通常包括进行分段、组合、首尾处理等,类似于对文本进行编辑,还可以对声音进行回声处理、倒叙处理、音色效果处理等。

3. 常见的音频文件格式

音频文件的格式有很多种,常见的有MP3、WAV、CD、WMA、MIDI、RealAudio、VQF等,下面将逐一进行介绍。

(1) MP3格式

MP3是一种音频压缩技术,全称是动态影像专家压缩标准音频层面3(Moving Picture Experts Group Audio Layer Ⅲ)。它被设计用来大幅度地降低音频数据量。利用 MPEG Audio Layer 3 的技术,将音乐以1:10甚至1:12的压缩率,压缩成容量较小的文件,而对于大多数用户来说重放的音质与最初的不压缩音频相比没有明显的下降。用MP3形式存储的音乐就叫作MP3音乐,能播放MP3音乐的机器就叫作MP3播放器。最高参数的MP3(320 Kbps)的音质较之CD、FLAC和APE无损压缩格式的差别不多,其优点是压缩后占用空间小,适用于移动设备的存储和使用。

(2) WAV格式

WAV格式是微软公司开发的一种声音文件格式,也叫波形声音文件,是最早的数字音频格式,用于保存Windows平台的音频信息资源,被Windows平台及其应用程序支持。通常使用WAV格式来保存一些没有压缩的音频,依照声音的波形进行存储,因此会占用较大的存储空间。另外,WAV文件也可以存放压缩音频,但其本身的文件结构使之更加适合于存放原始音频数据并用作进一步的处理。其优点是易于生成和编辑;但缺点也很明显,在保证一定音质的前提下压缩比不够,不适合在网络上播放。

(3) CD格式

CD格式是音质比较高的音频格式。在大多数播放软件的“打开文件类型”中,都可以看到*.cda格式,这就是CD音轨了。标准CD格式是44.1 K的采样频率,速率88 K/s,16位量化位数,因为CD音轨可以说是近似无损的,因此它的声音基本上是忠于原声的。一个CD音频文件是一个*.cda文件,只是一个索引信息,并不是真正包含声音信息,所以不论CD音乐的长短，在计算机上看到的*.cda文件都是44 B，也不能直接将CD格式的*.cda文件复制到硬盘上播放，而是需要使用像EAC(Exact Audio Copy)这样的抓轨软件把CD格式的文件转换成WAV格式。

(4) WMA格式

WMA(Windows Media Audio)是微软公司推出的一种数字音频格式。WMA在压缩比和音质方面都超过了MP3，更是远胜于RA(RealAudio)，即使在较低的采样频率下也能产生较好的音质。一般使用Windows Media Audio编码格式的文件以WMA为扩展名，一些使用Windows Media Audio编码格式编码其所有内容的纯音频ASF文件也使用WMA作为扩展名。WMA 7之后的WMA支持证书加密，未经许可(即未获得许可证书)，即使是非法拷贝到本地，也是无法收听的。另外，微软公司在WMA 9大幅改进了其引擎，实际上几乎可以在同文件同音质下比MP3体积少1/3左右，因此非常适合用于网络流媒体及移动设备。

(5) MIDI格式

乐器数字接口(Musical Instrument Digital Interface，MIDI)是一种串行接口标准，允许将音乐合成器、乐器和计算机连接起来。MIDI文件并不是一段录制好的声音，而是记录声音的信息，然后再告诉声卡如何再现音乐的一组指令。这样一个MIDI文件每存1分钟的音乐只用5~10 KB，但MIDI文件重放的效果完全依赖声卡的档次。如今，MIDI文件主要用于原始乐器作品、流行歌曲的业余表演、游戏音轨以及电子贺卡等。

(6) RealAudio

RealAudio是由Real Networks公司推出的一种文件格式，其特点是可以实时地传输音频信息，尤其是在网速较慢的情况下，仍然可以较为流畅地传送数据，因此主要适用于网络上的在线播放。现在RealAudio文件格式主要有RA(RealAudio)、RM(Real Media，Real Audio G2)、RMX(RealAudio Secured)三种，它们的共同特点在于随着网络宽带的不同而改变声音的质量，在保证大多数人听到流畅声音的前提下，让拥有较大网络宽带的听众获得较好的音质。

(7) VQF格式

VQF格式是日本电报电话公司(Nippon Telegraph and Telephone，NTT)集团开发的一种音频压缩技术，这种格式技术获得雅马哈(Yamaha)公司的支持，VQF是其文件的扩展名。VQF格式和MP3的实现方法相似，都是通过采用有失真的算法来将声音进行压缩，不过VQF格式与MP3的压缩技术相比却有着本质上的不同：VQF格式的目的是对音乐而不是声音进行压缩，因此，VQF格式采用的是一种称为“矢量化编码(Vector Quantization)”的压缩技术。该技术先将音频数据矢量化，然后对音频波形中相类似的波形部分统一与平滑化，并强化突出人耳敏感的部分，最后对处理后的矢量数据标量化再进行压缩而成。

VQF的音频压缩率比标准的MPEG音频压缩率高出近一倍，可以达到18:1左右甚至更高。相同情况下压缩后VQF的文件体积比MP3小30%~50%，因此VQF格式的音频更便于网上传播，同时音质相对更佳，接近CD音质(16位44.1 kHz立体声)。但由于VQF未公开技术标准，未能流行开来。

4. 音频处理

音频处理在音乐后期合成、多媒体音效制作、视频声音处理等方面发挥着巨大的作用，它是修饰声音素材的最主要途径，能够直接对保证声音质量起到显著的效果。用于音频处理的软件有很多，本部分以Adobe Audition 2022为例，介绍音频处理的基本技术。

(1) 录音

步骤1：启动Adobe Audition 2022软件，进入Audition 2022的编辑界面，如图3.30所示。

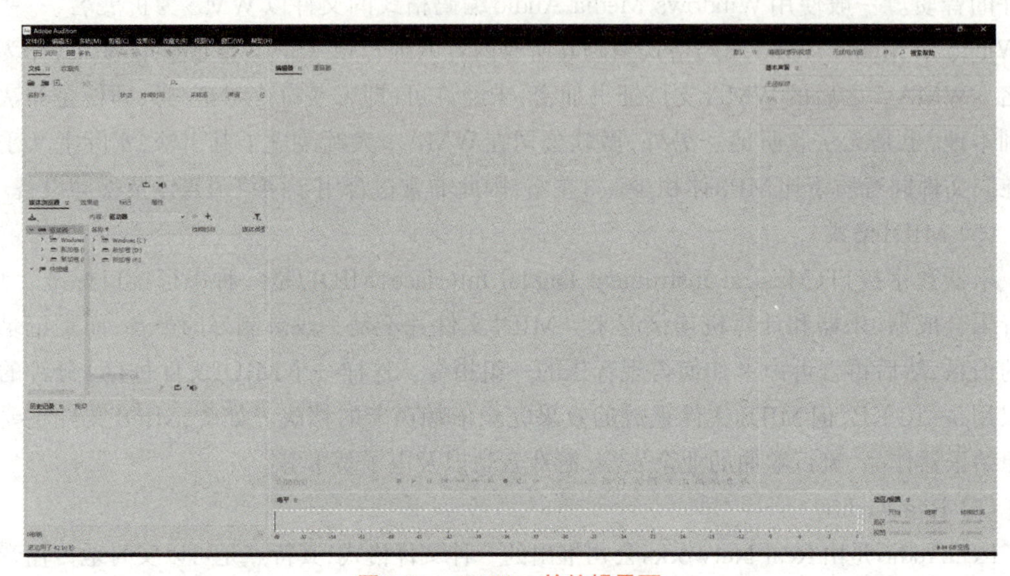

图3.30　Audition的编辑界面

步骤2：直接点击编辑器上的录音键进行录音，如图3.31所示；之后会出现如图3.32所示的“新建音频文件”对话框。

图3.31　Audition录音键

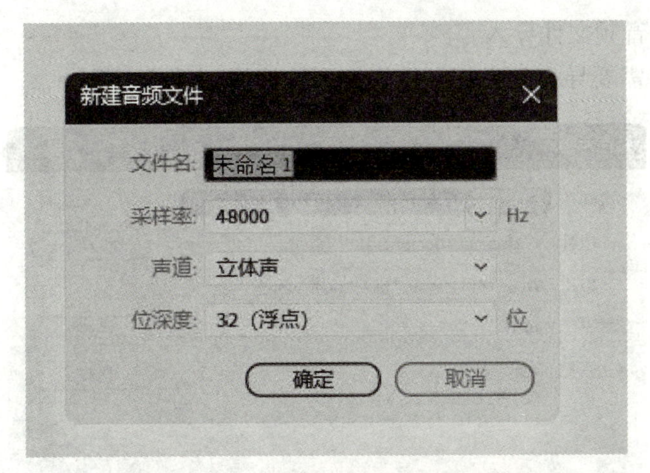

图 3.32　Audition“新建音频文件”对话框

根据自己录音的需要，选择采样率和声道即可。选择完毕后，单击“确定”，进入录音界面(图 3.33)。此时可以开始录音，并且在录音的同时可以从工作区看到声音的波形。

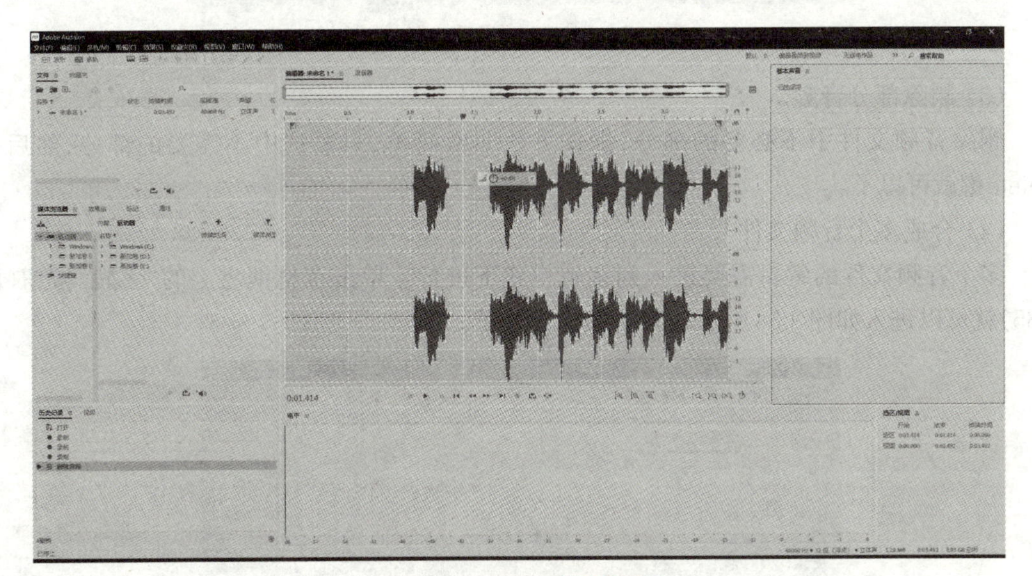

图 3.33　Audition 录音界面

步骤 3：保存音频。录音完毕后，再次单击录音键即可结束录音。这个时候就可以用编辑器调板进行音频的重放，检查录制的效果。如果满意的话，选择“文件”>“另存为”，在弹出的窗口，输入文件名，选择保存的位置、格式和采样类型，单击“确定”即可(图 3.34)。

(2) 导入音频素材

导入音频素材可以通过以下三种方式：

方法 1：执行“文件”>“导入”>“文件”，在弹出的“导入文件”对话框选中需要导入的音频文件，然后点击“打开”即可将音频文件导入。

方法 2：执行“文件”>“打开”，在弹出的“打开文件”对话选中需要导入的音频文件，然后点击“打开”即可将音频文件导入。

方法3:直接将需要导入的音频文件拖拽到软件的“文件”面板。

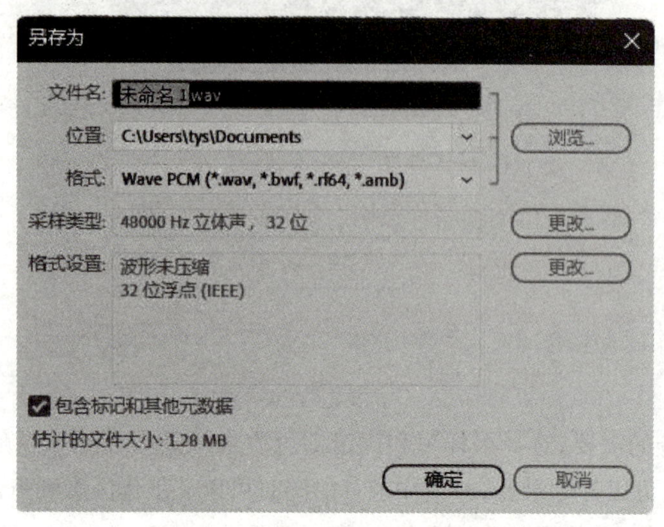

图3.34 Audition“另存为”对话框

(3) 删除部分音频

删除音频文件中不必要的部分,操作方法非常简单,只要选中不需要的部分,然后按Delete键就可以了。

(4) 合成多个音频文件

多个音频文件的编辑需要进入到多轨模式下进行。单击素材框之上的“多轨”按钮(图3.35)就可以进入如图3.36所示的多轨编辑模式了。

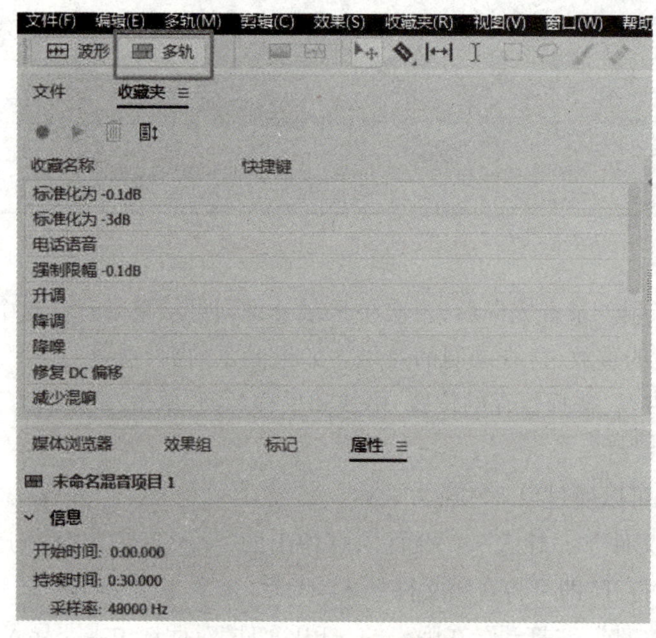

图3.35 Audition“多轨”按钮

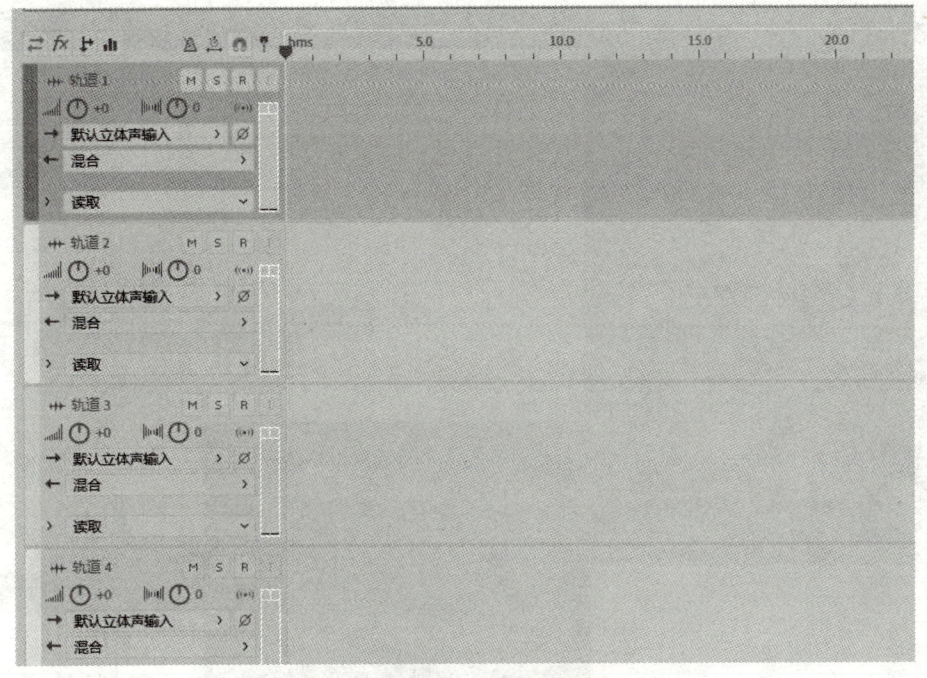

图3.36　Audition多轨编辑模式

步骤1:导入多个音频文件。

步骤2:分别将音频文件拖动到不同的轨道上。

步骤3:编辑音频。

步骤4:合成文件,将多个多轨音频合成为一个新文件,执行“多轨”>“将会话混音为新文件”>“整个会话”。

步骤5:导出音频文件,执行“文件”>“导出”>“文件”,将混合后的文件导出为一个音频文件,如图3.37所示。

3.3.2　视频处理技术

将各种视频文件复制到计算机中,利用非线性编辑软件进行视频的编辑、剪辑,增加一些特效效果,使视频可观赏性增强,称之为视频处理。

1. 视频处理基本概念

(1) 非线性编辑

传统的非线性编辑是指对素材不按照原来的顺序和长短,随机进行编排、剪辑的编辑方式。现在的非线性编辑是和“数字化”的概念联系在一起的,指在进行编辑时,先将编辑过程中要使用的各种素材,包括视频、图形图像、文字、动画、声音等各种素材全部转换成数字信号存储在计算机上,然后在以计算机为工作平台的非线性编辑系统上完成剪辑编辑、特效处理、字幕制作和最终输出的编辑方式。

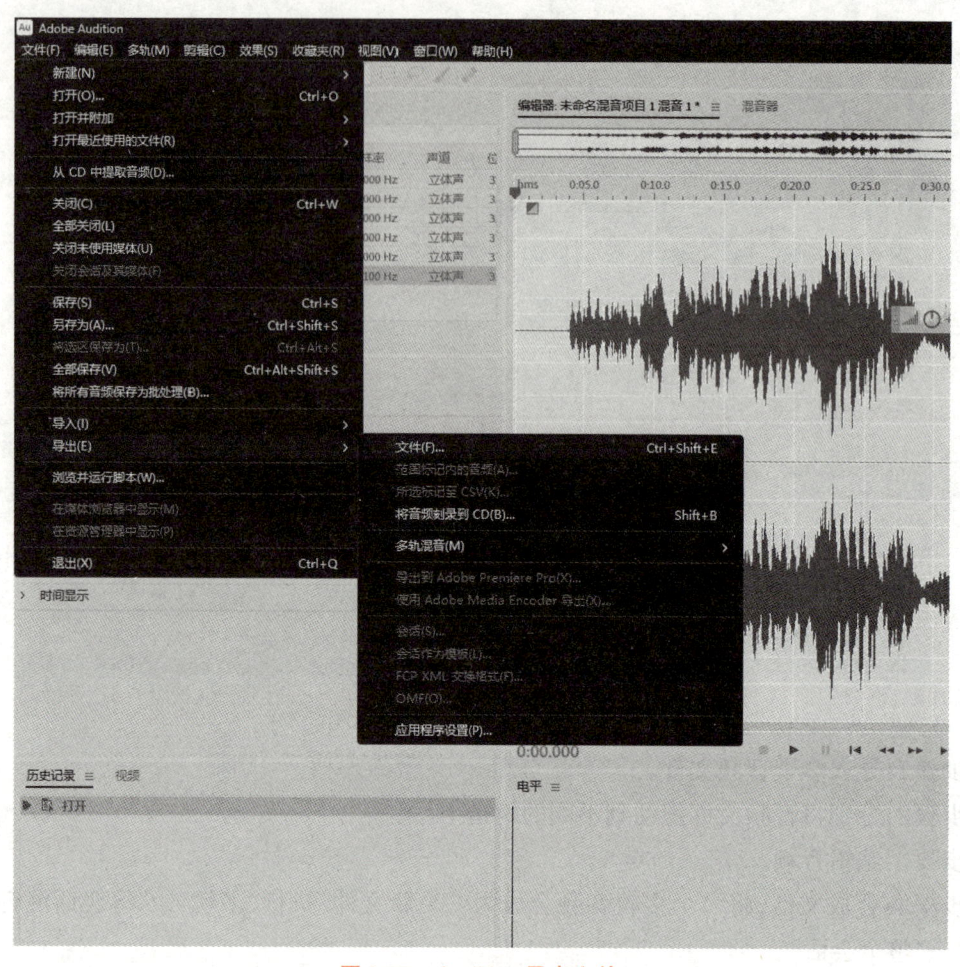

图 3.37　Audition 导出文件

（2）帧速率

当一系列连续的图片映入眼帘的时候，由于视觉产生的错觉，人们会认为图片中的静态元素是运动的。而当图片显示得足够快的时候，人们便不能分辨每幅静止的图片，取而代之的是平滑的动画。每秒钟显示的图片数量称为帧速率，单位是帧/秒(fps)。大于10 fps的帧速度可以产生平滑的动画，反之则会产生跳动感。

传统电影的帧速率为24 fps，国家电视标准委员会(National Television Standards Committee，NTSC)制是美国、加拿大和日本等国家采用的电视标准制式，帧速率为29.79 fps。逐行倒相(Phase Alteration Line，PAL)制是欧洲应用最为普遍的电视标准制式，帧速率是25 fps，我国也采用这种制式。

2. 常见的视频文件格式

常见的视频文件格式有AVI、MPEG、RM/RMVB，ASF、MOV、WMV、FLV等。

（1）AVI格式

AVI(Audio Video Interleave)是一种支持音频/视频交叉存取机制的格式，原先用于

Windows环境，现在已被大多数操作系统支持。这种视频格式的优点是可以跨多个平台使用，其缺点是体积过于庞大，且压缩标准不统一，最普遍的现象就是高版本Windows媒体播放器播放不了采用早期编码编辑的AVI格式视频，而低版本Windows媒体播放器又播放不了采用最新编码编辑的AVI格式视频，所以在进行一些AVI格式的视频播放时常会出现因视频编码问题而造成视频不能播放，或即使能够播放，但存在不能调节播放进度和播放时只有声音没有图像等问题。如果用户在进行AVI格式的视频播放时遇到了这些问题，可以通过下载相应的解码软件来解决。

(2) MPEG格式

MPEG原指成立于1958年的运动图像专家组(Moving Picture Experts Group)，该专家组负责为数字视/音频制定压缩标准，现指运动图像压缩算法的国际标准。它采用了有损压缩的方法减少运动图像中的冗余信息而达到高压缩比的目的，当然这是在保证影像质量的基础上进行的。目前已提出MPEG-1、MPEG-2、MPEG-4、MPEG-7和MPEG-21五种标准。MPEG-1被广泛应用于VCD与一些供网络下载的视频片段的制作。使用MPEG-1的压缩算法，可以把一部120分钟的非数字视频的电影，压缩成1.2 GB左右的数字视频。MPEG-2则应用在DVD的制作方面，在一些HDTV(高清晰电视)和一些高要求的视频编辑处理上也有一定的应用空间。相对于MPEG-1的压缩算法，MPEG-2可以制作出在画质等方面远远超过MPEG-1的视频文件，但是文件较大，同样对于一部120分钟的非数字视频的电影，压缩得到的数字视频文件大小为4~8 GB。MPEG-4是一种新的压缩算法，可以将用MPEG-1压缩到1.2 GB的文件进一步压缩到300 MB左右，以供网络在线播放。MPEG-7并不是一种压缩编码方法，其全称叫作多媒体内容描述接口，其目的是生成一种用来描述多媒体内容的标准，这个标准将对信息含义的解释提供一定的自由度，可以被传送给设备和电脑程序，或者被设备或电脑程序查取。MPEG-7并不针对某个具体的应用，而是针对被MPEG-7标准化了的图像元素，这些元素将支持尽可能多的各种应用。MPEG-21致力于为多媒体传输和使用定义一个标准化的、可互操作的和高度自动化的开放框架，这种框架会在一种互操作的模式下为用户提供更丰富的信息。

(3) RM/RMVB格式

RM格式是Real Networks公司开发的一种流媒体视频文件格式，可以根据网络数据传输的不同速率制定不同的压缩比率，从而实现低速率的互联网上进行视频文件的实时传送和播放。它主要包含RealAudio、RealVideo和RealFlash三部分。RealAudio用来传输接近CD音质的音频数据，RealVideo用来传输连续视频数据，而RealFlash则是RealNetworks公司与Macromedia(现已被Adobe公司收购)公司合作推出的一种高压缩比的动画格式。RealMedia可以根据网络数据传输速率的不同制定不同的压缩比率，从而实现在低速率的广域网上进行影像数据的实时传送和实时播放。这种格式的另一个特点是当用户使用RealPlayer或RealOne Player播放器时，可以在不下载音频/视频内容的条件下实现在线播放。

RMVB格式是由RM视频格式升级而延伸出的新型视频格式，RMVB视频格式的先进之处在于打破了原先RM格式使用的平均压缩采样的方式,在保证平均压缩比的基础上更加合理利用比特率资源,也就是说对于静止和动作场面少的画面场景采用较低编码速率,从而留出更多的带宽空间,这些带宽会在出现快速运动的画面场景时被利用掉。这就在保证静止画面质量的前提下,大幅地提高了运动图像的画面质量,从而在图像质量和文件大小之间达到了平衡。不仅如此,RMVB视频格式还具有内置字幕和无需插件支持等优点。

(4) ASF格式

高级流格式(Advanced Stream Format,ASF)是微软公司推出的一项在互联网上实时传播多媒体信息的技术标准。微软将ASF定义为同步媒体的统一容器文件格式,音频、视频、图像以及控制命令脚本等多媒体信息通过这种格式,以网络数据包的形式传输,实现流式多媒体内容发布。ASF最大的优点就是体积小,因此适合网络传输,使用微软公司的最新媒体播放器(Microsoft Windows Media Player)可以直接播放该格式的文件。用户可以将图形、声音和动画数据组合成一个ASF格式的文件,当然也可以将其他格式的视频和音频转换为ASF格式,而且用户还可以通过声卡和视频捕获卡将诸如麦克风、录像机等外设的数据保存为ASF格式。另外,ASF格式的视频中可以带有命令代码,用户指定在到达视频或音频的某个时间后触发某个事件或操作。

(5) MOV格式

MOV即QuickTime影片格式,它是苹果公司开发的一种音频、视频文件格式,用于存储常用数字媒体类型,具有较高的压缩比率和较完美的视频清晰度,采用有损压缩方式的MOV格式文件,画面效果较AVI格式要稍微好一些。MOV格式以其领先的多媒体技术和跨平台特性、较小的存储空间要求以及系统的高度开放性,得到了业界的广泛认可。

(6) WMV格式

WMV(Windows Media Video)是微软推出的一种流媒体格式,它是由"同门"的ASF格式升级延伸来的。在同等视频质量下,WMV格式的文件不仅体积非常小,还可以边下载边播放,因此很适合在网上播放和传输。WMV格式具有本地或网络回放、可扩充的媒体类型、可伸缩的媒体类型、多语言支持、环境独立性、丰富的流间关系以及扩展性等优点。但WMV格式的视频传输延迟非常大,通常会延迟10秒以上。

(7) FLV格式

FLV流媒体格式是随着Flash MX的推出发展而来的视频格式,全称是Flash Video。由于它形成的文件极小、加载速度极快,使得网络观看视频文件成为可能,它的出现有效地解决了视频文件导入Flash后,导出的SWF文件体积庞大,不能在网络上很好的使用等缺点,因此FLV格式成为当今主流视频格式。FLV文件体积小巧,例如,时长为1分钟的清晰的FLV视频仅为1 MB左右,一部电影在100 MB左右,是普通视频文件体积的1/3;再加上其CPU占有率低、视频质量良好等特点,使其在网络上盛行。

(8) 3GP格式

3GP是一种3G流媒体的视频编码格式,主要是为了配合3G网络的高传输速度而开发的，也是手机中的一种视频格式。3GP是新的移动设备标准格式，应用在手机、MP4播放器等移动设备上，优点是文件体积小、移动性强，适合移动设备使用，缺点是在PC机上兼容性差、支持软件少，且播放质量差、帧数低，较AVI等格式相差很多。

(9) MKV格式

MKV格式是非官方的一种视频格式，它可将多种不同编码的视频及16条以上不同格式的音频和不同语言的字幕流封装到一个文件当中。MKV最大的特点就是能容纳多种不同类型编码的视频、音频及字幕流。但是由于是非官方格式，没有版权限制，又易于播放，所以官方发布的视频影片一般都不采用MKV格式。

3. 常用的视频编辑软件

常用的视频编辑和处理软件有Windows Movie Maker、会声会影、Adobe Premiere等。

(1) Windows Movie Maker

Windows Movie Maker是一个影视剪辑软件，功能比较简单，可以组合镜头、声音，加入镜头切换的特效，只要将镜头片段拖入视频即可，操作方式很简单，适合家用摄像后的一些小规模的处理。用户可以在个人电脑上创建、编辑和分享自己制作的家庭电影。Windows Movie Maker是一款比较全面、简单的视频编辑产品，适合于视频编辑的入门者。

(2) 会声会影

会声会影(VideoStudio)是一款功能强大的视频编辑软件，具有图像抓取和编辑功能，可以抓取、转换MV、DV、TV和实时记录抓取画面文件，并提供超过100多种的编制功能和效果，可导出多种常见的视频格式，甚至可以直接制作DVD和VCD光盘。支持各类编码，包括音频和视频编码，属于比较简单好用的DV、HDV影片剪辑软件。

会声会影最主要的特点是操作简单，不仅符合家庭或个人所需的影片剪辑功能，甚至可以媲美专业级的影片剪辑软件。除了操作简单易懂，其界面也简洁明快。

(3) Adobe Premiere

Adobe Premiere 是目前颇为流行的视频编辑软件，也是全球用户量较多的非线性视频编辑软件，是编辑数码视频的强大工具。这样一款功能强大的多媒体视频、音频编辑软件，应用范围不胜枚举，制作效果美不胜收，足以协助用户更加高效地工作。Adobe Premiere 以其新的合理化界面和通用高端工具，兼顾了广大视频用户的不同需求，在一个并不昂贵的视频编辑工具箱中，提供了前所未有的生产能力、控制能力和灵活性。使用该软件可以将平时使用数码摄像机或数码相机拍摄的视频或照片进行剪辑处理，添加各种特效，配合适当的音乐或音效，最后输出为标准的DVD视频文件或刻录成VCD、DVD光盘。

4. 视频编辑方法

下面以Premiere Pro 2020为例，介绍视频编辑的基本方法和流程。

(1) 新建项目文件

创建项目文件是整个编辑工作流程的第一步，启动Premiere，如图3.38所示，在弹出的欢迎界面中选择“新建项目”选项，创建新项目。

图3.38　Premiere Pro 2020欢迎界面

① 项目设置。

每次创建新项目时，都会弹出“新建项目”对话框，此时可以对项目进行初始设置，如图3.39所示。

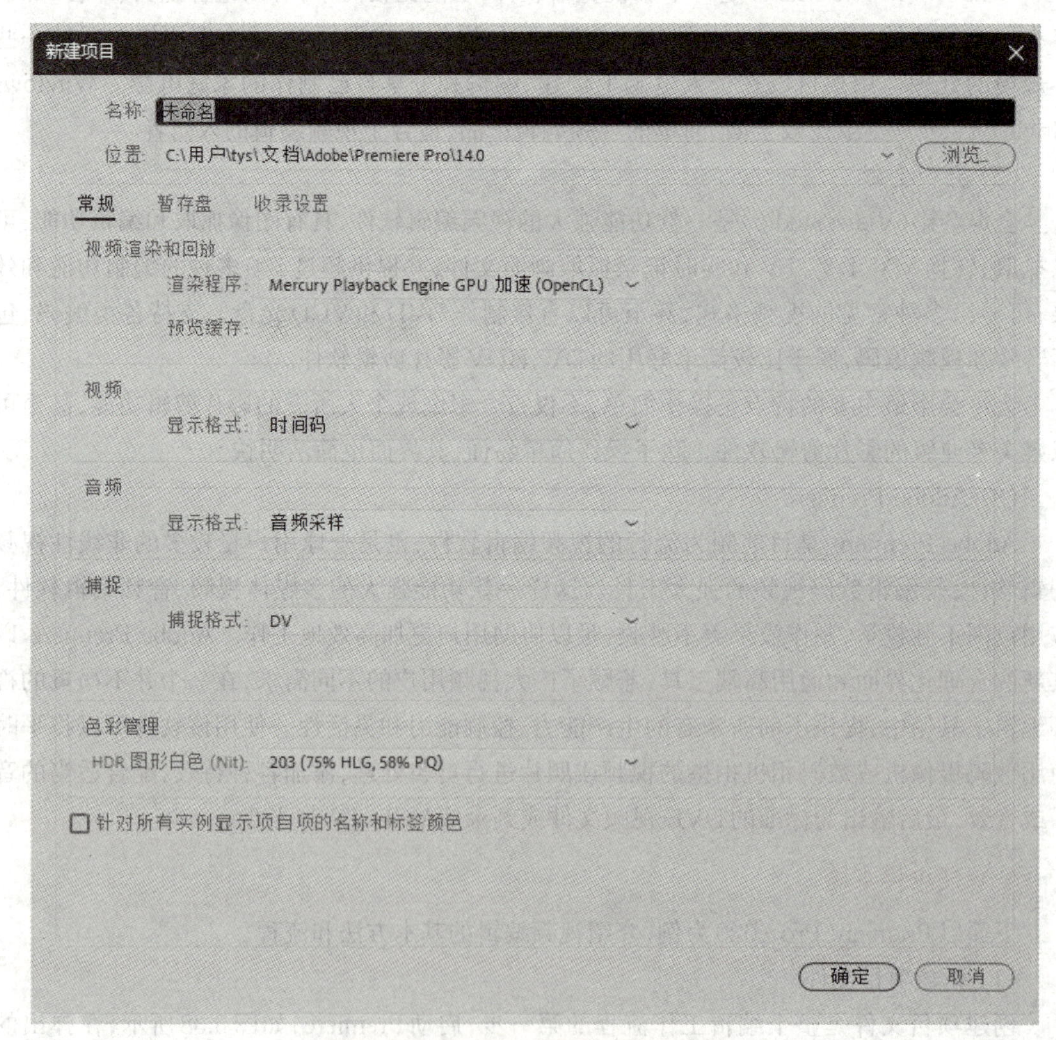

图3.39　Premiere“新建项目”对话框

② 新建序列。

创建了一个新的项目后，项目中没有任何内容，当我们在项目中导入需要的文件时，如视频、音频或图片，就需要在序列上盛放和处理视频。

执行“文件”>“新建”>“序列”，弹出“新建序列”对话框，如图3.40所示，根据实际需要，设置好相关参数，点击“确定”即可创建好一个序列。

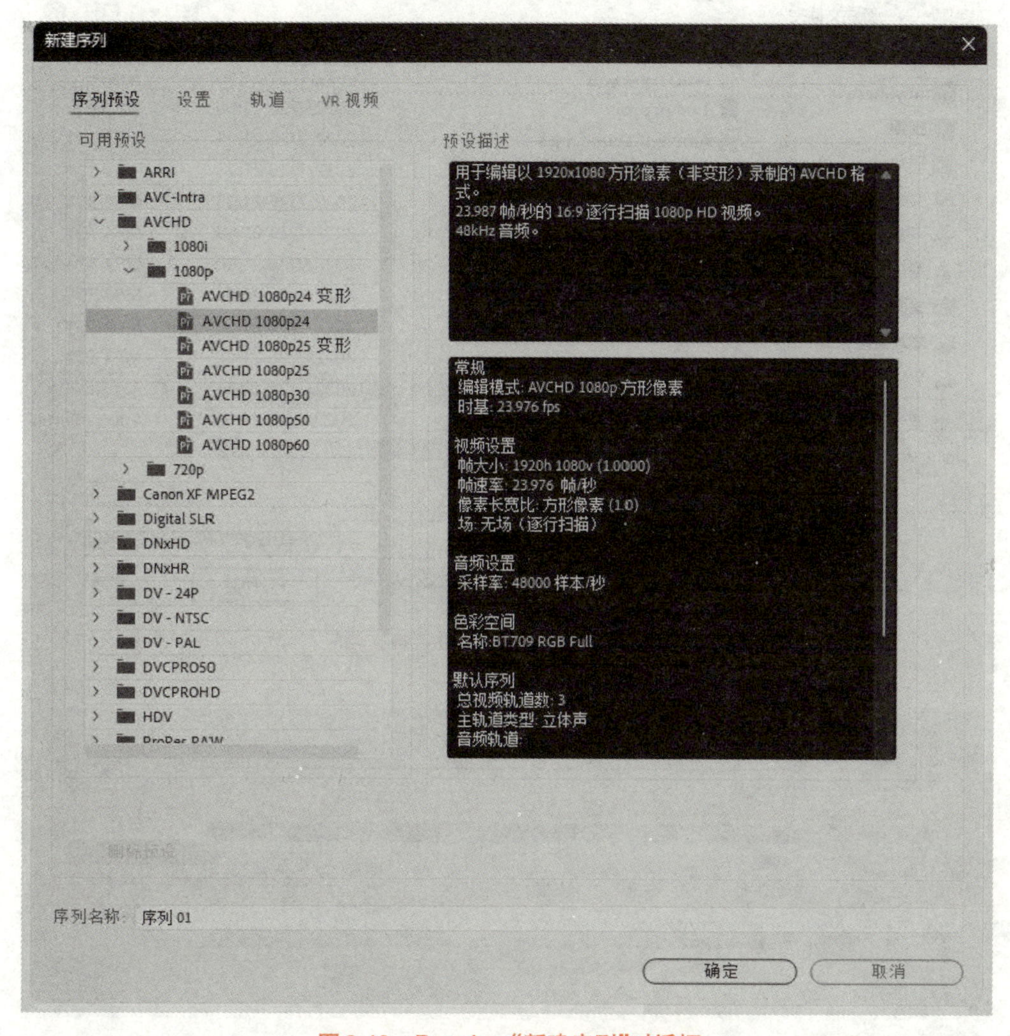

图3.40　Premiere“新建序列”对话框

(2) 制作视频

下面通过一个简单视频作品的制作案例，来介绍视频编辑的流程和方法。

① 新建项目和序列。

② 导入素材。通过“文件”>“导入”命令导入素材，在弹出“导入”对话框中选择需要的素材进行导入(图3.41)；也可以通过双击项目面板导入素材。

③ 编辑素材。导入素材后，就可以对素材进行切割、修改、编辑和整合，以满足用户的

需要。具体操作步骤如下：

步骤1：用鼠标拖动导入的素材，将其放在时间线面板中，如图3.42所示。

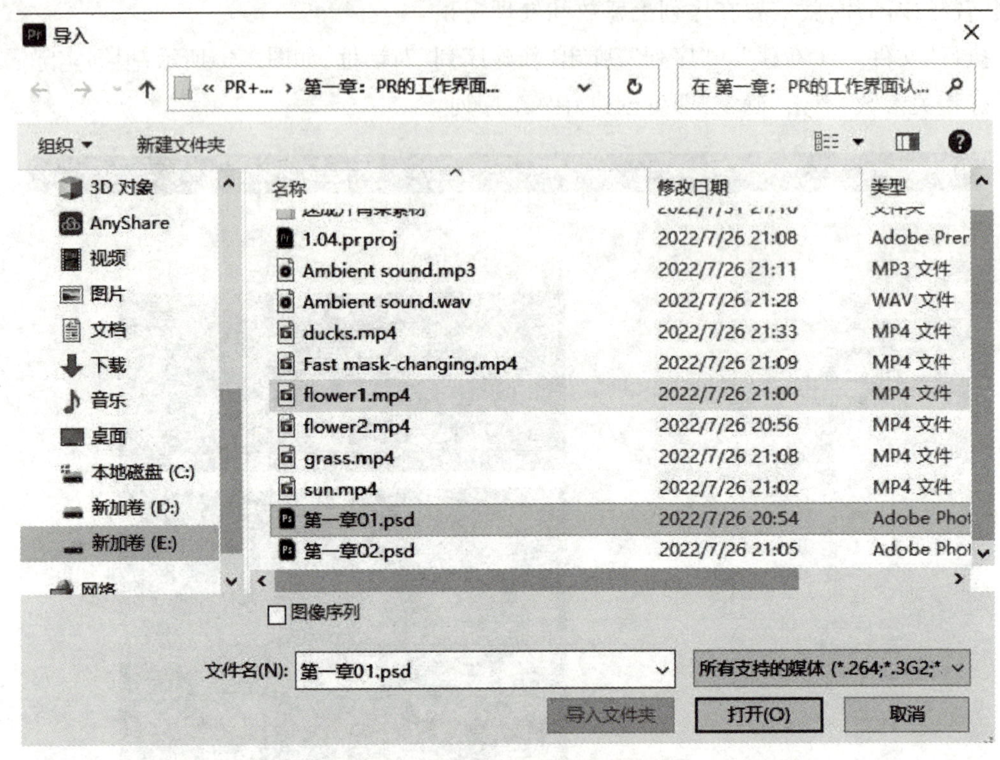

图3.41　Premiere“导入”对话框

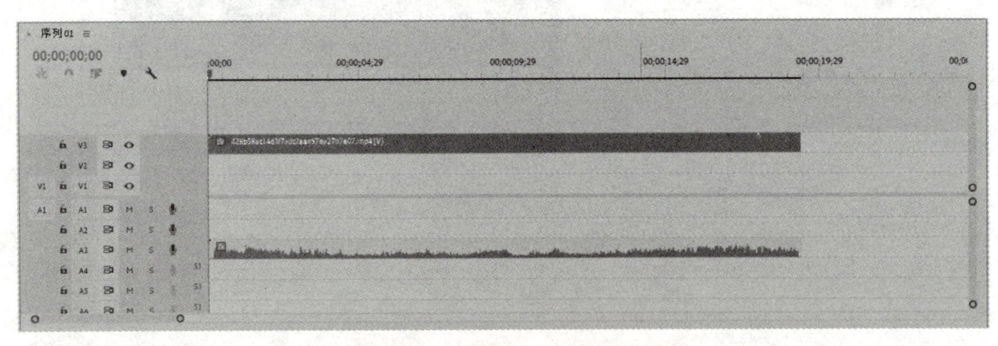

图3.42　Premiere时间线面板

注意，视频和图片素材只能放到视频轨道上，音频素材只能放到音频轨道上。

步骤2：用“选择工具”选定时间线面板上需要编辑的文件，并调整好位置，然后使用“剃刀工具”在需要切开的位置“切一刀”，如图3.43所示。

步骤3：用同样的方法，在需要切开的另一边也“切一刀”。

步骤4：使用“选择工具”选中需要减掉的部分，按Delete键删除。

步骤5：使用“选择工具”将剩余的部分合并到一起，如图3.44所示。

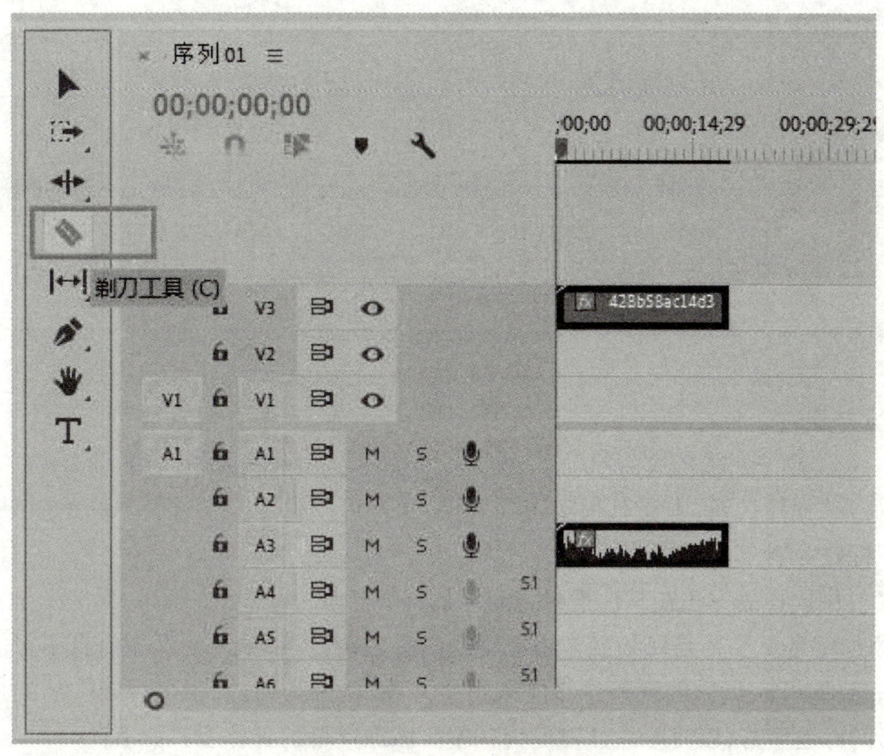

图3.43 Premiere剃刀工具

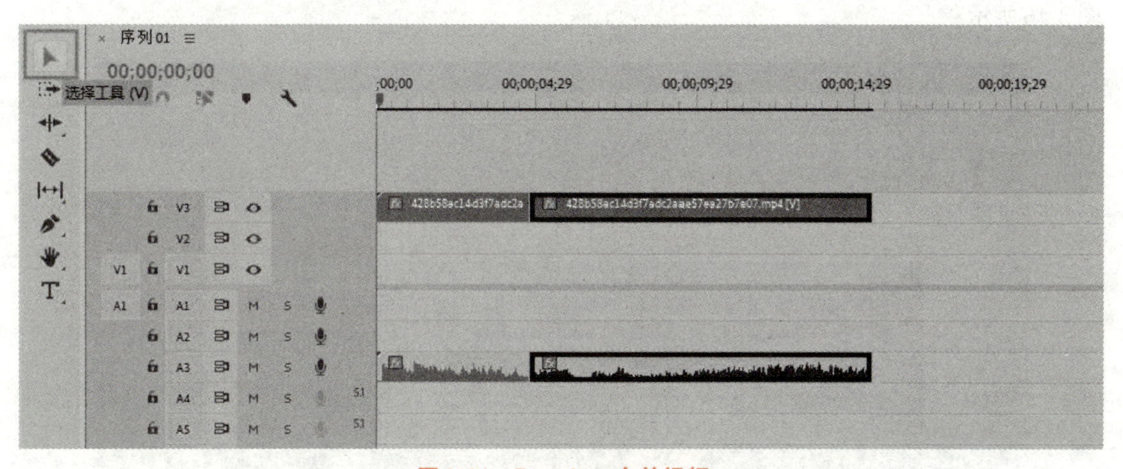

图3.44 Premiere合并视频

④ 添加转场。在编辑视频的过程中，使用视频切换特效可以使素材之间的连接更加和谐、自然。要为“时间线”面板中两个相邻的素材添加某种视频切换效果，可以在“效果”面板的“视频过渡”中找到合适的效果，将其拖动到“时间线”窗口的相邻素材之间即可。具体操作步骤如下：

步骤1：在“效果”面板中展开“视频过渡”>“内滑”文件夹，将其中的“中心拆分”效果拖动到时间线相邻两个素材中间即可，如图3.45所示。

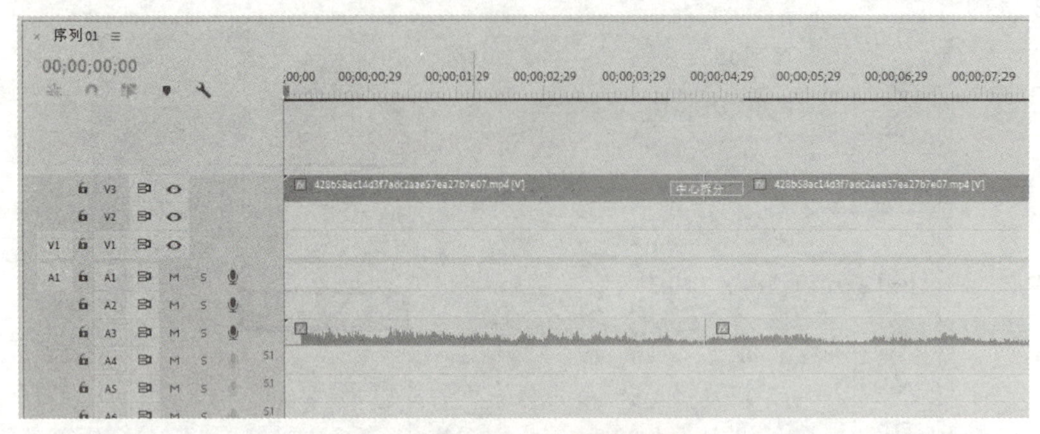

图 3.45 Premiere 添加转场特效

提示:在"视频切换"中还有很多转场效果,用户可以根据需要选择不同的效果,这里仅以"伸展"特效为例。

步骤 2:用同样的方法在其他素材之间添加转场特效。

⑤ 添加字幕。字幕是视频制作中常用的信息表现元素,单纯的画面信息不可能完全取代文字信息的功能,优秀的视频作品应该图文并茂,正因为如此,很多视频作品的片头都会用到精彩的标题字幕,以使影片显得更为完整。添加字幕的具体步骤如下:

步骤 1:选择"文件">"新建">"旧版标题"命令,在弹出的对话框,设置相应的选项,如图 3.46 所示。

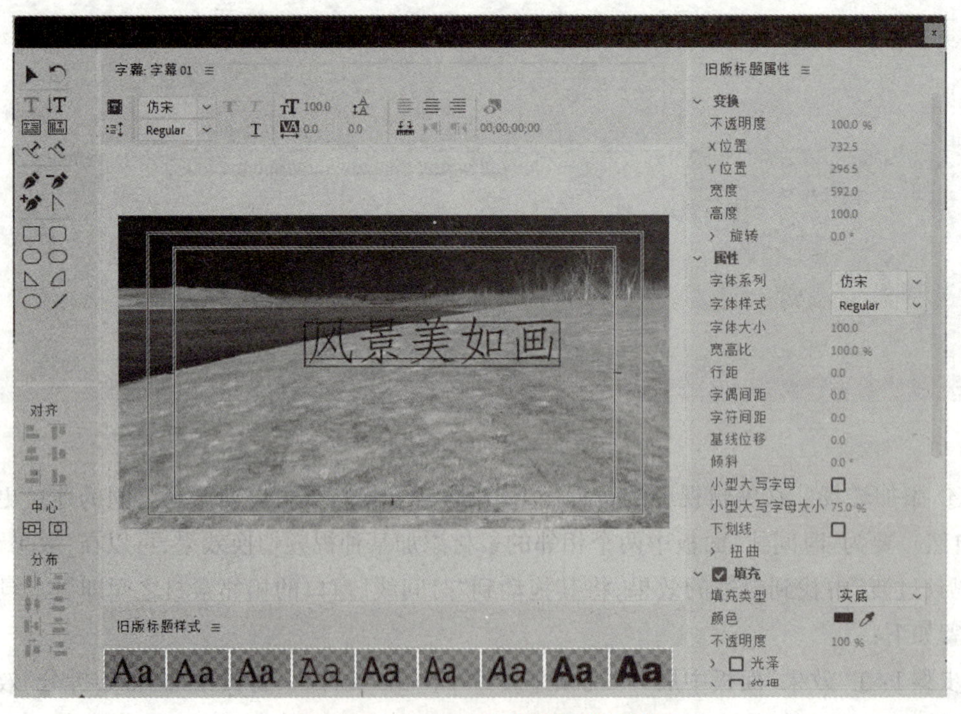

图 3.46 Premiere"旧版标题"对话框

步骤2:在视频中想要放置字幕的地方单击并输入文字。

步骤3:选中输入的文字,然后在"属性"面板中设置字幕的字体、字体大小、颜色等信息。

步骤4:设置完成后单击窗口右上方的"关闭"按钮,此时在"项目"面板中会看到刚刚新建的字幕素材。

步骤5:将"项目"面板中的字幕素材拖动到视频轨道上,用鼠标调整字幕与视频混合的位置和时间,完成字幕的添加工作。

⑥ 添加配乐。如对视频自带的声音不满意,可以给视频重新添加音乐或配音,具体步骤如下:

步骤1:在"时间轴"面板上选中需要重新配乐的视频,单击鼠标右键,在弹出的快捷菜单中选择"取消链接",即可将视频和音频分离。

步骤2:选中分离后的音频,按Delete键删除音频。

步骤3:选中合适的音频文件,直接拖动到时间轴上合适的位置,并调整音频文件的时长即可。

⑦ 导出影片。视频作品制作完成后,需要将编辑好的项目文件以视频的格式输出,这样就可以随时随地地观看欣赏了。具体操作步骤如下:

步骤1:单击"序列01"面板将其激活,然后选择"文件">"导出">"媒体"命令,打开"导出设置"对话框,如图3.47所示。

图3.47 Premiere"导出设置"对话框

步骤2:在“导出设置”面板的右侧,单击“输出名称”后面的名字“序列01.avi”,此时会弹出“另存为”对话框,设置好保存位置和名称后,单击“保存”按钮,返回“导出设置”对话框。

步骤3:在“导出设置”对话框,设置好相应的选项后,直接单击“导出”按钮,即可开始输出视频。

随着网络技术的发展和完善,图片、动画、音频和视频除了在传递信息上发挥作用外,也丰富了人们的生活。各种网络多媒体技术的出现,集成了某一类或者某些类的节目,省去了使用者的烦恼。人们可以轻松地使用网络享受多媒体技术带来的各种娱乐服务,同时信息的表达方式也更加多样化。

能力训练

任务1 传统节日海报制作

利用学习到的图片处理知识,模仿制作“中秋快乐”海报,效果如图3.48所示。

图3.48 “中秋快乐”海报

实例解析

图片的处理、制作可以使用Photoshop工具箱的工具进行绘制、选择、合成,再加上一些适当的效果处理,以达到想要的效果。

操作步骤

(1) 新建空白文件。

(2) 使用Photoshop中的绘图工具,绘制相关的图像。

(3) 从下载的素材中选中需要的部分,复制到文件中。

(4) 添加文字。

(5) 保存文件为PSD和JPG两种格式。

任务2 合并视频并重新配乐

利用学习到的视频处理知识,将两段从网络上下载的视频合成为一段视频,添加转场特效，并为合成的一段视频进行重新配乐。

实例解析

视频的处理可以使用Premiere中的序列进行合并，通过取消链接，可以实现音频、视频分离，再添加需要的音乐即可实现重新配乐。

操作步骤

(1) 打开Premiere，新建项目和序列。

(2) 导入素材。

(3) 将素材拖入到序列的时间轴面板。

(4) 分离视频和音频，并删除音频。

(5) 将选好的音乐拖入到时间轴上，并调整到合适的时间。

(6) 导出影片。

思政园地

端午假期全国各地举行多种民俗活动传承传统节日文化

端午假期，各地举行多种民俗活动传承传统节日文化。多地旅游景区推出降价或免门票措施，促进旅游业回暖。

连日来，江西南昌各地开展各式各样的民俗活动，让人感受到传统文化的生生不息。南昌市安义县举办了一场别开生面的“云端百家宴”，全村人聚在一起并通过云端与在外的亲人一起包粽子、品粽子。

陕西安康举行汉江龙舟节，龙头点睛、龙舟竞渡、抢鸭子等一系列民俗活动，为游客们呈现了一场文化盛宴，该活动将持续到9月。

这个端午小长假，白银市广大市民走进博物馆、图书馆等文化场馆，参观学习，增长知识，各类文化场馆成为市民文化休闲的“首选之地”。

雨后的九华山出现了壮美的云海景观。景区针对省内游客推出“全家游，三免一”的优惠活动，更是吸引了不少游客。

在江西庐山风景区，一直到6月30日，将面向境内外全体游客实行免收门票政策。

云南全省70多家A级景区推出了门票减免或优惠。仅昆明，就包含了世博园、轿子雪山、九乡和石林等景区。

(资料来源：央视网.端午假期全国各地举行多种民俗活动传承传统节日文化.[EB/OL].(2022-06-06)[2024-05-18]. https://news.cctv.com/2022/06/06/ARTIqBJPUD0VTp7wUyXh9nIV220606.shtml.)

案例启示

在网络信息高速传播的今天，我们可以通过合适的图片、视频、音频等多媒体技术，记录和传承传统文化，宣传祖国的美好河山，增强大家的文化自信。

课后自测

1. 单选题

(1) Photoshop文件的专用格式是(　　)。

A. JPEG　　B. TIFF　　C. PSD　　D. GIF

(2) 以下哪种格式用于网页中的图像制作?(　　)。

A. EPS　　B. DCS　　C. TIFF　　D. JPEG

(3) Flash基础动画类型包括逐帧动画、传统补间动画、补间动画和(　　)。

A. 引导层动画　　B. 遮罩动画　　C. 补间形状动画　　D. 骨骼动画

(4) PAL制式影片的关键帧速率是(　　)。

A. 24 fps　　B. 25 fps　　C. 29.97 fps　　D. 30 fps

(5) 构成动画的最小单位是(　　)。

A. 秒　　B. 画面　　C. 时基　　D. 帧

(6) 以下哪一个是常用的音频编辑软件?(　　)。

A. Premiere　　B. Flash　　C. Audition　　D. Photoshop

2. 多选题

(1) 常见的音频格式有(　　)。

A. WAV　　B. MP3　　C. WMA　　D. MP4

(2) 常用的视频编辑和处理软件有(　　)。

A. Windows Movie Maker　　B. Premiere

C. VideoStudio　　D. Flash

3. 实操题

(1) 利用Photoshop制作一个端午节的海报。

(2) 利用Premiere制作一段5分钟的黄山风景区宣传视频,至少包括5个片段,片段素材可以从网上下载。

项目4 网页制作与发布

知识目标

- 了解网站的基本知识
- 理解网站的定位、HTML的概念
- 掌握网站结构设计和网页编排设计技巧
- 掌握HTML语言的语法和Dreamweaver CS6的使用
- 理解CSS样式表的作用和意义

能力目标

- 能够根据不同的因素分析和设计网站
- 能够熟练运用HTML语言
- 能够熟练运用表格、DIV+CSS进行精确、细致的网页布局
- 能够熟练操作Dreamweaver CS6

素质目标

- 加强学生的社会主义职业道德与规范修养
- 培养学生的爱国主义感情和社会主义道德品质

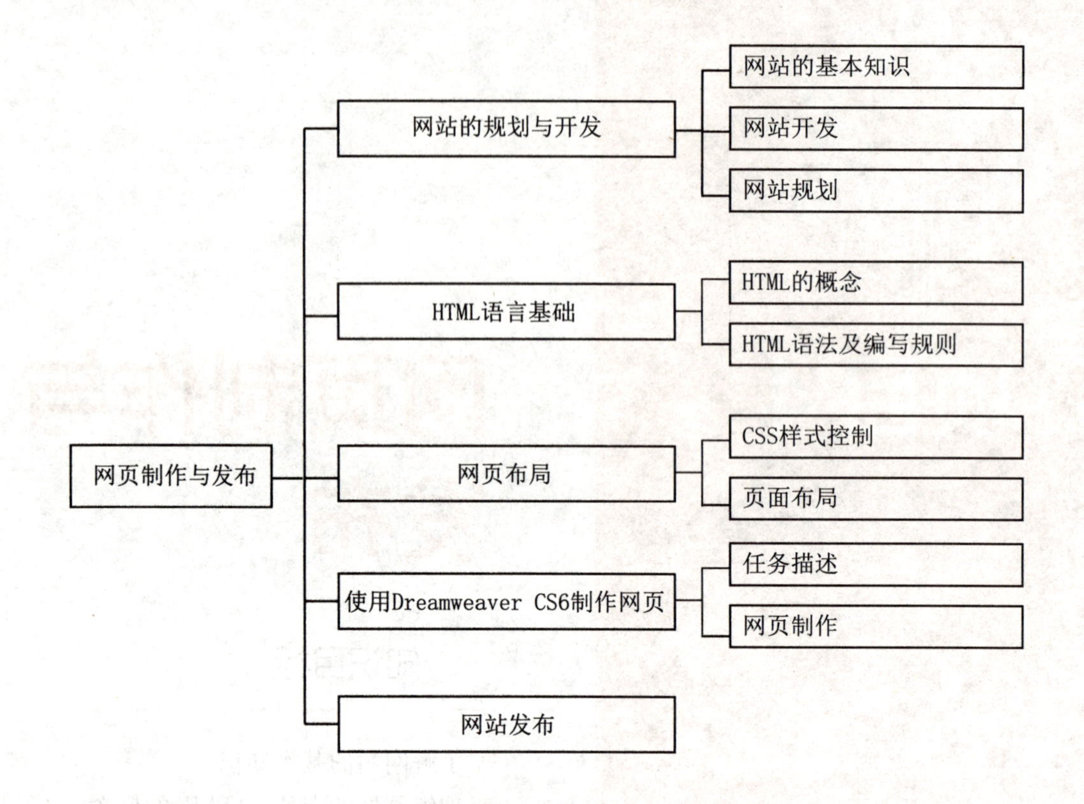

4.1 网站的规划与开发

互联网在数字经济战略下布局未来

中国互联网协会主办的“2021(第二十届)中国互联网大会”近日在北京召开,与会者共同探讨互联网及相关行业新技术、新应用、新模式。我国互联网产业实现高速发展和弯道超车,为网络强国建设提供了有力支撑。下一步,互联网行业应顺应数字化发展大趋势,把握数字经济快速发展带来的新机遇,坚持发展和规范并重,促进平台经济规范健康持续发展。

根据大会期间发布的《中国互联网发展报告(2021)》,截至2020年底,我国网民规模为9.89亿人,互联网普及率达70.4%;5G网络用户数超过1.6亿户,约占全球5G用户总数的89%;基础电信企业移动网络设施特别是5G网络建设加快,2020年新增移动通信基站90万个,总数达931万个;工业互联网产业规模达9164.8亿元;数字经济持续快速增长,规模达39.2万亿元。

根据报告,我国互联网行业实现快速发展,网民规模稳定增长,网络基础设施日益完备,产业数字化转型效果明显,创新能力不断提升,信息化发展环境持续优化,数字经济蓬勃发展,网络治理逐步完善,为网络强国建设提供了有力支撑。

(资料来源:中国经济新闻网.互联网在数字经济战略下布局未来[EB/OL].(2021-07-22)[2024-05-18].http://www.cet.com.cn/itpd/hlw/2915110.shtml.)

IT行业在当前就业中出现了许多热点,如网页设计与制作、UI设计等,进入IT行业,需要做哪些准备工作?

首先是专业知识的积累。IT是一个对专业知识要求高,并需要从业人员不断更新知识和充电的行业。其时尚性、竞争性和高淘汰率决定了这是一个以青年人为主的就业行业,几乎90%以上为青年人。

其次是实践经验的积累。实践经验的积累不一定要通过工作经历。在校期间可通过多种渠道积累实践经验,如假期有针对性的实践,或通过岗位实习积累实践经验,也可有目的性地参加见习培训、学校安排的实习等。在众多的就业渠道中,假期或课外的实践应该引起重视。

最后是心理素质的积累。从事IT行业的青年还应该有充分的思想准备。你能面对激烈的行业竞争吗?如果有一天该行业由热门转为冷门,或者你将退出该行业,你能坦然面对,并正确选择下一个就业目标吗?

随着网络技术的不断发展,网页设计和网站建设已经成为整个计算机和网络从业人员必备的技能。网络编辑人员,指利用相关专业知识及计算机和网络等现代信息技术,从事互联网网站内容建设的人员,是网站内容的编辑师和设计者,通过网络对信息进行收集、分类、编辑、审核,然后通过网络向世界范围的网民进行发布,并且通过网络从网民处接收反馈信息,产生互动。作为一名网络编辑人员,不仅要有计算机专业基础知识和文字编辑、图片简单处理的能力,更要很好地掌握网络知识、HTML代码,利用网页设计工具设计好网站。本项目将详细介绍整个网页设计与网站建设的过程。

网站是信息资源交流的平台和信息资源服务的窗口。网站的规划和设计过程是一项复杂而细致的工作。要开发一个优秀的网站,需要对网站的需求进行深入分析,运用科学的方法进行规划和设计,还要根据网站的内容和特点,采用先进的技术,按照一定的设计流程、原则和规范,将网站的主题内容和表现形式有机地结合起来,设计制作出内容丰富、形式多样、使用方便的功能型和服务型应用网站。

4.1.1 网站的基本知识

网站(Website)是指在互联网上,根据一定的规则,使用超文本标记语言(HTML)等工具制作的在逻辑上可视为一个整体的一系列网页的集合。将各种功能的网页按一定的组织结构和顺序组合起来,使浏览者在访问该网站时能连接到各个网页来观看网站的整体内容。网站主要用于宣传企业形象、发布产品信息、提供商业服务等。

1. 基本概念

(1) 网页

网页是构成网站的基本元素,通常是用HTML语言编写的文本文件(文件扩展名为.html或.htm),包含文字、图像、声音、动画、视频、超链接、表格及脚本命令等。

(2) 首页

首页(Home Page)指一个网站的入口网页,即打开网站后看到的第一个页面,又称为主页。首页上通常会有整个网站的导航目录,从根本上说它是网站内容的目录,是一个索引,方便用户进入其他页面;它也是一个网站的标志,体现了整个网站的制作风格和性质。大多数作为首页的文件名是index、default、main等,扩展名为.htm、.asp、.php、.aspx等。

(3) 主目录

主目录又叫根目录,指的是网站的首页文件在服务器中存放的具体物理路径。如果某个网站的主页及其他文件存放于服务器目录D:\website\web中,那么该网站发布到网上时需要输入的主目录地址就是D:\website\web。

(4) 虚拟目录

虚拟目录指的是某一个文件夹与网站根目录之间的逻辑对应关系,是在网站主目录下建立的一个友好的名称或别名。虚拟目录的物理位置可以不在主目录中,它可以将位于网站主目录以外的某个物理目录或其他网站的主目录链接到当前网站主目录下。这样客户端只需连接一个网站,就可以访问到存储在服务器中各个位置的资源以及存储在其他计算机上的资源。如果某网站域名为 www.ahbvc.cn,它的主目录是D:\website\web,在该网站下建立一个虚拟目录jpkc,该虚拟目录指向的物理路径为E:\jpkc。这两个物理路径没有内在联系,分别在D盘和E盘,但是我们输入"www.ahbvc.cn/jpkc"就可以访问E:\jpkc目录下的页面了,感觉上就好像jpkc是网站www.ahbvc.cn的一个目录。虚拟目录可以单独控制访问权限,提高了网站的安全性,还可方便地发布多个目录下的内容。

(5) HTML

HTML的英文全称是Hyper Text Markup Language,中文意思为"超文本标记语言"。超文本标记语言的结构包括头部(Head)和主体(Body),其中头部提供关于网页的信息,主体提供网页的具体内容。HTML文件为纯文本的文件格式,可以用任何一种文本编辑器来编辑,HTML以标记来描述文件中的多媒体信息。

(6) 主题

主题,即网站的主题,是该网站要表达的主要内容或功能,比如电子商务(购物)、音乐、游戏、影视等。网站主要内容的选定应该有一定的针对性。

(7) 网站的风格

网站的风格指站点上的视觉元素组合在一起的整体形象给浏览者的综合感受。网站风格一般与企业的整体形象相一致,能传递企业文化信息。随着互联网影响力的不断提升,网站成了企业让客户了解自身最直接的一个门户,通过自身网站的辨识度在众多网站中脱颖而出，能够帮助企业迅速树立品牌形象，提升企业竞争力。一般来说，网站的风格有界面风格和内容风格两大部分。

2. 网页设计的基本方式

网页设计的基本方式主要有手工编码方式、可视化工具方式以及编码和可视化工具结合方式。下面详细说明这三种设计方式的不同。

(1) 手工编码方式

网页是由超文本标记语言编码的文档，设计制作网页的过程就是生成HTML代码的过程。手工编码方式设计网页，对网页设计人员的要求很高，编码效率很低，调试困难，过程复杂，但手工编码灵活，可以设计出内容丰富的页面。常见工具有记事本、Netscape编辑器等文本工具。

(2) 可视化工具方式

可视化工具编辑网页操作简单直观，调试方便，是大众化的网页编辑方式。通常可用Dreamweaver、Adobe Pagemill、HotDog、Microsoft Visual Studio、JBuilder等编辑工具在可视环境下编辑制作网页元素，由编辑工具自动生成对应的网页代码。其中，Dreamweaver是最常见的网页设计软件，它包括可视化编辑、HTML代码编辑的软件包，并支持ActiveX、JavaScript、Java、Flash、ShockWave等特性，支持动态HTML(Dynamic HTML)的设计，还提供了自动更新页面信息的功能；Adobe Pagemill是初学者首选的可视化工具，如果网站的主页需要很多框架、表单和Image Map图像，那么使用Adobe Pagemill非常方便；Microsoft Visual Studio适合开发动态的aspx网页，同时，还能制作无刷新网站、webservice功能等，仅适合高级用户。

(3) 编码和可视化工具结合方式

编码和可视化工具结合是一种比较成熟的网页制作方式。最常见的就是Dreamweaver和Microsoft Visual Studio集成开发环境，可以在“设计”页面中将网页所需的元素直接拖到网页中，在“代码”或“源”中可以编写设计符合特定需求的网页。

例如，要在网页中显示多幅轮流出现的广告图片，可以利用Microsoft Visual Studio中的AdRotator控件制作广告条，先将AdRotator控件拖动到网页“设计”页面上，然后编写Ad.xml文件。最后，在ASP.NET文件引用该配置文件的时候，AdRotator控件使用Advertisement-File属性来指定与其相关的AdRotator配置文件。

3. 动态网站和静态网站

动态网站就是用户可以通过服务器所给予的权限随时对网站进行管理、发布及更新内容的网站。它的好处是可以通过联网的任何一台计算机对网站进行控制，而不必在服务器端进行网站管理。简单来说，动态网站除了可以浏览之外，还可以实现交互功能，如用户注册、信息发布、产品展示、订单管理等。动态网站有一个专门的后台管理系统，可以通过它来管理网站，随时添加新的资料等内容。若要添加一个产品信息，只需要填写产品名称、简介，上传图片即可。静态网站必须使用专业的网页设计软件才能修改，不能在网页上直接修改，必须用软件修改后再上传到服务器上，比较麻烦，不便维护。

静态网站和动态网站在界面上看不出有什么区别，静态网页也可以有各种动画、滚动字幕等动态效果。实际上，判断一个网站是动态网站还是静态网站，不是看网页会不会动，而是看它是否应用了服务器端脚本程序，是否有交互性，即当网页的源代码不变时，网页的内容可否根据访问者、访问时间或访问目的的不同而显示不同的内容。动态网页由服务器负责解释并执行，无需管理员干涉，可以自动更新。静态网页由浏览器解释执行，一旦设计好并发布后，其显示的内容永远不会改变，除非管理员修改好网页后再次传到服务器上替换已有的网页，才能完成内容的更新。

4. 网页中的常见元素

网页中有以下几种常见元素：

(1) 文本

文本是网页中最重要的信息载体与交流工具，网页中发布的信息以文本为主。虽然不如图像那样能够很快引起浏览者的注意，但文本能准确地表达信息的内容和含义。为了克服文本固有的缺点，开发者赋予了文本更多的属性，如字体、字号、颜色、底纹和边框等，通过不同格式的区别，表现不同的内容。由文本制作出的网页占用空间小、表达准确、传输速度快。

(2) 图像和动画

图像在网页中具有提供信息、展示作品、装饰网页、表达个人情调和风格的作用。用户可以在网页中使用GIF、JPEG(JPG)、PNG三种图像格式，其中使用较为广泛的是GIF和JPEG两种格式。

注意，图像和动画虽然在网页中起着非常重要的作用，但如果网页上添加的图片、Flash等过多，影响网页的整体的视觉效果的同时，加载速度也会明显下降，可能会导致浏览者失去耐心而离开网站。

(3) 超链接

超链接技术可以说是让互联网流行起来的最主要原因。它是从一个网页跳转到另一个网页的最常见的方法。超链接可以指向一幅图片、一个电子邮件地址、一个文件、一个程序，或者本网页中的其他位置或网络中的任一个合法的网页。

(4) 表格

网页中的表格除了实现数据的列表显示外，还可以用来控制网页中信息的布局方式。通过使用表格来精确控制各种网页元素在网页中出现的位置，这种表格称为布局表格。表格也可用来表示其他列表化的数据。

(5) 表单

使用超链接，用户和Web站点便建立起了一种简单的交互关系。网页中的表单通常用来接收用户在浏览器上输入的信息，然后将这些信息发送到网页中设置的目标机器中，目标机器再根据用户提交的内容来确定对信息的处理方法。

(6) 音频和视频

声音是多媒体网页一个重要的组成部分。用于网络的声音文件主要有MIDI、WAV、MP3等格式。视频可以让网页变得更加丰富和具有动感,常见的视频文件主要有MPEG、MP4、RM、RMVB、AVI等格式。

4.1.2 网站开发

网站开发是指使用超文本标记语言,通过一系列设计、编程,将电子格式的信息通过互联网传输,最终以图形用户界面的形式被用户浏览。简单来说,网页开发的目的就是制作网站。

1. 网站开发流程

网站开发是一项复杂的工作,要按照管理一个工程项目的方法来管理和控制。网站的开发流程主要有以下几个阶段:

(1) 客户申请

由客户提出网站建设基本要求和提供相关的文本及图像资料,包括网站的基本功能和网站的基本设计要求等。

(2) 指定网站开发建设方案

设计方根据客户提供的网站建设基本要求与客户就网站建设内容进行协商、修改和补充,最终达成共识,设计方以此为基础,编制网站开发建设方案,双方确定网站建设方案具体细节。该方案是双方对网站项目进行备查和验收的依据,主要内容包括:客户情况分析、网站需要实现的功能和目标、网站形象说明、网站的栏目板块和结构、网站内容的安排及相互链接关系、开发时间进度表、宣传推广方案、网站维护方案、制作成本、设计团队简介等。

(3) 签订相关协议

设计方和客户根据网站开发建设方案签订网站开发建设协议,客户提供网站建设需要的相关内容资料(如文本、图片、视频、音频、动画等)。

(4) 申请域名

申请域名需遵循先申请先注册原则,每个域名都是独一无二的。设计方可以帮助客户根据企业性质和需求申请相应的域名。

(5) 申请网站空间

域名申请成功后,还需要存放网站的空间,这个存放网站的空间就是服务器。对于网站的存放空间,要根据客户的性质和经济实力进行购买、搭建或租赁服务器硬盘空间。

(6) 总体设计

这一阶段由设计方根据网站开发建设方案的要求,完成以下工作:

① 分析网站功能和需求,编写网站开发项目需求说明书,以客户满意为准,并由客户签

字认可。

② 根据网站开发项目需求说明书,设计者需对网站项目进行总体设计,编制一份网站总体设计技术方案,这是给设计人员使用的技术文档。主要内容包括:网站系统性能定义、网站运行的软硬件环境、网站系统的软硬件接口、网站功能和栏目的设置及要求、网站页面总体风格及美工效果、网站用户初步界面等。

(7) 详细设计

详细设计阶段就要把设计项目具体化。具体工作包括:网页模板设计和应用程序设计,需要写出每个网页或程序的详细设计文档,这些文档包含必要的细节,如首页版面、色彩、图像、动态效果等设计风格;内容网页的布局、字体、色彩等;功能程序的界面、表单、需要的数据等;还有菜单、标题、版权等模块设计。

(8) 网站的测试与发布

由客户根据协议内容和要求进行测试和审核,主要对网页的速度、兼容性、交互性、链接正确性等进行测试,发现错误立刻记录并反馈给设计人员进行修改。测试人员对每项测试都应该保存完整的测试记录,测试内容包括测试项目、测试内容、测试方法、测试过程、测试结果、修改建议、测试人员和测试时间等。

网站经测试、修改、验收合格后,即可发布。

2. 网站的开发设计原则

开发和设计一个符合要求、受欢迎的网站,至少应该遵循以下几项基本原则:

① 明确网站设计的目的与用户需求;

② 总体设计方案主题鲜明;

③ 各网页形式与内容相统一;

④ 网站版式结构清晰;

⑤ 多媒体技术合理使用;

⑥ 网站的信息交互能力要强;

⑦ 保证安全快速访问;

⑧ 网站信息及时更新。

4.1.3 网站规划

在开始制作网站之前,设计方应根据客户提供的设计需求,构思出网站项目的整体规划。网站规划大致可以分为项目策划、网站地图、网站布局和网站配色,其中项目策划的主要任务是明确网站的设计目的,制定与之相符的设计方案;完成项目策划后,建立相应的网站地图,并针对网站类型和风格选择色调和配色;最后进行页面结构的布局工作,大致画出各个重要页面的设计草图,以便在制作过程中有章可循。下面简要介绍网站规划的流程。

1. 设计网站的简要策划书

在策划书中确定网站名称、网站目标、网站栏目、网页大小、网站风格等内容。

2. 设计网站的结构草图

有了比较完整的规划后，可以结合主题设计出网站各个网页的结构草图（图4.1），可以手绘，也可以使用图像处理工具完成。

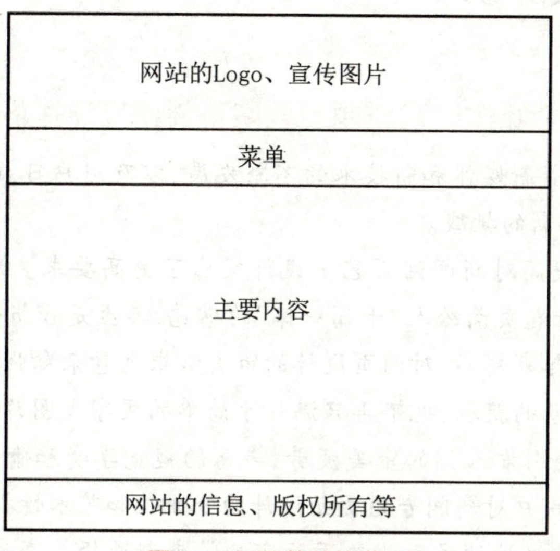

图4.1　网页的结构草图

3. 页面布局

网页中各主要栏目之间要求使用一致的布局，包括一致的页面元素、一致的导航形式、相同的按钮等，子页面的布局可以和首页不完全相同。

4. 网页色彩

在网页配色中，尽量控制在三种色彩以内，以避免网页花、乱、没有主色的显现。背景和前文的对比尽量要大，绝对不要用花纹繁复的图案作为背景，以免喧宾夺主。

5. 准备素材

网站中用到的素材很多，包括文字、图片、视频、声音、动画等，在制作过程中，往往要借鉴网络中已有的资源，但要注意不要侵犯他人的知识产权。

6. 网页制作

根据预先规划好的网站布局进行版面内容的添加，最终完成网页的制作。

4.2 HTML语言基础

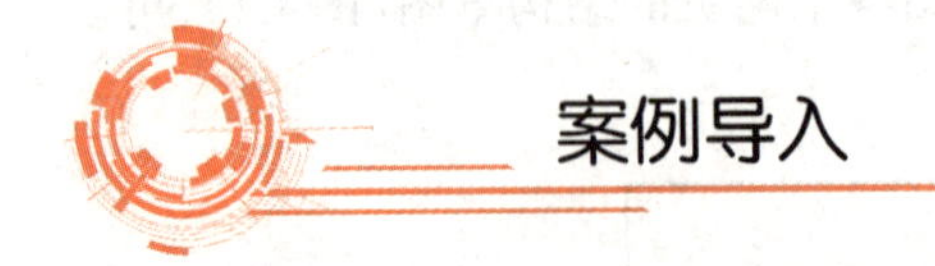

全媒体时代新闻专题网页创新设计探析

在全媒体时代，随着新媒体和新技术的不断发展，以及用户日益增长的体验需求，新闻专题网页创新设计面临新的挑战。

用户审美能力的提高对新闻网页艺术设计提出了更高要求。新闻网页设计是一种艺术。但当前一些新闻专题页面给人"千篇一律"的感觉，甚至是模板化。随着网络科技不断创新，人们对美的要求越来越高，对网页设计的审美需求也愈来愈强烈。用户浏览新闻网页时，不再只满足于对信息的获取，也不再只满足于简单的文字或图片装饰。新闻网页中普通的视觉元素设计往往会引发人们的审美疲劳，丰富的视觉享受和愉悦的浏览体验对用户才更具吸引力。简言之，用户对新闻专题页面设计的专业性和艺术性提出了更高要求。

新技术发展和网络终端的多元化给页面布局带来新选择。高速网络的接入，HTML5、Flash以及VR等技术的广泛应用，打破了传统的川字形、T字形、国字形等新闻专题页面布局的固有模式，使得网页布局和配色呈现出新可能。伴随手机、平板电脑等移动终端的广泛使用，人们接入网络的方式也变得多元化，从小屏幕手机到中尺寸的平板电脑，再到大屏幕的触摸设备，各种不同分辨率的屏幕给网页布局带来新的选择。

用户的情感化需求为新闻专题页面互动设计提供新方向。科学技术的不断发展给新闻传播带来了深刻变化，用户体验越来越受重视。原有的以"有用"为目的的设计已经无法满足受众的需求，有趣的、愉悦的过程和结果才能满足受众的需要和预期。人性需求的高级阶段是情感化的，在网页设计中注重发挥人的情感体验作用，使设计更具有人性化的自由，是互动创新设计发展的新方向，这也避免了现如今"初级交互满街跑、高级交互没处找"的现象。

（资料来源：赵阳，郭翼龙．全媒体时代新闻专题网页创新设计探析[EB/OL].(2023-11-12)[2024-05-18]. http://www.81.cn/rmjz_203219/jsjz/2022nd5q_242715/xsy_242717/10193501.html.）

网站的开发离不开网页，而网页的核心技术就是HTML语言。网页的本质就是超文本标记语言，通过结合使用其他的Web技术（如脚本语言、公共网关接口、组件等），可以创造出功能强大的网页。因而，超文本标记语言是Web编程的基础。之所以称其为超文本标记语言，是因为文本中包含了所谓"超级链接"点。事实上每一个HTML文档都是一种静态的网页文件，这个文件里面包含了HTML指令代码，这些指令代码并不是一种程序语言，它只是一种排版网页中资料显示位置的标记结构语言。所有网页在服务器解析之后，将结果同样以HTML源码形式传送给客户端；另外，HTML语言是制作网页的基础，可以说Web动态编程都是在HTML的基础上进行的。所以正确认识和理解HTML标记语言是学习网页制作的客观要求。

4.2.1 HTML的概念

HTML是一种用于创建网页的标记语言，用来描述网页中的图片、表格、文本等各种元素，人们可以使用HTML建立自己的Web站点。HTML文档在浏览器上运行，并由浏览器解析。

HTML文档是由HTML命令组成的描述性文本，HTML命令可以说明文字、图形、动画、声音、表格、链接等。另外，还有很多HTML标记，它们定义了网页中文字的大小、颜色、效果，段落的排版方式，以及用户如何通过一个网页导航到另外的网页等各方面的内容。

4.2.2 HTML语法及编写规则

HTML的主要语法是元素和标记。元素是符合文档类型定义(DTD)的文档组成部分，如文档标题(Title)、图像(Image)、表格(Table)等。HTML用标记来规定元素的属性和它在文档中的位置。标记分为单独出现的单标记和成对出现的双标记两种。每一个HTML标记有一系列属性。标记用来标识信息内容，属性控制了信息内容显示效果。标记和属性共同控制网页内容及其效果，语法格式如下：

双标记是指由开始和结束两个标记符号组成的标记，必须成对使用，开始标记告诉浏览器，从这里开始执行该标记所表示的功能；结束标记告诉浏览器，该功能到这里结束。在开始标记前加一个斜杠(/)即成为结束标记。如HTML元素的开始标记是〈html〉，结束标记是〈/html〉。双标记的基本语法格式为

〈标记 属性名1=属性值1 属性名2=属性值2…〉信息内容〈/标记〉

例如，B元素的开始标记为〈B〉，结束标记为〈/B〉，在〈B〉和〈/B〉标记之间是元素的信息内容(图4.2)。

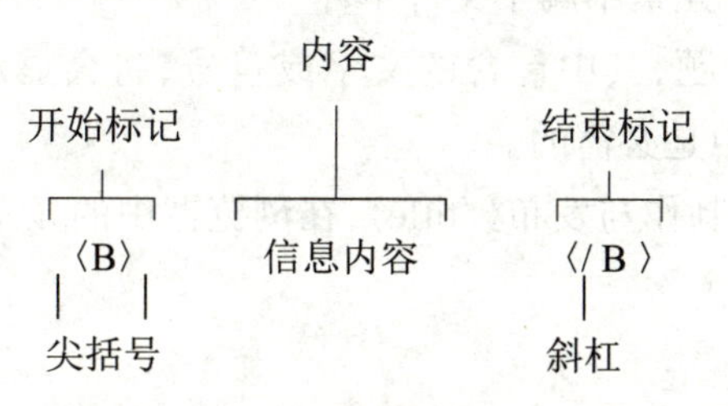

图4.2 双标记基本语法格式示例

单标记是指用一个标记符号即可完整描述某个功能的标记，其基本语法格式为

〈标记 属性名1=属性值1 属性名2=属性值2…/〉

说明：

① 标记、属性名和属性值不区分字母大小写；

② 标记和属性名之间，属性名和属性名之间要用空格隔开；

③ 属性名和属性值之间用"="相连；

④ 属性使用的个数是没有限制的，使用多个属性时，属性之间没有先后顺序；

⑤ 绝大多数标记都是双标记，双标记必须成对使用。

1. HTML的基本结构

HTML文件由头部和主体两个部分组成，在这两个部分外面还要加上标记〈html〉〈/html〉说明文件是HTML文件，这样浏览器才能正确识别HTML文件。HTML的基本结构如图4.3所示。

```
<html>
  <head>
      <title>网页标题</title>
  </head>
  <!--以下是网页的主体部分-->
  <body>
      网页中显示的内容
  </body>
</html>
```

图4.3 HTML的基本结构

(1) 文档标记〈html〉…〈/html〉

文档标记处于最外层，一般来说HTML文件总是以〈html〉开头，又以〈/html〉结束，整个HTML文件的所有内容都包括在这对标记之中。

(2) 文件头标记〈head〉…〈/head〉

文件头标记包含了所有的头部标记元素，在文档的开始部分，在〈head〉元素中可以插入脚本(scripts)、样式文件(CSS)及各种meta信息，一般包括〈title〉、〈style〉、〈link〉、〈meta〉、〈script〉等文件头元素，这些元素不属于文件本体。

① 〈title〉：定义网页标题，其中包含的文字或符号，将会显示在浏览器窗口的标题栏，〈title〉标记在HTML文件中是必需的。

例：〈title〉项目四 网页制作与发布〈/title〉，在浏览器中的显示效果如图4.4所示。

图4.4 〈title〉标记在浏览器中显示效果

② 〈style〉:指定当前文档的CSS层叠样式表。

例:〈style type="text/css"〉

　　p{ color:#333;}

〈/style〉

CSS层叠样式表对于网页的字体样式、背景、边界等都有很重要的应用。有关CSS详细内容请参阅相关书籍。

③ 〈link〉:定义文档与外部资源之间的关系

例:〈link rel="stylesheet" type="text/css" href="style.css"〉

rel定义当前文档与被链接文档之间的关系,在这里的"stylesheet",表示被链接的文档是一个样式表文件;href说明链接目标的路径,".css"说明文档是层叠样式表;type定义所链接文档的类型,在这里的"text/css",表示链接的外部文件为CSS样式表。有关CSS详细信息请参照有关书籍。

④ 〈meta〉:定义网页相关说明信息,主要用于指定网页的描述、关键词、文件的最后修改时间、作者和其他元数据,其中定义的信息是不显示的,包括以下几种:

A. 定义关键词,为搜索引擎提供关键词搜索使用。

例:〈meta name="keywords" content="网络信息采集与编辑, 网页制作,HTML"/〉

B. 定义网页描述内容,为搜索引擎提供搜索使用。

例:〈meta name="description" content="利用HTML代码制作网页"/〉

C. 设置自动刷新功能。

例:〈meta http-equiv="refresh" content="20;URL=地址" /〉

D. 设置网页字符编码的解码方式。

例:〈meta http-equiv="Content-Type" content="text/html; charset=utf-8" /〉

⑤ 〈script〉:用来在页面中加入脚本程序。

例:〈script language="VBScript"〉…〈/script〉

(3) 文件主体标记〈body〉…〈/body〉

文件主体标记位于头部之后,以〈body〉开始,直到〈/body〉结束,是HTML文件的主体部分,是整个网页的核心,浏览器窗口中所能显示的内容全部被包含在该标记中,也就是用户可以看到的内容，包含文本、图片、音频、视频等各种内容。〈body〉标记的属性主要用于定义网页总体风格，常见属性如表4.1所示。

表4.1 〈body〉标记的常见属性

属 性	描 述
text	设定页面文字颜色
bgcolor	设定页面背景颜色
background	设定页面背景图像
bgproperties	设定页面的背景图像为固定状态(不随页面的滚动而滚动)
link	设定页面默认的链接颜色
alink	设定鼠标正在单击时的链接颜色
vlink	设定访问过后的链接颜色
topmargin	设定页面的上边距
leftmargin	设定页面的左边距

注意：① 颜色有三种表示方法：16进制颜色代码格式：#RRGGBB；RGB码格式：RGB(RRR，GGG，BBB)或RGB(100%，10%，20%)；直接写出颜色英文名称，如Black、White、Green、Red、Blue等。实际工作中，16进制是最常用的定义颜色的方式。

② 长度表示方法有两种，即绝对长度和相对长度。它们的单位分别是像素(px)和百分比(%)，像素代表的是屏幕上的每个点，而百分比代表的是相对于客户端浏览器的多少。

③ text，link，alink，vlink属性现在都很少使用，多数是在CSS层叠样式文件中使用相应的CSS代码来实现需要的效果。

(4) 注释

在HTML文件中加入注释可以使程序清晰，容易理解，该标记的内容在被浏览器解释时会被忽略，不会被显示，其格式为

〈! —注释内容--〉

2. HTML常见标记及用法

(1) 字体标记(font)

格式：〈font face=" " color=" " size=" " title=" "〉…〈/font〉

说明：face属性用于设置文本的字体，如宋体、黑体、楷体等；color属性用于设置文字的颜色，默认颜色为黑色(颜色表示方式参照前文中的内容)；size属性用于设置文字大小，其值从1~7表示字体从小到大。也可以写成：〈font size=±1〉文字内容〈/font〉，表示比预设字大(小)一级；title属性用于设置鼠标移到文字上后显示的提示信息。

例如，设置“字体标记”四个字的字体为黑体，颜色为蓝色，字体大小为5号，鼠标移上去后显示“提示信息”，代码如下：

〈font face="黑体" color="blue" size="5" title="提示信息"〉字体标记〈/font〉

显示效果如图4.5所示。

字体标记

提示信息

图 4.5　字体标记

(2) 字形变化标记

文字的字形也有相当多的变化,如粗体、斜体等,HTML定义了许多特殊的字形或字体来强调、突出、区别以达到提示的效果,使得整个页面文字元素更加形象,易于编排出更复杂的文字效果。常用的文字风格标记如图4.6所示。

```
示例代码:
<b>B 标记, 字体加粗</b><br />
<strong>strong 标记, 加重语气</strong><br />
<i>I 标记, 定位为斜体字 </i><br />
<em>em 标记, 定义为着重文字 </em><br />
<u>U 标记, 定义为下划线</u><br />
<strike>strike 标记, 定义为删除线 </strike><br />
<del>del 标记, 定义为删除字</del><br />
<big>big 标记, 定义为以较大字体显示 </big><br />
<small>small 标记, 定义为以较小字体显示 </small><br />
A<sup>sup 标记, 定义为上标 </sup><br />
B<sub>sub 标记, 定义为下标 </sub><br />
```

图 4.6　常用的文字风格标记

① 〈b〉…〈/b〉:定义为粗体文本。

② 〈strong〉…〈/ strong 〉:定义为加重语气,效果与〈b〉标签类似。

③ 〈i〉…〈/i〉:定义为斜体字。

④ 〈em〉…〈/em〉:定义为着重文字,效果与〈i〉标签类似。

⑤ 〈u〉…〈/u〉:定义为下划线。

⑥ 〈strike〉…〈/strike〉:定义为删除线。

⑦ 〈del〉…〈/del〉:定义为删除字,效果与〈strike〉标签类似。

⑧ 〈big〉…〈/big〉:定义为以较大字体显示。

⑨ 〈small〉…〈/small〉:定义为以较小字体显示。

⑩ 〈sup〉…〈/sup〉:定义为上标。

⑪ 〈sub〉…〈/sub〉:定义为下标。

显示效果如图4.7所示。

图 4.7　字形变化标记

(3) 排版布局标记

① 段落标记(p)。

格式:〈p align=left/center/right 〉…〈/p〉

说明:该标记可以定义一个段落。

属性:align 用来设定段落的对齐方式。取值有 left(靠左对齐)、right(靠右对齐)和 center(居中对齐)。

② 换行标记(br)。

格式:〈br /〉

说明:〈br〉是强制段中换行,不分段落。属于单标记,没有结束标记。需要注意的是,〈br〉标记不是用于分割段落的。

③ span标记。

格式:〈span〉…〈/span〉

说明:用来显示一些文本信息,span标记通常用来将文本的一部分或者文档的一部分独立出来,从而对独立出来的内容设置单独的样式。span本身没有任何属性,也没有固定的格式表现,当对它应用CSS样式时,会产生视觉上的变化。

④ DIV标记。

格式:〈div〉…〈/div〉

说明:可以把文档分割为独立的、不同的部分。用于设定文字、图片、表格等的摆放位置,通常结合CSS样式使用,可实现需要的排版布局效果,如果不使用任何CSS样式设置的话,div标记的效果与段落标记p基本相同。

⑤ 表格标记(table)。

格式:

```
〈table〉
  〈tr〉
     〈td〉…〈/td〉
     〈td〉…〈/td〉
  〈/tr〉
〈/table〉
```

说明:table标记是网页排版布局的重要标记,每个表格均有若干行(由〈tr〉标签定义),每行被分割为若干单元格(由〈td〉标签定义)。字母td指表格数据(table data),即数据单元格的内容。数据单元格可以包含文本、图片、列表、段落、表单、水平线、表格等。

⑥ 段落右缩进标记(blockquote)。

格式:〈blockquote〉…〈/blockquote〉

说明:加入的文字,全部往右缩进一单位(Tab键)。而且每加一组标记,往右缩进一单位,如加两组标记,往右缩进两单位,以此类推。

⑦ 居中对齐标记(center)。

格式:〈center〉…〈/center〉

说明:将对象居中对齐。对于已加有 align="center"参数的〈table〉标记,不可以加上居中标记,因为很多浏览器不支持〈table〉标记中的 align="center"参数。

⑧ 预定格式标记(pre)。

格式:〈pre〉…〈/pre〉

说明:将在编辑工具中已经排版的内容或格式,原样展现在网页上。使用〈pre〉标记时,字号默认为10磅。

⑨ 水平分隔线标记(hr)。

格式:〈hr color="" size="" width="" align="left|center|right" noshade〉

说明:在指定的地方插入一条水平线,属于单标记,没有结束标记。其包含的属性有:align:设定线条放置的位置,可选择left、right、center三种设定值;size:设定线条厚度,以像素为单位,默认为2;width:设定线条的长度,可以是绝对值(以像素为单位)或相对值,默认值为100%;color:设定线条的颜色,默认为黑色;noshade:设定线条为平面显示,若无该属性则具有阴影或立体效果。

⑩ 特殊标记。

在HTML中,某些字符是预留的。在HTML中不能使用小于号(＜)和大于号(＞),这是因为它们是HTML中保留标记,有特殊的含义。如果希望正确地显示预留字符,必须在

HTML源代码中使用字符实体(character entities)。字符实体类似“ ”,以“&”开头,以“;”结尾。在编写HTML代码时常用的特殊标记如表4.2所示。

表4.2　特殊标记

显示结果	描　述	实体名称
	空格	
<	小于号	<
>	大于号	>
&	和号	&
"	引号	"
©	版权	©
®	注册商标	®
™	商标	™
×	乘号	×
÷	除号	÷

⑪ 滚动标记(marquee)。

格式:〈marquee〉…〈/marquee〉

说明:实现元素在网页中移动的视觉效果。常见属性如下:

Direction:滚动的方向,如left、right、up、down。

Behavior:滚动的方式,如scroll(一圈又一圈循环)、slide(只走一次)、alternate(来回振荡)。

Loop:滚动循环次数,若未指定则循环不止(infinite)。

Scrollamount:滚动速度。

Scrolldelay:滚动延时。

Align:对齐方式,如top、middle、bottom。

Bgcolor:背景颜色,用16进制数码表示,或者以描述色彩的英文单词表示。

⑫ 鼠标事件。

onMouseOut=this.start():表示鼠标移出状态时开始滚动。

onMouseOver=this.stop():表示鼠标经过时停止滚动。

(4) 标题标记(Hn)

格式:〈hn align="left|center|right"〉…〈/hn〉

说明:主要用于对文本中的章节进行划分,字体为粗体字,并且会自成一行。n表示不同级别的标题,n的值可以是1~6中的任意数字,其中1表示的标题字体最大,6表示的标题字体最小。align属性设置对齐方式,其中left表示左对齐,center表示居中对齐,right表示右对齐。

(5) 列表标记

在HTML中,列表可以起到提纲挈领的作用。列表分为三种类型:无序列表、有序列表和自定义列表。无序列表用项目符号●、○、■来标记无序的项目;有序列表按照数字或字母等顺序,使用编号来记录项目的顺序;自定义列表(描述性列表)则按照缩进的方式列出标题的形式。

① 无序列表。

格式:

〈UL type="disc|circle|square"〉

  〈li type="disc|circle|square"〉…〈/li〉

  〈li type="disc|circle|square"〉…〈/li〉

  …

〈/UL〉

说明:无序列表是指没有进行项目编号的列表。UL标记控制列表项前面显示的项目符号。常用属性Type表示列表项前面显示的项目符号,其取值如下:

disc:使用实心圆作为项目符号(默认值)。

circle:使用空心圆作为项目符号。

square:使用方块作为项目符号。

② 有序列表。

格式:

〈OL type="1|A|a|I|i" start=value〉

〈li type="1|A|a|I|i"〉…〈/li〉

〈li type="1|A|a|I|i"〉…〈/li〉

…

〈/OL〉

说明:有序列表是指带有先后顺序编号的列表,如果插入或删除一个项目,编号会自动进行调整。OL标记控制有序列表的样式和起始值,有两个常用属性。

Start:可选参数,表示数字序列的起始值(可以取整数值),如不添加"start"则从每类序号的第一个序号开始。

Type:表示数字序列样式,其取值如下:

1:表示阿拉伯数字1、2、3等,此为默认值。

A:表示大写字母A、B、C等。

a:表示小写字母a、b、c等。

I:表示大写罗马数字Ⅰ、Ⅱ、Ⅲ、Ⅳ等。

i:表示小写罗马数字ⅰ、ⅱ、ⅲ、ⅳ等。

③ 自定义列表。

格式:

〈dl〉

〈dt〉第1项 〈dd〉注释1〈/dd〉〈/dt〉

〈dt〉第2项 〈dd〉注释2 〈/dd〉〈/dt〉

〈dt〉第3项 〈dd〉注释3 〈/dd〉〈/dt〉

…

〈/dl〉

说明：自定义列表的标记也叫描述性项目列表，这种方式很少用。自定义列表默认为两个层次，第一层为列表项标记〈dt〉，第二层为注释项标记〈dd〉，注释项默认显示在另一行中。〈dt〉和〈dd〉标记通常是成对使用的，一个列表项标记也可以对应几个注释项标记。

创建如下形式的列表，结果如图4.8所示。

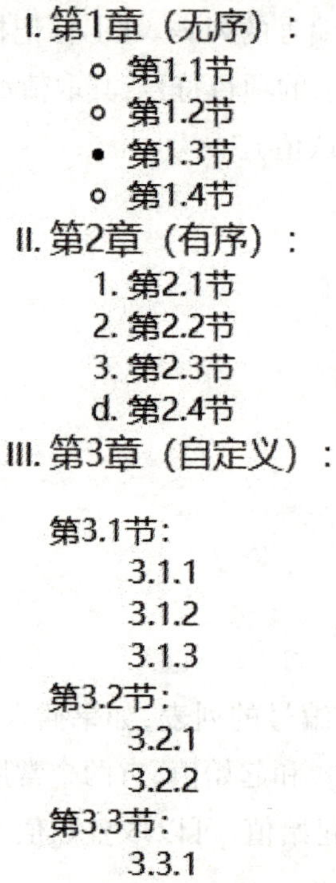

I. 第1章（无序）：
- ∘ 第1.1节
- ∘ 第1.2节
- • 第1.3节
- ∘ 第1.4节

II. 第2章（有序）：
1. 第2.1节
2. 第2.2节
3. 第2.3节
d. 第2.4节

III. 第3章（自定义）：

第3.1节：
3.1.1
3.1.2
3.1.3
第3.2节：
3.2.1
3.2.2
第3.3节：
3.3.1

图4.8　创建列表的结果

该列表的标记如图4.9所示。

注意，无论是有序列表，还是无序列表，在浏览器中，其Type属性的值是区分大小写的。列表标记是可以嵌套的。Li标记中的属性Type的取值与相应的UL、OL标记的Type属性相同；每一对Li的Type的取值与UL、OL的Type的取值也可以不相同。

（6）超链接标记

超链接在本质上属于一个网页的一部分，它是一种允许我们同其他网页或站点之间进行链接的元素。各个网页链接在一起后，才能真正构成一个网站。超链接可以是一个字、一个词或一幅图像。将鼠标指针移动到网页中的某个超链接上时，鼠标箭头会变成一只小手。

可以说超链接是Web页面和其他媒体的重要区别之一。

```
示例代码:
<ol type="I">
  <li><font color="blue"size="4">第1章（无序）:</font>
      <ul type="circle"><font color="purple"></font>
        <li>第1.1节</li>
        <li>第1.2节</li>
        <li type="disc">第1.3节</li>
        <li>第1.4节</li>
      </ul>
  </li>
  <li><font color="blue"size="4">第2章（有序）:</font>
       <oltype="1"start="1"><font color="purple"></font>
         <li>第2.1节</li>
         <li>第2.2节</li>
         <li>第2.3节</li>
         <li type="a">第2.4节</li>
       </ol>
  </li>
  <li><font color="blue"size="4">第3章（自定义）:</font>
      <dl><font color="purple"></font>
        <dt>第3.1节:
          <dd>3.1.1</dd><dd>3.1.2</dd>
          <dd>3.1.3</dd>
        </dt>
        <dt>第3.2节:
           <dd>3.2.1</dd>
           <dd>3.2.2</dd>
         </dt>
         <dt>第3.3节:
           <dd>3.3.1</dd>
         </dt>
```

图4.9　列表标记的示例

常见的超链接大致可以分为以下几种：

① 文件链接：这种链接的目标是一个文件，也可以是当前站点或其他站点的网页、E-mail链接或空连接。

格式：〈a href="URL" target=" " title=" "〉超链接文本〈/a〉

说明：常用属性如下：

href：必选属性，指定目标页面的URL地址，URL地址由协议、域名路径、文件名构成。

target：可选属性，指定目标文档的窗口打开模式，取值既可以是窗口或框架的名称，也可选_blank、_parent、_self、_top。

title：可选属性，用于指定鼠标指向超链接时所显示的提示文字。

注意：电子邮件链接的格式为：〈a href="mailto：邮箱地址"〉联系我们〈/a〉。

图像的链接和文字的链接方法是一样的，都是用〈a〉标记来完成，只要将〈img〉标记放在〈a〉和〈/a〉之间就可以了。

空链接是指未指派目标地址的超链接，通常将href属性值设置为javascript：void(0)。在实际开发中，有时会将空链接写出href= ""或href= "#"。

② 锚点链接：这种链接的目标是网页中的一个位置，通过这种链接可以从当前网页当前位置跳转到当前页面或其他页面中的另一个位置。

格式表示如下：

〈a name="书签名"〉文本〈/a〉：创建一个指定名称的书签（记号），名称由name属性指定。

〈a href="#书签名"〉提示文本〈/a〉：建立锚点链接关系，href属性值由“#”号引导且必须与name属性值一致。

③ 图像热区链接：图像热区链接指的是在同一张图片上，不同的区域可以链接到不同的目标位置。图像热区链接不再是〈a〉标记，而是〈area〉标记和〈map〉标记配合使用。图像热区链接可以通过在Dreamweaver中使用图片的属性窗口中进行设置(图4.10)。

图4.10　图像热区链接

(7) 图片标记和背景

① 图片标记。

格式：〈img src="url" 〉

说明：在网页文档中插入图像，其格式可以是 GIF、JPEG、PNG和BMP等。常见属性如下：

src=" "：指定图像的路径和文件名。

alt=" "：设定在纯文本浏览器中替换图像的文本或鼠标悬停于图像上显示的文字。

align=" "：指定图像和文字之间的排列属性，取值有left、right、bottom、middle、top等。

border=" "：指定图像边框宽度，其默认值为0，无图像边框。

hspace=" "：指定图像离左右文字的水平距离。

vspace=" "：指定图像离上下文字的垂直距离。

height=" "：指定图像高度大小。

width=" "：指定图像宽度大小。

② 设定背景。

背景颜色可用Bgcolor属性进行设置，Bgcolor属性的取值可以为6位16进制代码或表示颜色的英文单词，例如：

〈Body Bgcolor=#ff0000〉…〈/body〉

〈Body Bgcolor=red〉…〈/body〉

背景图片的设置使用Background属性进行设置，Background属性的取值为图片的路径。在网页中最好使用相对路径，以避免网站在移植过程中出现路径错误。

(8) 插入多媒体素材

① Flash 动画等多媒体的插入。

Flash 动画是当前网络中应用非常广泛的一种动画形式。Flash 动画是矢量动画，文件量小，浏览速度快。在网页中灵活运用 Flash 文件，可以使整个网页生动活泼，增强网页的阅读性。在网页中插入 Flash 需要用到〈embed〉标记，具体使用方法如下：

格式：〈EMBED SRC="文件路径" autostart=" " loop=" "〉

说明：EMBED用来插入各种多媒体，格式可以是MIDI、WAV、AIFF、AU、MP3、WMV等，常用属性如下：

Src：设定 midi等格式文件名及路径，可以是相对路径或绝对路径。

Autostart：是否在音乐档下载完之后就自动播放。true表示是，false表示否(默认值)。

Loop：是否自动反复播放。LOOP=2表示重复两次，true表示是，false表示否。

Hidden：是否完全隐藏控制画面，true为是，no为否(默认值)。

StartTime：设定歌曲开始播放的时间。如 STARTTIME="00:30" 表示从第30秒处开始播放。

VOLUME：设定音量的大小，数值是0～100。

WIDTH和HIGH：设定控制面板的宽度和高度。

ALIGN：设定控制面板和旁边文字的对齐方式，其值可以是top、bottom、center、baseline、left、right、texttop、middle、absmiddle、absbottom。

CONTROLS：设定控制面板的外观。默认值是console，表示一般正常面板；smallconsole表示较小的面板。

playbutton：只显示播放按钮。

pausecutton：只显示暂停按钮。

stopbutton：只显示停止按钮。

volumelever：只显示音量调节按钮。

② 声音的插入。

网页中的声音有多种插入方式，有作为背景音乐插入的，有作为播放器插入的，有作为超链接插入的。虽然插入声音的方式不同，但是必须在客户端有播放声音的播放器才能使网页中的声音正常播放。

添加背景音乐的方法如下：

格式：〈bgsound src="音乐文件路径和名称" loop=""〉。

说明：利用浏览器中背景音乐标记，可以嵌入多种格式的音乐文件，如WAV、WMA、MIDI、MP3等，没有控制面板，网页浏览者不能手动控制是否播放。src是背景音乐的路径属性，其值为要插入背景音乐的绝对路径或相对路径，一般在网页中采用相对路径。loop为音乐循环次数，infinite表示重复多次。

除了在网页中插入背景音乐外，还可以通过插入播放器的形式，在网页中插入音乐。具体方法如下：

格式：〈embed src=" " autostart=" " loop=" "〉

说明：具体属性及用法请参照"Flash动画的插入"中对embed的介绍。

③ 视频的插入。

在网页中插入视频文件，可以使用video标记，格式如下：

〈video width="" height="" src="XX.mp4" poster=" " autoplay=" " preload=" " controls=" "〉〈/video〉

常用属性如下：

src：用于指定视频的地址。

poster：用于指定一张图片，在当前视频数据无效时显示（即预览图）。

autoplay：用于设置视频是否自动播放，是一个布尔属性。当出现时，表示自动播放，去掉则表示不自动播放。

preload：用于定义视频是否预加载。属性有三个可选择的值：none、metadata、auto。如果不使用此属性，默认为auto。

controls：用于向浏览器指明页面制作者没有使用脚本生成播放控制器，需要浏览器启用本身的播放控制栏。

4.3 网页布局

创新与技术的交融：网页设计大师肖骏的探索与启示

在当今数字化浪潮的推动下，网页设计领域正迎来蓬勃发展，然而也伴随着一些挑战。作为网页设计行业杰出的网页设计师，肖骏凭借出色的技术和创意，不仅在行业内崭露头角，更在这些挑战面前找到了应对之策。

在这个数字化时代，市场需求不断膨胀，预测显示，到2023年，全球数字广告支出预计将高达1.23万亿美元。然而，与需求的增长并行，用户对设计质量和创意性的期望也日益提高。在这个激烈竞争的市场环境中，网页设计师们面临着多重挑战：技术不断更新的压力、多样化需求的挑战以及设计创新的持续追求。面对竞争的压力，网页设计师们需要更加敏锐地跟进技术的变化，以满足不断升级的市场要求。正如肖骏所言："技术是我们创意的实现工具，随着技术的进步，我们有机会展现出前所未有的设计魅力。"他的话充分体现了技术和创意的相辅相成，在持续的学习和探索中塑造出更为引人注目的设计作品。

（资料来源：凤凰网.创新与技术的交融：网页设计大师肖骏的探索与启示[EB/OL].(2023-09-13)[2024-05-18]. http://biz.ifeng.com/c/8T2gUeFuOQZ）

网页设计中比较繁琐的工作之一就是网页布局，样式是否美观、布局是否合理，会直接影响网站的质量。网页布局强调页面所包含的各个模块或部分模块的共性因素，是整体美观流畅且富有感染力的。网页可以使用标注表格、DIV+CSS、框架等方法进行网页布局，每一种网页布局技术都有各自的特点和应用范围，只有它们协同作用才能设计出优秀的页面布局。

4.3.1 CSS样式控制

开发具有多个网页的网站时，定义和修改网页的样式将会占据设计者很多的时间，特别是网页完成设计后，各种颜色的搭配以及不同页面的外观一致性要求往往会给维护工作带来很大的负担，使用CSS可以很好地解决这个问题。

1. CSS的概念

CSS(Cascading Style Sheets)被称为级联样式表，也叫层叠式样式表，能够对网页中元素位置的排版进行像素级精确控制，支持几乎所有字体字号样式，拥有对网页对象和模型样式编辑的能力。引入CSS的主要目的是将网页结构和表现结构分离。

CSS规定了三种定义样式的方式。

(1) 内联式

内联式也叫行内式，是将样式控制放置在单个HTML元素内。其语法格式为

〈标记名 style="属性1:属性值1; 属性2:属性值2; 属性3:属性值3;"〉内容〈/标记名〉

说明：style是标记的属性，实际上任何HTML标记都拥有style属性，用来设置行内式。行内式只对其所在的标记及嵌套在其中的子标记起作用。

(2) 嵌入式

嵌入式也叫内嵌式，是在网页的头部定义样式。其语法格式为

〈head〉

〈style type="text/css"〉

选择器{属性1:属性值1; 属性2:属性值2; 属性3:属性值3;}

〈/style〉

〈/head〉

说明:〈style〉标记一般位于〈head〉标记中、〈title〉标记之后,也可以把它放在HTML文档的任何地方。

(3) 外部链接式

外部链接式也叫链入式,是以扩展名为".css"的文件保存样式定义,被链接的文件称为CSS文件。其语法格式为

〈head〉

〈link href="CSS文件的路径" type="text/css" rel="stylesheet" /〉

〈/head〉

说明:使用外部链接式时,首先需要先创建一个或多个CSS文件,然后才可以使用link标记引用。〈link /〉标记需要放在〈head〉头部标记中,并且必须指定〈link /〉标记的三个属性,具体如下:

href:定义所链接外部样式表文件的URL,可以是相对路径,也可以是绝对路径。

type:定义所链接文档的类型,在这里需要指定为"text/css",表示链接的外部文件为CSS样式表。

rel:定义当前文档与被链接文档之间的关系,在这里需要指定为"stylesheet",表示被链接的文档是一个样式表文件。

2. 样式规则

样式规则是指页面中的元样式定义,包括元素的显示方式以及元素在页面中的位置等。样式规则的一般格式为

选择器{属性1:属性值1; 属性2:属性值2; 属性3:属性值3;}

选择器可以是HTML标记选择器、类选择器、ID选择器、虚类、后代选择器和并列选择器等。

(1) HTML元素

HTML元素是最典型的选择器,设计者可以定义各种HTML标记的样式,定义时直接使用HTML标记和大括号,然后在大括号内定义样式。其语法格式为

HTML标记名{属性1:属性值1; 属性2:属性值2; 属性3:属性值3; }

例如:

div{ color:blue;}

该样式规则定义的是div块内所有字体的颜色都用蓝色显示。

(2) 类选择器

类选择器以"."为起始标志,后面紧跟类名,其基本语法格式为

.类名{属性1:属性值1; 属性2:属性值2; 属性3:属性值3; }

类名即为HTML元素的class属性值，大多数HTML元素都可以定义class属性。类选择器最大的优势是可以为元素对象定义单独或相同的样式。例如在CSS文件中定义类：

.lanse{ color:blue;}

在HTML文档中可以按以下方式进行调用：

<div class="lanse" >文字内容</div>

该样式定义的规则是“文字内容”4个字的颜色都是蓝色。

(3) ID选择器

ID选择器使用“#”进行标识，后面紧跟id名，其基本语法格式为

#id名{属性1:属性值1; 属性2:属性值2; 属性3:属性值3; }

说明：ID名即为HTML元素的ID属性值，大多数HTML元素都可以定义ID属性，元素的ID值是唯一的，只能对应于文档中某一个具体的元素。用法与类相似，引用时用“id=id名”。

(4) 虚类

虚类，又称超链接伪类，是专用于超链接标记的选择符，使用虚类可以为访问过的、未访问过的、激活的以及鼠标指针悬停于其上4种状态的超链接定义不同的显示样式。其语法格式为

A:link :表示未被访问过的超链接。

A:visited :表示已被访问过的超链接。

A:active :表示当超链接处于选中状态。

A:hover :表示当鼠标指针移动到超链接上。

(5) 后代选择器

后代选择器用来选择元素或元素组的后代，其写法就是把外层标记写在前面，内层标记写在后面，中间用空格分隔。当标记发生嵌套时，内层标记就成为外层标记的后代。其语法格式为

选择器1 选择器2{属性1:属性值1; 属性2:属性值2; 属性3:属性值3; }

(6) 并列选择器

并列选择器是各个选择器通过逗号连接而成的，任何形式的选择器(包括标记选择器、class类选择器、id选择器等)，都可以作为并列选择器的一部分。如果某些选择器定义的样式完全相同或部分相同，就可以利用并列选择器为它们定义相同的CSS样式。

选择器1,选择器2{属性1:属性值1; 属性2:属性值2; 属性3:属性值3; }

3. CSS样式属性

要使页面内布局合理，就要精确安排各页面元素的位置、页面颜色搭配协调以及字体大小、格式规格的设置等，这些都离不开CSS中用来设置基础样式的属性。CSS常见的样式如下：

(1) 字体样式属性

① font-family：字体。font-family属性用于设置字体。网页中常用的字体有宋体、微软雅黑、黑体等。

② font-size：字号大小。font-size属性用于设置字号，该属性的值可以使用相对长度单位，也可以使用绝对长度单位，具体如表4.3所示。

表4.3 字号大小长度单位

相对长度单位	说明
em	相对于当前对象内文本的字体尺寸
px	像素，最常用，推荐使用
绝对长度单位	**说明**
in	英寸
cm	厘米
mm	毫米
pt	点

③ font-weight：字体粗细。font-weight属性用于定义字体的粗细，常用属性值如表4.4所示。

表4.4 字体粗细属性

值	描述
normal	默认值，定义标准的字符
bold	定义粗体字符
bolder	定义更粗的字符
lighter	定义更细的字符
100～900（100的整数倍）	定义由细到粗的字符。其中400等同于normal，700等同于bold，值越大字体越粗

④ font-variant：变体。font-variant属性用于设置变体（字体变化），一般用于定义小型大写字母，仅对英文字符有效。常用属性值如表4.5所示。

表4.5 字体变体属性

值	描述
normal	默认值，浏览器会显示标准的字体
small-caps	浏览器会显示小型大写的字体，即所有的小写字母均会转换为大写。但是所有使用小型大写字体的字母与其余文本相比，其字体尺寸更小

⑤ font-style：字体风格。font-style属性用于定义字体风格，如设置斜体、倾斜或正常字体，常用属性值如表4.6所示。

表 4.6　字体风格属性

值	描　　述
normal	默认值，浏览器会显示标准的字体样式
italic	浏览器会显示斜体的字体样式
oblique	浏览器会显示倾斜的字体样式

其中italic和oblique都用于定义斜体，两者在显示效果上并没有本质区别，但实际工作中常使用italic。

⑥ color：文本颜色。color属性用于定义文本的颜色，其取值方式有如下三种：

第一，预定义的颜色值，如red，green，blue等。

第二，16进制，如#FF0000，#FF6600，#29D794等。实际工作中，16进制是最常用的定义颜色的方式。

第三，RGB代码，如红色可以表示为rgb(255，0，0)或rgb(100%，0%，0%)。

⑦ letter-spacing：字间距。letter-spacing属性用于定义字间距，所谓字间距就是字符与字符之间的空白。其属性值可为不同单位的数值，允许使用负值，默认为normal。

⑧ word-spacing：单词间距。word-spacing属性用于定义英文单词之间的间距，对中文字符无效。和letter-spacing一样，其属性值可为不同单位的数值，允许使用负值，默认为normal。

word-spacing和letter-spacing均可对英文进行设置。不同的是letter-spacing定义的为字母的间距，而word-spacing定义的为英文单词的间距。

⑨ line-height：行间距。line-height属性用于设置行间距，所谓行间距就是行与行之间的距离，即字符的垂直间距，一般称为行高。line-height常用的属性值单位有三种，分别为像素(px)、相对值(em)和百分比(%)，实际工作中使用最多的是像素(px)。

⑩ text-decoration：文本装饰。text-decoration属性用于设置文本的下划线、上划线、删除线等装饰效果，常用属性值如表4.7所示。

表 4.7　文本装饰属性

值	描　　述
none	没有装饰(正常文本默认值)
underline	下划线
overline	上划线
line-through	删除线

⑪ text-align：水平对齐方式。text-align属性用于设置文本内容的水平对齐，相当于HTML中的align对齐属性。常用属性值如下：

left：左对齐(默认值)。

right：右对齐。

center：居中对齐。

⑫ text-indent:首行缩进。text-indent属性用于设置首行文本的缩进,其属性值可为不同单位的数值、字符宽度的倍数(em)、或相对于浏览器窗口宽度的百分比,允许使用负值,建议使用em作为设置单位。

(2) 排布样式属性

① width:宽度。用于设置元素的宽度。

② height:高度。用于设置元素的高度。

③ border:边框。用于设置元素的边框样式,border属性是复合属性,可以综合设置边框的样式、宽度、颜色,也可以分开来设置,可以统一设置四周边框的样式、宽度、颜色,也可以分别设置上边框、下边框、左边框、右边框的样式、宽度、颜色,具体如表4.8所示。

表4.8　边框样式

设置内容	样式属性	常用属性值
样式综合设置	border-style:上边 [右边 下边 左边];	none无(默认)、solid单实线、dashed虚线、dotted点线、double双实线
宽度综合设置	border-width:上边 [右边 下边 左边];	像素值
颜色综合设置	border-color:上边 [右边 下边 左边];	颜色值、#十六进制、rgb(r, g, b)、rgb(r%, g%, b%)
边框综合设置	border:四边宽度 四边样式 四边颜色;	
上边框	border-top-style:样式;	
	border-top-width:宽度;	
	border-top-color:颜色;	
	border-top:宽度 样式 颜色;	
下边框	border-bottom-style:样式;	
	border-bottom-width:宽度;	
	border-bottom-color:颜色;	
	border-bottom:宽度 样式 颜色;	
左边框	border-left-style:样式;	
	border-left-width:宽度;	
	border-left-color:颜色;	
	border-left:宽度 样式 颜色;	
右边框	border-right-style:样式;	
	border-right-width:宽度;	
	border-right-color:颜色;	
	border-right:宽度 样式 颜色;	

④ padding:内边距。为了调整内容在布局元素中的显示位置,常常需要给元素设置内边距,所谓内边距指的是元素内容与边框之间的距离,也常常称为内填充。

在CSS中padding属性用于设置内边距,同边框属性border一样,padding也是复合属性,其相关设置如下:

padding-top:上内边距。

padding-right:右内边距。

padding-bottom:下内边距。

padding-left:左内边距。

padding:上内边距[右内边距 下内边距 左内边距]。

如图4.11所示,内边距是相对外面的“大盒子”而言的。

⑤ margin:外边距。网页是由多个布局元素排列而成的,要想拉开元素与元素之间的距离,合理地布局网页,就需要为元素设置外边距。所谓外边距指的是元素边框与相邻元素之间的距离。

在CSS中margin属性用于设置外边距,它是一个复合属性,与内边距padding的用法类似,设置外边距的方法如下:

margin-top:上外边距。

margin-right:右外边距。

margin-bottom:下外边距。

margin-left:左外边距。

margin:上外边距[右外边距 下外边距 左外边距]。

如图4.12所示,外边距是相对里面的“小盒子”而言的。

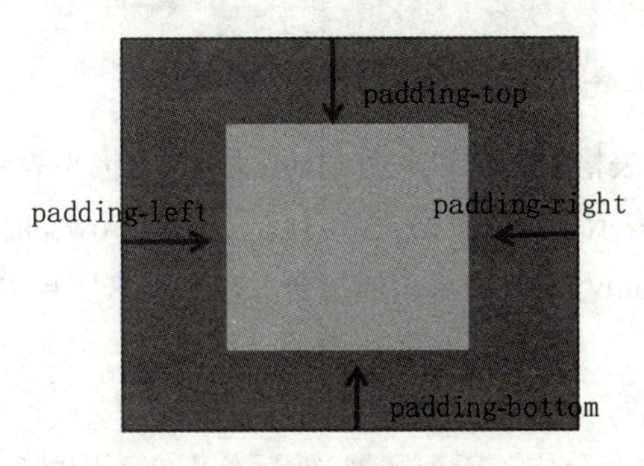

图4.11 内边距

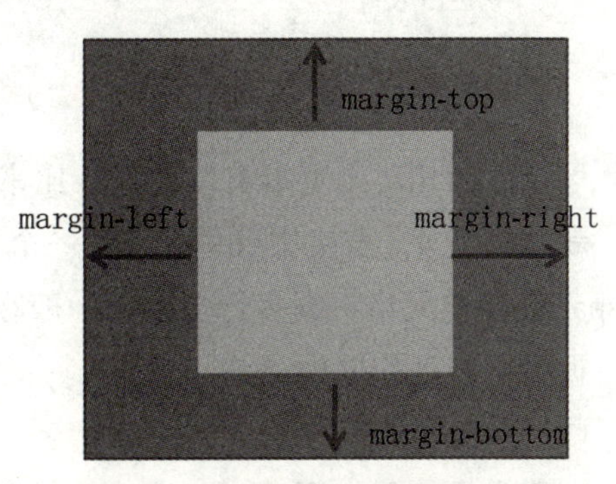

图4.12 外边距

⑥ background:背景。在CSS中背景属性也是一个复合属性,设置背景的方法如下:

background-color:属性设置背景颜色。

background-image:属性设置背景图片。

background-position:属性设置背景图片的位置。

background-attachment:属性设置背景图像是否固定。

背景的综合写法为

background:背景色 url("图像") 平铺 定位固定

在上面的语法格式中,各个样式顺序任意,中间用空格隔开,不需要的样式可以省略。

⑦ float:浮动。float属性多用于网页排版,主要属性值为:left(左浮动)、none(不浮动)、right(右浮动)、inherit(继承父元素浮动)。

4.3.2 页面布局

页面布局有两种形式:一种是利用表格布局,这是早期的网页布局方法,其优点是布局方便直观,缺点是网页显示速度慢(需要整改表格下载完毕后才能开始显示),同时也不利于结构和表现分离;另一种是利用DIV和CSS布局,这是Web标准推荐的方法,下面分别介绍具体实现方法。

1. 表格布局页面

(1) 表格的用法

在HTML中,使用〈table〉表示表格,每个表格均由行和列组成,〈tr〉表示行,〈td〉表示列,行列交叉构成单元格,图4.13所示的代码构成了一个1行2列的表格。

```
<table>
  <tr>
    <td>第一行第一个单元格</td>
    <td>第一行第二个单元格</td>
  </tr>
</table>
```

图4.13　1行2列表格的代码示例

可以使用相对浏览器窗口的百分比来表示表格的宽度和高度,也可以用像素大小表示。

默认情况下,表格中〈tr〉内的每一个〈td〉表示1个单元格,也可以通过设置rowspan和colspan使该单元格占据多行多列。一般在Dreamweaver中可以通过合并单元格来实现单元格占据多行多列的操作。

(2) 利用表格布局

利用表格布局主要通过将网页中的部分内容分成若干个区域,然后分别在不同的区域填入对应的内容,从而实现不同的网页布局效果,可以通过表格的嵌套来实现更为复杂的网页布局效果。下面通过具体例子说明如何实现。

设计如图4.14所示的表格布局效果,其代码如图4.15所示。

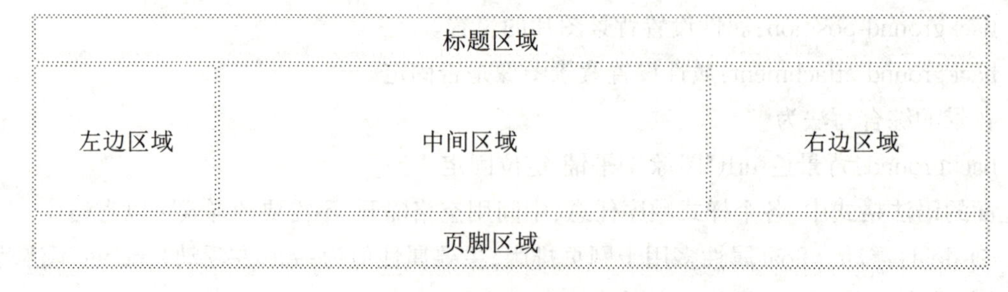

图4.14　表格布局效果

```
<tablewidth="800"border="0"align="center">
  <tr>
    <tdheight="38"colspan="3"align="center">标题区域</td>
  </tr>
  <tr>
    <tdwidth="151" height="121" align="center">左边区域</td>
    <tdwidth="406" align="center">中间区域</td>
    <tdwidth="229" align="center">右边区域</td>
  </tr>
  <tr>
    <tdheight="42"colspan="3"align="center">页脚区域</td>
  </tr>
</table>
```

图4.15　表格布局代码示例

这段代码看起来很简单，但问题是如果将整个网页的元素都包含在表格内，还需要嵌套更多的表格，就会导致页面代码过多，不利于结构和表现分离，也不便于我们后期管理和维护。

2. DIV+CSS布局页面

与表格不同，对于DIV和CSS定义的网页，浏览器会边解析边显示。DIV和CSS布局最大的优点是体现了结构和表现分离的思想。

(1) 定义网页结构

网页设计的第一步是考虑网页的结构，也就是先考虑应该将网页分为哪几块，并分别给这几块分配有意义的名称，而不是先考虑怎么实现。确定了结构后，再用某种形式表现出来就容易多了，反之，会让整个网页乱糟糟的，给修改带来很大困难。

假定某个网站的主页分为以下几块区域：

① 标题区域(header)，用于显示网站的logo、banner等。

② 导航区域(menu)，指示不同网页的层次关系，便于用户快速跳转到其他网页。

③ 主功能区域(content)，显示网页的主要内容。

④ 页脚区域(footer)，显示网页版权和有关法律声明等。

可以采用DIV元素定义这些结构，如图4.16所示。

```
<div id="header"></div>
<div id="menu "></div>
<div id="content"></div>
<div id="footer"></div>
```

图4.16　网页结构代码示例

因为一个网页中不允许有相同的ID,所以用ID区分不同的块可以避免重复定义。一旦给DIV指定了ID,就可以利用CSS精确定义每一个页面的外观,包括标题、列表、图片、文字样式、背景等。

(2) 定义每块区域的样式

定义了网页的结构,接下来就可以定义样式了。DIV块的位置、宽度、高度、颜色、字体、边框、背景、图片、链接以及对齐方式都可以在CSS文件中指定。上述结构可以在CSS文件中定义如图4.17所示的样式规则。

```
body{width:800px;text-align:center}
#header{  height:50px; font-family:"黑体";}
#menu{ color:blue; font-size:16px; height:30px;}
#content{height:80px;line-height:80px;}
#footer{ height:50px;}
```

图4.17 定义样式代码示例

实现效果如图4.18所示。

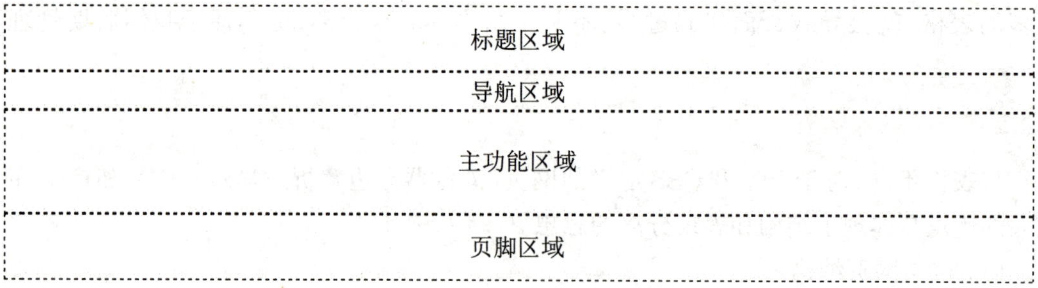

标题区域
导航区域
主功能区域
页脚区域

图4.18 网页实际效果

(3) 实现页面布局

结构和样式确定后,就可以考虑如何进行页面布局了。

利用CSS中的float属性可以进行多列布局,通过设置float属性的属性值,如left(左浮动)、right(右浮动),可以实现一行多列的布局。如在上述结构中,主功能区域需要分为左边区域、中间区域、右边区域,效果如图4.19所示。

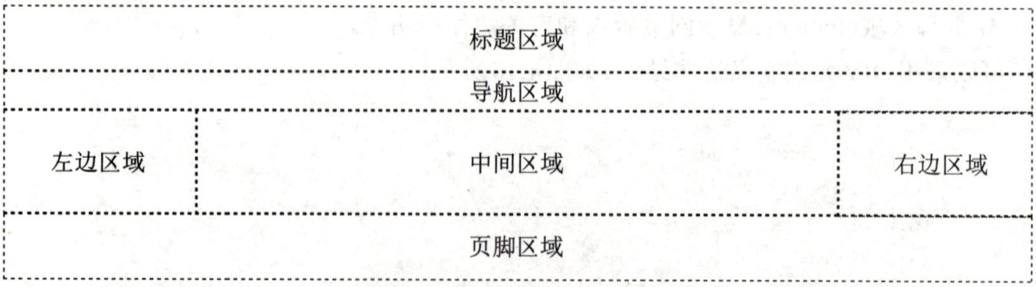

<table>
<tr><td colspan="3">标题区域</td></tr>
<tr><td colspan="3">导航区域</td></tr>
<tr><td>左边区域</td><td>中间区域</td><td>右边区域</td></tr>
<tr><td colspan="3">页脚区域</td></tr>
</table>

图4.19 网页布局效果图

网页结构代码如图4.20所示。

```
<body>
  <div id="header">标题区域</div>
  <div id="menu">导航区域</div>
  <div id="content">
     <div class="con-left">左边区域</div>
     <div class="con-middle">中间区域</div>
     <div class="con-right">右边区域</div>
  </div>
  <div id="footer">页脚区域</div>
</body>
```

图4.20　页面布局网页结构代码示例

CSS样式代码如图4.21所示。

```
body{ width:800px;text-align:center}
#header{  height:50px;font-family:"黑体";}
#menu{ color:blue; font-size:16px; height:30px;}
#content{ height:80px;line-height:80px;}
.con-left{ width:150px; float:left}
.con-middle{ width:500px; float:left}
.con-right{ width:150px;float:left}
#footer{ height:50px;}
```

图4.21　页面布局CSS样式代码示例

4.4　使用Dreamweaver CS6制作网页

“互联网+”时代下网站建设趋势

随着“互联网+”时代的到来，互联网已经成为传统行业发展的新动力，通过与各行各业进行深度融合，衍生出很多新型的模式和产业。在互联网时代下，各行各业都开始尝试运用互联网思维和方法来改变自身发展模式，而网站建设行业也是如此。

网站建设作为一个新兴行业，随着网络技术和互联网应用的不断发展而得到了迅速发展，在“互联网+”时代下的网站建设也发生了很多变化。但不管如何变化，网站建设的本质不会变，那就是用户体验。只有真正满足了用户的需求，才能吸引更多的用户。在“互联网+”时代下，网站建设也开始向一些新的方向发展。

网站功能多样化：在“互联网+”时代下，用户对网站功能的要求也越来越高，因此，网站功能要多样化，网站建设不再是单一的功能展示平台，而是要在一个平台上添加更多的功能来满足用户需求。比如企业网站可以添加在线客服、在线留言、产品展示等功能，还可以根据自身行业和产品特点添加一些营销推广的功能。

网站建设的个性化：随着用户体验的不断提升，用户已经不再满足于千篇一律的网站，而是希望能够看到自己想要看到的内容，这也就要求网站建设人员要更加注重网站建设的个性化，即对网站进行个性化的设计。比如根据不同行业、不同人群、不同时间等建立相应的个性化网站，这样才能使用户感受到更加贴心和人性化的服务，才能获得更多用户的青睐。也只有这样才能使企业在竞争激烈的互联网市场中获得更多用户，提高企业品牌知名度。

（资料来源：搜狐网.“互联网+”时代下网站建设趋势[EB/OL].(2023-06-01)[2024-05-18]. http://news.sohu.com/a/681124064_121659087.）

在当前流行的“所见即所得”的网页制作软件中，Dreamweaver无疑是使用最广泛且最优秀的软件。Dreamweaver在2005年以前是Macromedia公司出品的一款集网页制作与网站管理于一体的软件。在2005年以后，该软件归到Adobe公司门下，无论用户愿意享受手工编写HTML代码时的驾驭感，还是偏爱在可视化编辑环境中工作，Dreamweaver都提供了有用的工具，使用户拥有更加完美的Web创作体验。Dreamweaver CS6的视图方式较前几个版本更加丰富，提供了6种设计视图可供选择，由于它支持代码、拆分、设计、实时视图、实时代码和检查等多种视图方式来创作、编写和修改网页，对于初级人员来说，无需编写任何代码就能快速创建Web页面。用户在进行页面设计时可以根据需要选择相应的视图方式。如熟悉HTML语言的用户可以直接在代码视图中编写网页，熟悉排版的用户可以直接在设计视图中进行编辑。

Dreamweaver CS6新版本使用了自适应网格版面创建页面，在发布前使用多屏幕预览审阅设计，可大大提高工作效率。改善的FTP性能，能更高效地传输大型文件。“实时视图”和“多屏幕预览”面板可呈现HTML5代码，更能够便于检查自己的工作，其成熟的代码编辑工具更适用于Web开发高级人员的创作。Dreamweaver CS6还新增了Catalyst集成功能，使用Dreamweaver CS6中集成的BusinessCatalyst面板连接并编辑，用户利用Adobe Business Catalyst（需另外购买）建立的网站，可利用托管解决方案建立电子商务网站。

4.4.1 任务描述

本部分我们将详细讲解如何在Dreamweaver CS6中使用DIV+CSS、表格、图像、文字等元素制作一个如图4.22所示的脱贫攻坚专题网页。

主要任务如下：

① 思考建立一个网站应包括的内容、建立的栏目、需要的素材。

② 利用DIV+CSS和表格的配合进行网页排版。

③ 学会制作导航条。

④ 学会对网页中的图片、文字进行排版。

图4.22　脱贫攻坚专题网页

该页面主要可以分为四个部分：标题区域、导航区域、主功能区域、页脚区域。标题区域包括banner图片；导航区域包括网页的导航菜单；主功能区域分为上下两个部分，分别为通知公告和图片新闻；页脚区域包括的版权所有和网址。

4.4.2　网页制作

在Dreamweaver CS6中制作网站，首先需要将制作网站所需要的图片、文字、视频、音频等各种素材放在一个站点文件夹下，然后在Dreamweaver中创建站点和网页。

1. 创建站点

利用菜单栏里的“站点”>“新建站点”创建一个站点，如图4.23所示。

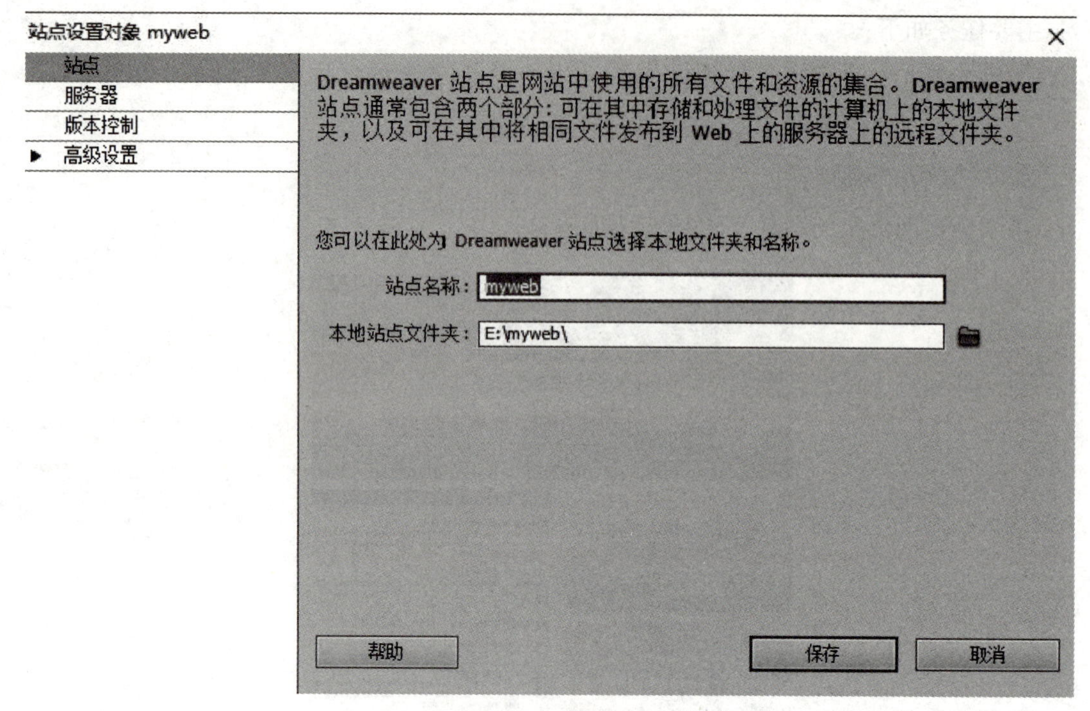

图 4.23　创建站点

站点创建成功后，就可以创建HTML网页文件和CSS样式文件并保存到相应的站点下。

2. 网页布局

(1) 整体结构

根据上面的分析，该页面应包括四个部分：标题区域、导航区域、主功能区域、页脚区域，可以利用DIV＋CSS进行网页布局，如图4.24所示。

```
<body>
  <div id="wrap">
      <div id="header">标题区域</div>
      <div id="menu">导航区域</div>
      <div id="content">主功能区域</div>
      <div id="foot">页脚区域</div>
  </div>
</body>
```

图 4.24　整体结构代码示例

CSS代码如图4.25所示。

效果如图4.26所示。

```
body{margin-top:0px;}
#wrap{width:1000px; margin:0 auto;}
#header{width:1000px;}
#menu{background:#b12027; height:40px;}
#content{width:1000px; overflow:hidden;}
#foot{background:#b12027;}
```

图4.25　整体结构CSS代码示例

标题区域

导航区域

主功能区域

页脚区域

图4.26　网页布局效果图

(2) 标题区域制作

页面整体布局制作好后,我们可以根据效果图,在标题区域插入图片,并设置图片的宽度、高度等属性。

标题区域代码如图4.27所示。

```
<div id="header"><img src="images/timg.jpg" width="1000"
height="370"/></div>
```

图4.27　标题区域结构代码示例

效果如图4.28所示。

图4.28　标题区域效果

(3) 导航区域制作

导航栏总共有四个菜单,通过点击不同的菜单可以跳转到不同的页面,且鼠标移上后的效果与正常超链接的效果不同。我们可以通过在导航区域插入一个1行4列的表格进行布局,超链接的样式可以使用CSS的超链接伪类实现。

导航区域代码如图4.29所示。

```
<div id="menu">
  <table  width="100%"  height="40"  border="0"  cellpadding="0"
cellspacing="0">
   <tr>
     <td width="25%" align="center"><a href="#">首页</a></td>
     <td width="25%" align="center"><a href="#">要闻聚焦</a></td>
     <td width="25%" align="center"><a href="#">图片新闻</a></td>
     <td width="25%" align="center"><a href="#">互动新闻</a></td>
    </tr>
  </table>
</div>
```

图4.29　导航区域结构代码示例

CSS代码如图4.30所示。

```
#menu{background:#b12027; height:40px;}
#menu a:link,#menu a:visited{color:#FFF; text-decoration:none;
font-family:"黑体";}
#menu a:hover{text-decoration:underline;}
```

图4.30　导航区域CSS代码示例

效果如图4.31所示。

图4.31　导航区域效果

(4) 主功能区域制作

主功能区域主要分为上、下两个部分。

上面的通知公告部分可以分为左边图片、右边新闻,我们可以利用DIV+CSS结合表格进行布局和排版。使用类选择器对"通知公告"标题进行修饰,使用标题等级标记h4、段落标记p对文字进行美化修饰。

部分代码如图4.32所示。

```
<div class="con-top">
  <table width="100%" border="0" cellspacing="0" cellpadding="0">
  <tr>
    <td width="53%"><img src="images/0. jpg" width="531" height="300"
/></td>
    <td width="3%"> </td>
    <td width="44%" valign="top">
       <div class="biaoti">通知公告</div>
       <h4>坚决把中央巡视整改要求落实到位</h4>
       <p>根据党中央统一安排，……</p>
       <h4>巫溪多向发力推进产业扶贫</h4>
       <p>巫溪县通城镇长红村巴渝民宿所在地，……</p>
    </td>
  </tr>
 </table>
</div>
```

图4.32　主功能区域结构代码示例

CSS代码如图4.33所示。

```
.con-top{width:1000px; margin-top:20px;}
.biaoti{font-size:18px; background:#b12027; color:#fff;
font-weight:bold; padding:5px 10px}
p{text-indent:2em; font-size:15px; padding:0 10px;}
```

图4.33　主功能区域CSS代码示例

效果如图4.34所示。

图4.34　通知公告区域效果

下面图片新闻制作方法与上半部分类似，内容部分使用2行3列的表格即可以实现，部分代码如图4.35所示。

```
<div class="tpxw">图片新闻</div>
<table width="100%" border="0" cellspacing="0" cellpadding="0">
  <tr>
    <td width="33%"><img src="images/3.jpg" width="315" height="200"
/></td>
    <td width="33%" align="center"><img src="images/4.jpg"
width="305" height="201" /></td>
    <td width="34%" align="right"><img src="images/5.jpg"
width="329" height="193" /></td>
  </tr>
  <tr>
    <td valign="top">
      <h3>去年重庆"三大攻坚战"开局良好</h3>
     <p>今（27）日，重庆市五届人大二次会议上，…… </td>
    <td><h3>渝北：深化结对帮扶工作机制持续巩固提升脱贫攻坚成果</h3>
        <p>为进一步巩固全区脱贫攻坚成果，…… </p></td>
    <td valign="top"><h3>丰都社坛镇：狠抓危房改造助推脱贫攻坚</h3>
         <p>重庆市丰都县社坛镇深入开展脱贫攻坚……</p></td>
  </tr>
</table>
```

图4.35　图片新闻区域结构代码示例

效果如图4.36所示。

图4.36　图片新闻区域效果

(5) 页脚区域制作

页脚区域主要包含版权所有、网址等信息，文字水平、垂直居中，背景为红色，主要通过CSS字体样式属性和背景属性进行设置。

代码如图4.37所示。

```
<div id="foot">版权所有　网址：www.xxxx.com</div>
```

图4.37　页脚区域结构代码示例

CSS代码如图4.38所示。

```
#foot{background:#b12027;color:#fff; padding:30px 0;
text-align:center;}
```

图4.38　页脚区域CSS代码示例

效果如图4.39所示。

图4.39　页脚区域效果

至此，整个网页的设计与制作就完成了。一个网站有很多网页，其他网页基本上也是采用这样的方法设计。但这种方法只适合于静态网页的设计，不适合动态网页。在实际运用中,我们可以预先使用这种方法设计整个网页的布局样式,然后利用数据库连接技术将数据库的内容与我们设计的网页的显示样式结合起来,这样所有的内容显示页面都变成了我们设计的样式,省去了大量的代码编写时间,有兴趣的同学可以有针对性地学习动态网页的设计。网站建立好了之后,如何让别人在网络上能浏览自己的网站呢?下一节将简单地介绍网站的发布。

4.5 网站发布

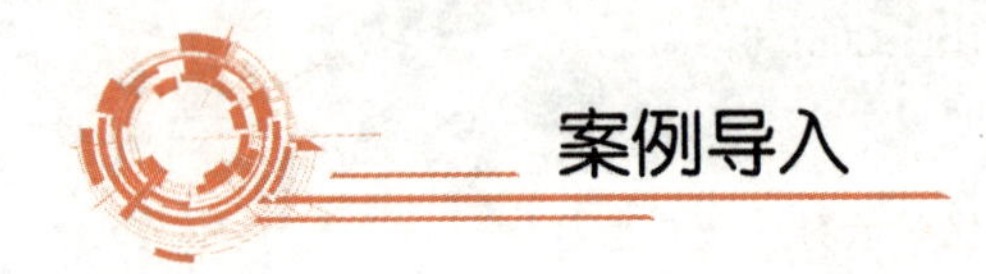

新闻网站需走在新媒体时代前列

习近平总书记在党的新闻舆论工作座谈会上指出:“党的新闻舆论工作是党的一项重要工作,是治国理政、定国安邦的大事,要适应国内外形势发展,从党的工作全局出发把握定位,坚持党的领导,坚持正确政治方向,坚持以人民为中心的工作导向,尊重新闻传播规律,创新方法手段,切实提高党的新闻舆论传播力、引导力、影响力、公信力。”作为网上的《人民日报》,人民网不断创新方式方法,努力在网络空间壮大主流声音,引领导向,服务大局。

近年来,新媒体发展处在疾行中。2016年网络直播服务持续高速发展,截至2016年12月,网络直播用户规模达到3.44亿,占网民总体的47.1%,较2016年6月增长了1932万。直播的类型也在不断向垂直化发展,其中,新闻直播由于其时效性、现场感和便捷性强,能够带领用户快速触达事件,连续追踪热点,越来越受到瞩目,已成为新媒体传播的主要呈现方式之一。因此,将2017年命名为直播年、视频年、融媒体发展年,既是顺应新媒体发展趋势的时代要求,也是人民网与时俱进、自我革新的现实抉择。

(资料来源:中央网络安全和信息化委员会办公室.新闻网站需走在新媒体时代前列[EB/OL].(2017-08-28)[2024-05-18]. http://www.cac.gov.cn/2017-08/28/c_1121554484.htm? from=groupmessage.)

本节主要讲解如何发布网站和把自己的电脑配置成本地服务器环境。

发布网站首先要有域名和空间。域名需要注册,因为顶级域名是收费的,而初学者只是为了测试,这里推荐大家到网上找一个免费空间,申请一个二级域名,注册后就可以使用。

空间和域名都有了,用什么方法将制作好的网页上传到空间呢?目前,网上免费的空间上传方式有两种:一种是所谓的Web上传方式,另一种就是FTP上传。前者相对后者来说较好掌握,而且各网站的特点不尽相同,上传效率也不高。FTP上传是非常常用的一种上传方式,许多收费的空间的上传方式也是FTP上传,它效率高,而且使用一些软件上传,还能支持断点续传,这对上传一些较大的文件非常有利。

在软件中设置空间商给我们的FTP账户和密码。从菜单栏选择“站点”>“站点管理器”，点击“新建站点”按钮，输入站点名称，只要自己能区分就可以，这里以MySite为例，然后输入地址，可以是IP地址（空间商会提供），也可以是域名（请确认域名已经解析到了主机上）。输入FTP账号密码，点击“应用”按钮，就可以连接至空间了，如图4.40所示。

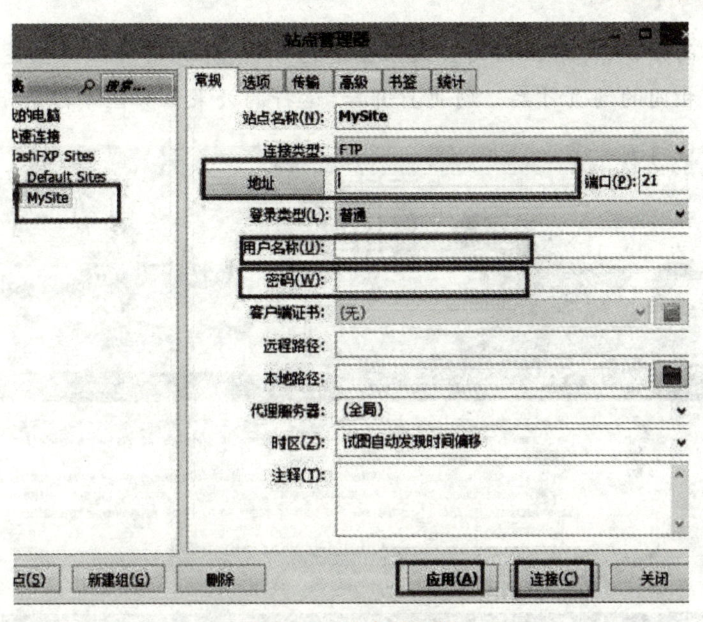

图4.40　站点管理器

连接成功后，界面的左半部分为本地目录，右半部分为连接的服务器空间，如图4.41所示。鼠标右键点击index.html选择“传输”，index.html 就上传到网站空间了，以同样的方法再把网页中用到的图片上传就完成了网站发布，当然也可以上传目录。要注意首页只能放在网站的根目录下。

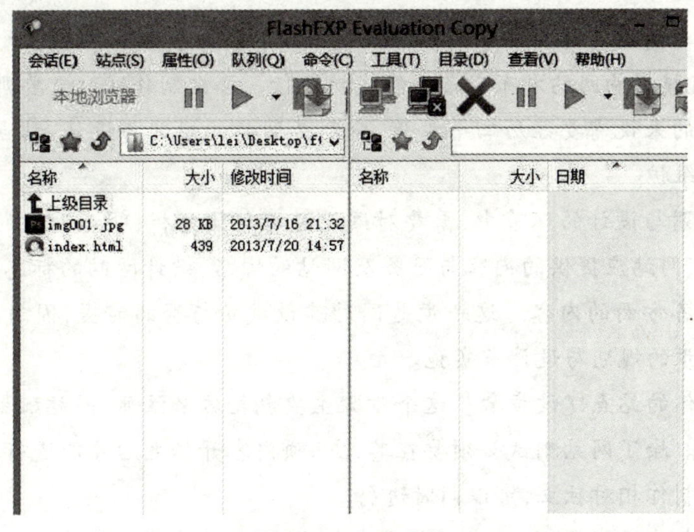

图4.41　上传文件

能力训练

任务1 模仿制作网页

利用学习到的知识，对给出的网页效果图进行分析，并利用给出的相关素材模仿制作出与所给效果图片相同的网页作品。网页打开后，运行的效果需如图4.42所示。

图4.42　端午节网站效果图

网站的设计与建设是需要一系列步骤来完成的，能否遵循网站的设计步骤直接影响一个网站质量，也直接影响网站发布后是否能成功运行。那么制作网站需要哪些步骤呢？

网站建设总的来说需要经历四个步骤，分别是网站的规划与设计、站点建设、网站发布和网站的管理与维护。

在网站的规划与设计的环节中，需要对网站进行整体分析，明确网站的建设目标，确定网站的访问对象、网站应提供的内容与服务及网站的域名，设计网站的标志、网站的风格、网站的目录结构等各方面的内容。这一步是网站建设成功与否的前提，因为所有的后续步骤都必须按照第一步的规划与设计来实施。

接着进入具体的站点建设步骤。这个步骤主要包括域名注册、网站配置、网页制作和网站测试四个部分。除了网站测试必须要在其他三项内容开始之后才能进行之外，域名注册、网站配置和网页制作相对独立，可以同时进行。

相关的内容都建设好后，就可以正式地发布网站，也就是将网站放到互联网上允许用户通过网站的域名进行访问。

网站的管理与维护贯穿网站建设的全过程，只要网站没有停止运行，就需要对其进行管理和维护。网站的管理和维护主要包括安全管理、性能管理和内容管理三个方面。

本次任务是站点建设阶段，具体操作步骤如下：

(1) 新建一个本地站点。

(2) 制作网页。

(3) 测试网页。

任务2 设计与制作一个电子商务网站

利用学习到的知识，设计并制作一个商务信息网页。

近年来，随着国内互联网使用人数的增加，利用互联网进行网络购物并以银行卡付款的消费方式已渐流行，市场份额在迅速增长，电子商务网站也层出不穷，已经服务千家万户。电子商务得到了迅猛的发展。电子商务是数字化商业社会的核心，是未来发展、生存的主流方式。随着时代的发展，不具备网上交易能力的企业将失去广阔的市场，以致无法在未来的市场竞争中取得优势。本任务以电子商务网页为例，讲解电子商务网页的设计的基本操作步骤。

任务中使用插入图像按钮制作网页标志和导航效果，使用代码方式制作日期效果，使用表单、文本字段和提交按钮制作站内搜索效果，使用CSS样式设置文字行距和表格以及背景效果，使用属性面板设置单元格对齐和背景颜色制作网页底部效果。

操作步骤：

(1) 准备好网站所需的素材。

(2) 栏目规划。

① 确定必需的栏目：如公司简介、产品介绍、服务内容、联系方式、技术支持等栏目。

② 确定重点栏目：如产品详情、价格信息、网上订购、技术支持、产品动态等相关栏目。

③ 建立层次型结构，即将所有的内容先分成若干个大栏目，然后再将每个大栏目细分成若干小栏目，最好层次深度不要超过三层。

(3) 网站目录结构设计：目录结构是否合理，不仅对网站的创建效率会产生较大的影响，还会对未来网站的性能、网站的维护及扩展产生很大的影响。目录层次不能太深，不要使用中文名，根据栏目划分分门别类地存放文件，不能将所有文件放在根目录下，如图片文件、数据库文件等需单独存放。

(4) 版面布局设计：首先对主页进行版面布局，然后在主页布局的基础上对栏目首页进行版面布局，最后对内容网页进行版面布局。

(5) 色彩搭配：如选取背景色、导航条颜色、文字颜色、插图颜色、超链接颜色等。

(6) 网站的导航设计：设计导航条和路径导航。

(7) 网页制作：使用网页制作工具(Dreamweaver CS6)来制作每一个网页。

(8) 网页和网站测试、运行。

(9) 站点发布。

A装饰公司诉B装饰公司网页著作权侵权一案

原告南京A装饰工程有限公司是一家成立于2005年的装饰公司。历经十多年的发展,原告依托自己的服务水准和互联网思维,在南京地区及周边已形成专业化、规模化、品牌化和产业化的装饰企业。2017年初夏,原告发现被告南京B装饰工程有限公司在其经营的公司网站上抄袭了原告公司网页相关内容,被告公司的网页从色彩、文字、图片、所取得荣誉等方面完全复制了原告的网页主要内容。被告还将原告的荣誉作为自己的荣誉广而告之,属于虚假宣传行为。

原告认为,被告的行为严重侵害了自己的合法权利,侵犯了原告的著作权并构成不正当竞争,遂于当年6月诉至南京铁路运输法院。

被告认为,其网站是委托其他第三方设计的,自己对公司网页其他情况毫不知情,不存在故意的侵权行为,故要求法院驳回原告的诉讼请求。

一审法院认为,网站通过源代码的撰写将文字、图片、声音等组合成多媒体并通过计算机输出设备进行展示。网站版面设计过程亦是一种劳动创造,其特殊性体现在对多媒体信息的选择与编排。精心挑选的内容、素材经过编排整合形成的网站版面,表现形式符合汇编作品的概念与特征,可作为汇编作品进行保护。被告在侵犯网站著作权的同时,对原告网站网页内容的抄袭亦构成不正当竞争行为。

2017年9月18日,南京铁路运输法院作出判决:第一,被告B公司立即删除其网站侵害原告A公司著作权及构成虚假宣传的网页内容;第二,被告自本判决生效之日起十日内一次性赔偿原告公司经济损失(含为制止本案侵权行为所支付的合理费用)共计22万元;第三,驳回原告公司的其他诉讼请求。

本案一审判决作出后,双方当事人均未上诉,判决发生法律效力。

案例启示

互联网时代,企业网站是展示企业形象的门面。难以回避的一个现实情况是,目前多数企业的网站大同小异,区别性不大,如何在网站体现企业文化、企业信息、企业精髓是一个重要的课题。本案的启示是,依据我国相关法律的规定,抄袭是属于侵犯知识产权的行为,未经他人的同意,对他人作品进行抄袭的,侵犯了他人的著作权。我们在制作网页时,使用到相关素材时,一定要注意,不能侵犯他人的知识产权。

(资料来源:搜狐网.从一起互联网典型案例分析公司网页法律保护的历史与现状[EB/OL].(2019-09-04)[2024-05-18]. https://www.sohu.com/a/338750069_100006674.)

课后自测

1. 单选题

(1) 在Dreamweaver CS6中,编辑好的网页常常需要预览,预览的快捷键是(　　)。

A. F1　　B. F6　　C. F11　　D. F12

(2) 下图中按钮用来查看网页代码的是(　　)。

代码 | 拆分 | 设计 | 实时视图

A. 代码　　B. 拆分　　C. 设计　　D. 实时视图

(3) 以下扩展名可用于HTML文件的是(　　)。

A. .asp　　B. .html　　C. .txt　　D. .jsp

(4) 利用属性面板设置电子邮件链接时,在"链接"文本框中输入邮件地址时,要在前面添加(　　)。

A. email　　B. mailto　　C. sendto　　D. mail

(5) 在Dreamweaver CS6中,不可以插入的图片格式为(　　)。

A. png　　B. gif　　C. jpg　　D. tmp

(6) 在Dreamweaver CS6中,下面关于首页制作的说法错误的是(　　)。

A. 首页的文件名称可以是index.html或index.htm

B. 可以使用排版表格和排版单元格来进行定位网页元素

C. 可以使用表格对网页元素进行定位

D. 在首页中不可以使用CSS样式来定义风格

(7) 下面关于网站制作错误的是(　　)。

A. 首先要定义站点

B. 最好把素材和网页文件放在同一个文件夹下以便方便选择

C. 首页的文件名必须是index.htm

D. 一般在制作时,站点一般定义为本地站点

(8) 网站的上传可以通过(　　)。

A. FTP软件　　B. Flash软件

C. Fireworks软件　　D. Photoshop软件

(9) 下列各项中不是CSS样式表优点的是(　　)。

A. CSS对于设计者来说是一种简单、灵活、易学的工具

B. CSS可以控制浏览器等对象操作,创建出丰富的动态效果

C. 一个样式表可以用于多个页面,甚至整个站点,因此具有更好的易用性和扩展性

D. 使用CSS样式表定义整个站点,可以大大简化网站建设,减少设计者的工作量

(10) 下面哪个选项不属于网页中三种最基本的页面组成元素?(　　)。

A. 文字　　B. 图形　　C. 超链接　　D. 表格

(11) 外部式样式单文件的扩展名为(　　)。

A. .js　　B. .dom　　C. .htm　　D. .css

(12) 下面哪一项是换行符标记?(　　)。

A.〈body〉　　B.〈font〉　　C.〈br〉　　D.〈p〉

(13) body元素用于背景颜色的属性是(　　)。

A. alink　　B. vlink

C. bgcolor　　D. background

(14) 若要在浏览器的标题栏显示文字,应该使用的标记是(　　)。

A.〈title〉　　B.〈body〉

C.〈a〉　　D.〈head〉

(15) 以下标记中,用于定义一个单元格的是(　　)。

A.〈td〉 〈/td〉　　B.〈tr〉…〈/tr〉

C.〈table〉…〈/table〉　　D.〈caption〉…〈/caption〉

项目5 网络信息发布技术

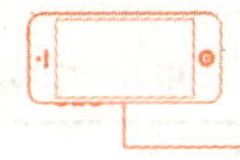

知识目标

- 了解网络信息发布的基本流程
- 理解记者、栏目编辑、签发编辑操作中的异同
- 了解网络信息发布过程中的操作要领
- 熟悉网站后台内容模块的整理归类

能力目标

- 能够掌握系统管理员可操作的内容以及网站后台管理操作的基本知识
- 能够对网站进行合理规划和运作
- 能够掌握网站内容的分类体系
- 能够掌握不同角色权限下的基本操作技能,如内容编辑、内容发布、模板制作等
- 能够掌握网站内容模块的设计与规划

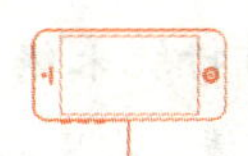

素质目标

- 培养学生建立规范化意识,遵守社会主义职业道德与规范修养
- 培养学生的信息安全意识,遵守信息发布相关法律法规
- 培养学生形成积极的人生态度和价值观
- 培养学生的爱国主义感情和社会主义道德品质

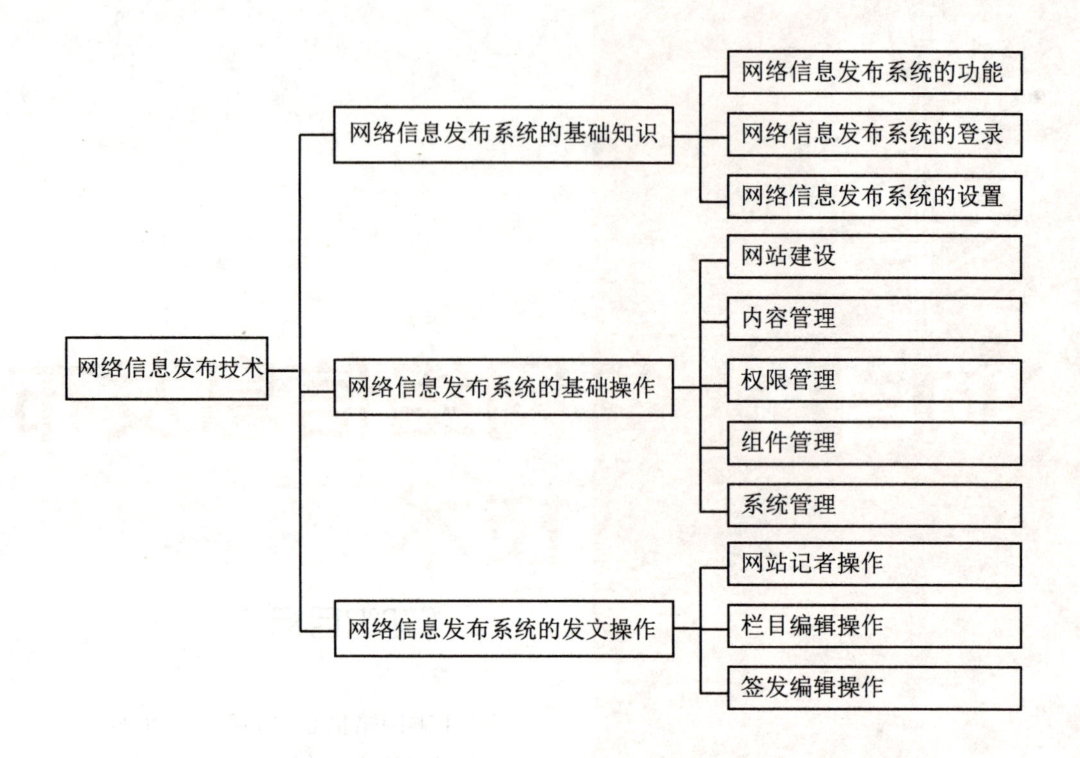

5.1 网络信息发布系统的基础知识

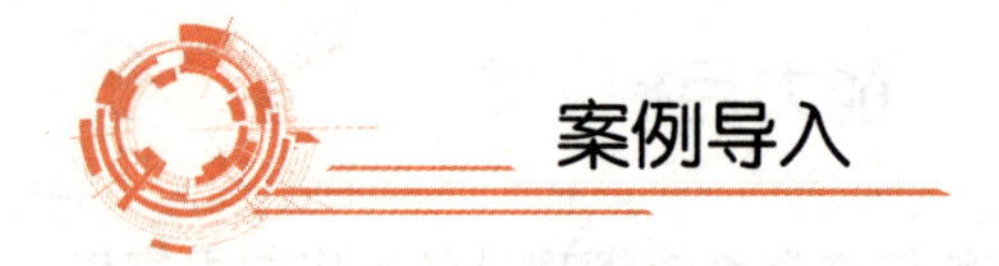

新媒体时代新闻编辑的媒介素养

新媒体的不断发展，对传统新闻编辑人员形成挑战，对其素养也提出更高要求。新媒体时代新闻编辑能力的提升，可从以下方面进行：具备大数据综合分析能力，向“一专多能”转变；提升网上交流能力，善于在讨论中捕捉选题；完善自身知识体系，善于鉴别消息的真伪；参加常态化业务培训，不断提高媒体素养。

随着信息传播技术在新闻领域的推广应用进一步深化，网络信息涵盖的空间更加广阔，信息发布的渠道、平台也更加多样，对传统采编模式的冲击极大。舆论传播有其自身规律，只有扬长补短、顺势而为，把握分寸节奏，满足各方关切，特别是尊重受众的参与权，积极推进媒体深度融合发展，才能把握主动权，占据舆论传播制高点。

媒介素养主要指人们在面对不同媒体的各种信息时所表现出的选择、质疑、理解、评估、创造和生产能力及思辨反应能力。良好的媒介素养，是新媒体时代对新闻编辑的基本要求。新媒体时代的新闻编辑不是传统意义上对新闻进行简单编辑的岗位，而是要深度嵌入新媒体产品制作与传播的链条当中,从单纯的编辑工作向新闻整合、包装、产品推广等环节延伸。

……

新闻编辑还应当协助社会受众提高媒体素养,做好媒体与受众之间的沟通工作,通过掌握受众的思想状况,采取合理疏导的方式,运用新闻舆论导向功能,发挥价值引导作用,提升全社会的思想认同。

在新媒体时代背景下,新闻编辑应强化互联网思维,不断提高对互联网规律的把握能力、对网络舆论的引导能力、对信息化发展的驾驭能力、对网络安全的保障能力。互动平台的进一步发展为编辑工作提供了良好的发挥机会,信息资源共享模式重塑了媒体岗位,新闻编辑需要坚守初心使命,努力提升自身能力,拥有优秀的媒体价值判断能力,积极担当社会责任,正确进行舆论引导,为构建良好的社会环境作出贡献。

(资料来源:牛安春.新媒体时代新闻编辑的媒介素养[EB/OL].(2022-07-13)[2024-05-18]. http://media.people.com.cn/n1/2022/0713/c14677-32474579.html.)

新媒体时代背景下,网络编辑应如何提高对互联网规律的把握能力、对网络舆论的引导能力、对信息化发展的驾驭能力?在整个网络编辑系统中如何进行文稿的发布和审核?本项目将围绕这些问题利用网络信息发布系统加以介绍。

每个网站的信息发布都是通过网站信息发布后台系统完成的,信息发布管理系统是服务于网站前台信息发布模块的,网络编辑以网站管理员身份对网站发布数据信息进行添加、删除和修改操作,共享网站发布模块的数据库。网络信息发布系统前台与后台管理关系如图5.1所示。

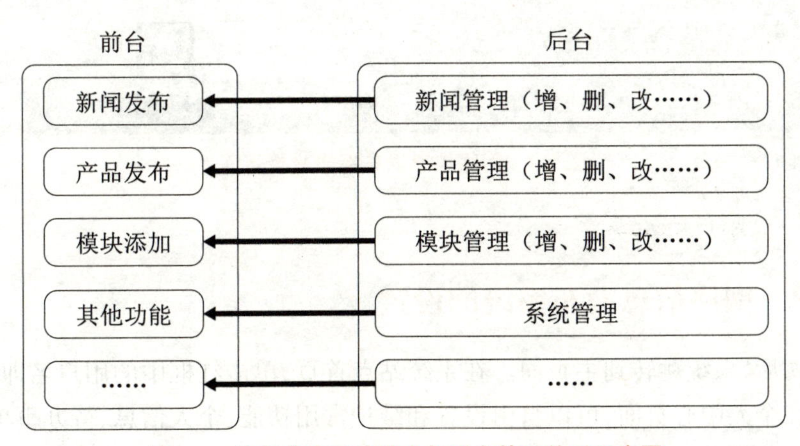

图5.1 信息发布系统前台与后台管理关系示意图

下面将以某网络信息发布系统为例加以具体说明。

5.1.1 网络信息发布系统的功能

网络信息发布系统是网络编辑发布与管理新闻稿件的平台,使用不同的角色登录系统会具有不同的使用权限，根据权限的不同可以分别对稿件进行编辑、发布、审批以及管理等操作。

5.1.2 网络信息发布系统的登录

在浏览器地址栏中输入网络信息发布系统的地址，打开如图5.2所示的界面，用户在指定位置输入用户名、密码和验证码，并选择担任的角色后，单击“登录”按钮即可进入网络信息发布系统。

图5.2 网络信息发布系统登录页面

5.1.3 网络信息发布系统的设置

登录成功后，系统跳转到主页面。在系统站点首页，单击红框中的用户名即可进入个人中心页面。在个人中心页面，可以自由设置和维护常用功能、个人信息、待办事项、我的日程等内容，如图5.3所示。

图 5.3　网络信息管理系统个人中心页面

5.2　网络信息发布系统的基础操作

案例导入

全球首个汽车全产业链碳足迹信息公示平台发布！

2月9日，我国首个汽车产业链碳公示平台在北京发布，这也是全球首个针对汽车全产业链的碳足迹信息公示平台。这一平台的上线，将为汽车工业绿色低碳高质量发展提供新的动能。

据了解，汽车产业链碳公示平台覆盖国内5000余款乘用车以及零部件、车用材料三大类产品的碳排放数据，包含碳足迹、碳减排量、碳标签等十多项数据信息。

中汽中心负责人表示，这一平台的上线，将加大汽车企业的碳减排动力，将涵盖整车、零部件、车用材料等全产业链碳体系数据。同时，可以让消费者更清楚地识别低碳汽车，引导绿色低碳消费。通过碳足迹信息公示，以及碳标签的推广使用，能够提高社会公众对于低碳产品的认知与支持。

（资料来源：前瞻网．全球首个汽车全产业链碳足迹信息公示平台发布！[EB/OL].(2023-02-10)[2024-05-18]. https://finance.sina.com.cn/roll/2023-02-10/doc-imyfekfy3012594.shtml.）

思考与讨论

汽车产业链碳公示平台实时发布最新行业相关消息,打通了全产业链碳体系的数据。如果你是该平台的系统管理员,将如何利用该平台及时发布正确的信息?快速了解和掌握不同网络信息发布平台的基础操作是一名网络编辑应具备的能力和素质。

根据担任角色的不同,在进入网络信息发布系统后出现的操作界面以及可以操作的项目也有所不同。以系统管理员为例,系统管理员的权限包括:网站建设、内容管理、权限管理、组件管理和系统管理,如图5.4所示。系统管理员通过管理员账号、密码登录系统管理界面。

图5.4 网络信息发布系统常用功能模块

5.2.1 网站建设

网站建设模块包括栏目管理、模板管理、模板绑定和样式管理等功能。

1. 栏目管理

栏目管理用来设置和管理网站前台显示的栏目。网站栏目是指网站建设的主要板块内容,一般指网站导航栏目、二级栏目、三级栏目等,主要是为了方便用户快速找到自己想了解的信息,优化用户体验。栏目管理包含增加、修改、删除、导入栏目、排序、移动、信息来源、共享设置、访问控制、设置锚点、RSS、跨站发布审核、输出字段定义、站点访问控制和根栏目设置等功能。

① 增加。单击“增加”按钮,按照需求增加新栏目,创建完成后在模板管理中绑定新栏目,前台即可正常显示。

② 修改。选中要修改的栏目,单击“修改”按钮,即可进行栏目的调整。

③ 删除。选中要删除的栏目,单击“删除”按钮,即可删除该栏目。若删除一个分类,则该分类下的所有子栏目与稿件都会被删除。

④ 导入栏目。如新增栏目数量较多,可使用导入栏目的方式进行栏目新建,按照系统提供的格式整理好Excel文件导入即可。

⑤ 导出栏目。选中要导出的栏目,单击“导出栏目”按钮,即可进行栏目的导出。

⑥ 排序。选中要排序的栏目,对栏目进行排序。

⑦ 移动。选中要移动的栏目,对栏目进行移动。

⑧ 信息来源。选中一个栏目,对其进行信息来源的设置。

⑨ 共享设置。选中一个栏目,对其进行栏目共享的设置,包括三个选项:不共享、共享给指定站点、共享给所有站点。

⑩ 访问控制。选中一个栏目,设置该栏目下文章的访问权限,可设置为指定账号浏览或指定IP浏览。

⑪ 设置锚点。选中一个栏目,对其进行锚点的设置。

⑫ RSS。选中一个栏目,可获取RSS聚合地址。

⑬ 跨站发布审核。选中一个栏目,点击“跨站发布审核”,可查看和处理跨站发布申请。

⑭ 输出字段定义。选中一个栏目,点击“输出字段定义”,可自由设置检索服务字段。

⑮ 站点访问控制。站点访问控制可以设置为指定账号浏览或指定IP浏览。

⑯ 根栏目设置。单击“根栏目设置”,可进行根栏目名称和属性的修改与设置。

2. 模板管理

在模板管理页面,可以创建新模板,下载、编辑、删除网站模板,编辑和配置首页、列表页、文章页模板内容等。

根据实际需要,可进行创建新模板、下载模板、修改模板、删除模板等操作。

(1) 创建新模板

单击“创建新模板”,系统跳转到“增加模板”页面,如图5.5所示。

图5.5 模板库页面

选中其中一个模板,设置模板名称等必要信息后点击“确定”,即新模板创建成功。

根据页面提示，选择模板来源并配置模板参数。根据实际情况从“模板库”“本地上传”“在线创建”三种方式中选择或创建模板。每个模板都包括默认首页、默认列表页和默认文章页三个模板页面，如图5.6所示。

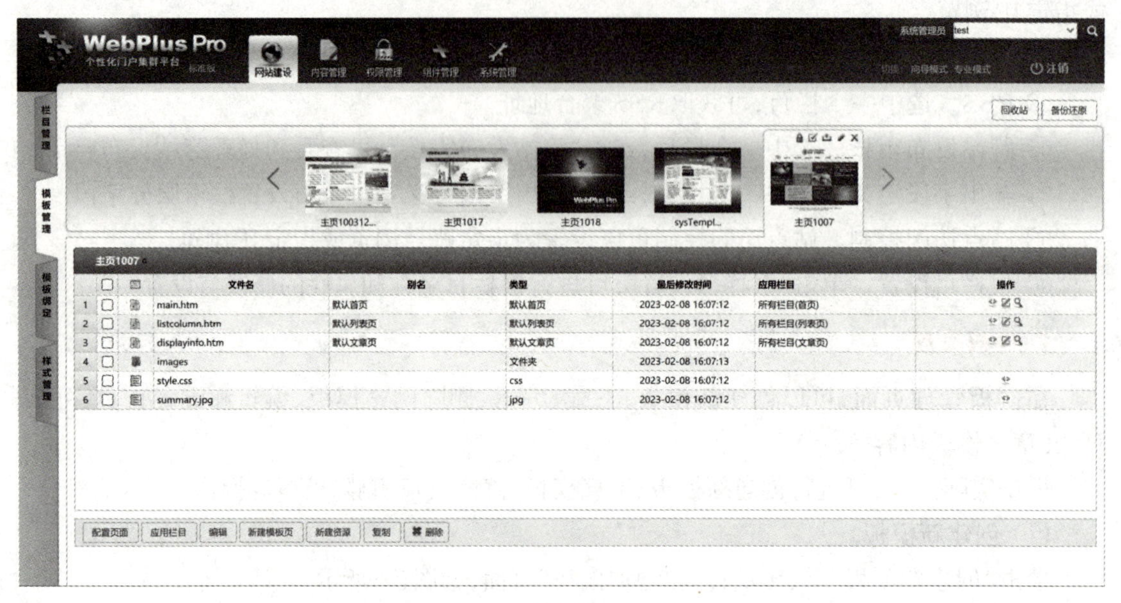

图5.6　模板管理页面

① 下载模板。单击“![]”，下载模板的压缩包。

② 修改模板。单击“![]”，通过“修改模板页”操作，修改站点模板内容。选中待修改模板，上传一个支持htm的文件，即可将模板成功替换修改。

③ 生成静态页面。当栏目未被绑定在首页中，单击“e”，可以生成静态列表页面。

④ 删除模板。单击“×”，可以删除模板。

⑤ 回收站。单击“回收站”，可以查看、还原或者彻底删除已删除的模板信息。

⑥ 备份还原。单击“备份还原”，可以备份、还原和删除模板。

⑦ 编辑模板。单击“‹›”，可以编辑模板内容，根据页面提示，增加、修改模板窗口空间及内容。

⑧ 配置模板。单击“![]”，可以配置模板展示模块。

⑨ 预览模板。单击“![]”，可以预览模板展示效果。

(2) 配置页面

通过“配置页面”，将展示模块拖拽到需要绑定的区域（虚线框内），同时可以编辑模块内容。选中“首页”文件，单击“配置页面”。系统跳转到“模板配置”页面，如图5.7所示。

单击“模板配置”页面中的“新闻类”页签，选择“新闻列表”展示样式并拖拽至在页面中的展示位置。注意，必须将模块展示样式拖拽至带有“标题”展示的虚线框中，否则布局无效。图5.8为系统跳转到“配置窗口”页面。

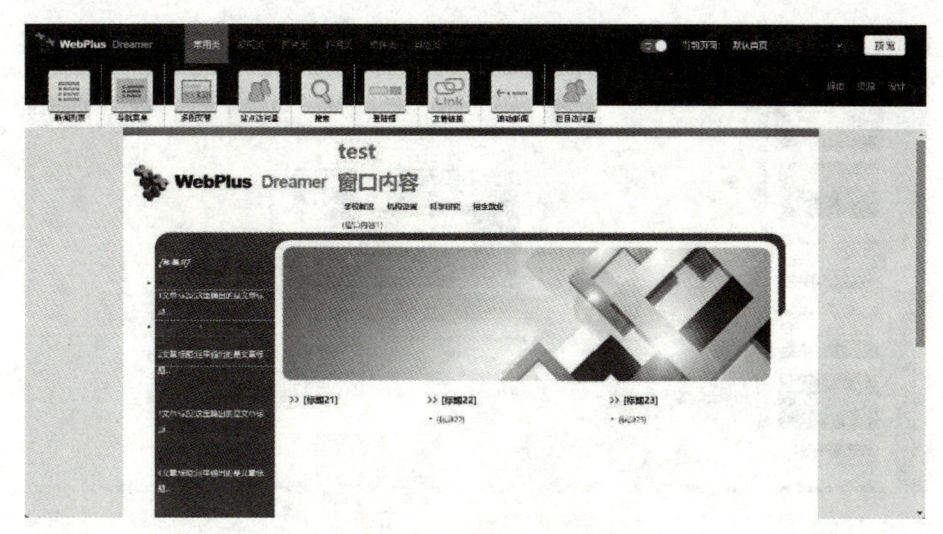

图 5.7 “模板配置”页面

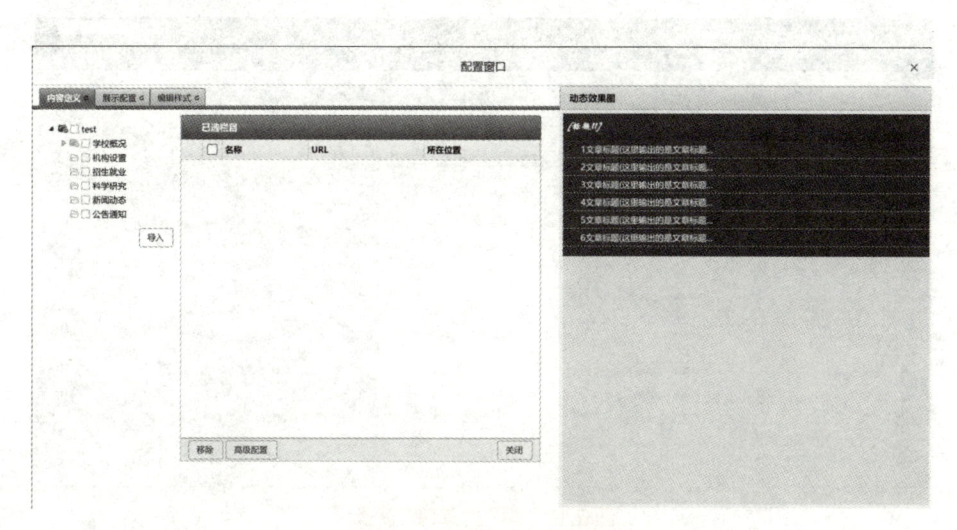

图 5.8 “配置窗口”页面

在“配置窗口”页面，可以进行内容定义、展示配置和编辑样式。

在配置模板时，需要把展示组件拖到需要绑定的窗口中去。不同的展示组件，其作用和展示效果各不相同。一般信息发布系统提供新闻类组件、图片类组件、栏目类组件和其他类组件。

3. 模板绑定

将配置好的模板绑定为默认模板，绑定后可在网站前台显示，如图 5.9 所示。

4. 样式管理

在“样式管理”中，可以增加、修改、删除窗口样式、导航样式、新闻列表样式和栏目列表样式，如图 5.10 所示。

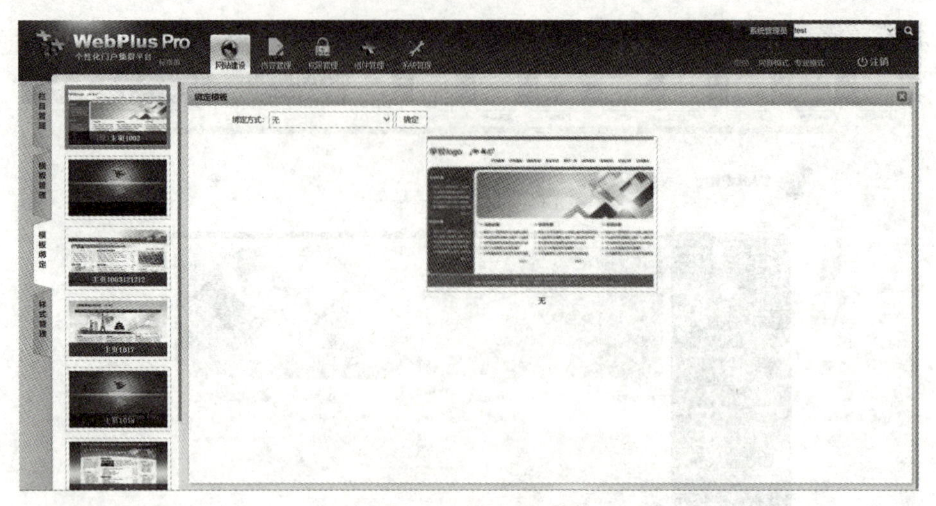

图5.9 “模板绑定”页面

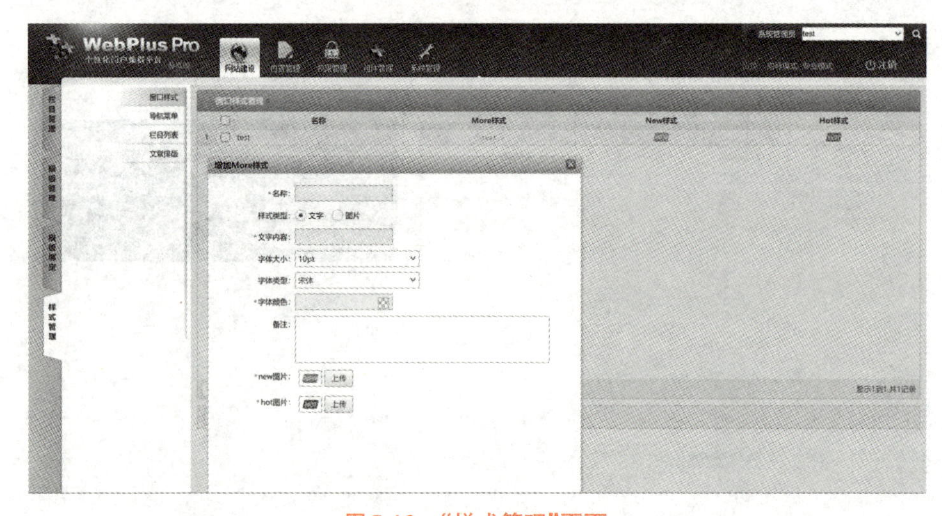

图5.10 “样式管理”页面

5.2.2 内容管理

内容管理模块包括文档管理、敏感审核、归档和回收站等功能。

1. 文档管理

通过“文档管理”功能，可以进行增加、修改、删除、复制、批量上传、定稿、移动、设置缩略图、归档和冻结等操作，如图5.11所示。

在“文档管理”主页面，可以进行如下操作：

输入关键字，单击“查询”，即可搜索出目标文档。

单击“操作”列的“[icon]”，可以对状态为“待审”的文档进行定稿、发布、退回等操作。

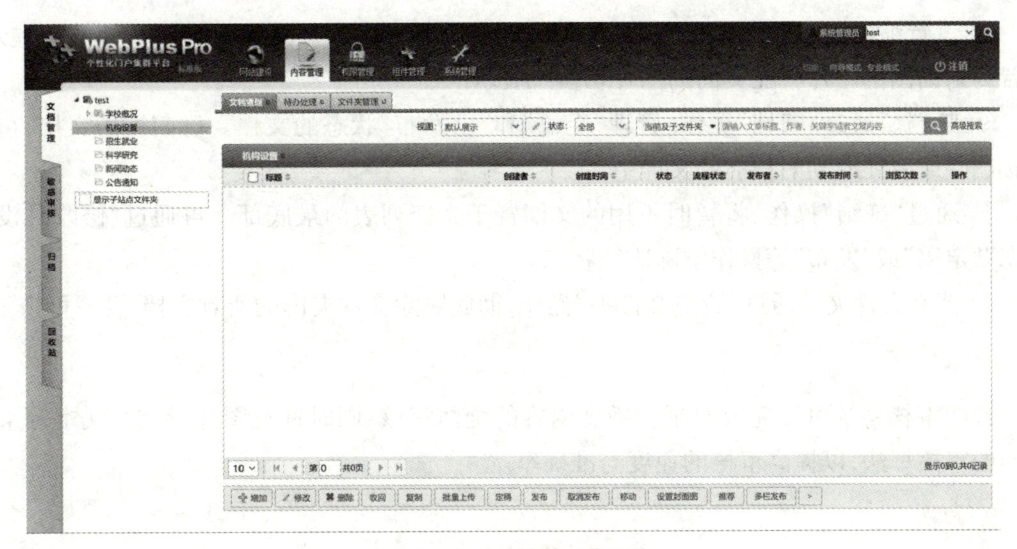

图5.11 “文档管理”页面

单击“操作”列的“ ”,可以查看文档的内容详情,如图5.12所示。

① 增加文档。通过“增加”文档操作,增加并发布栏目下的新增文档。

② 修改文档。通过“修改”文档操作,修改栏目下文档的内容及状态。

③ 删除文档。通过“删除”文档操作,删除文件夹下不需要的文档。删除后的文档在“内容管理”>“回收站”目录下,可以在“回收站”内查看、还原或彻底删除已删除的文档。

④ 复制文档。通过“复制”文档操作,将文档内容快速地展示在其他文件夹下,以提高文档发布效率,实现文档信息的共享。

⑤ 批量上传。通过“批量上传”操作,批量上传DOC、XLS、PPT、PDF等类型的文档。

⑥ 定稿文档。通过“定稿”操作,改变“草稿”和“待审”类型文档的状态。

⑦ 移动文档。通过“移动”操作,改变文档所在的目录结构。

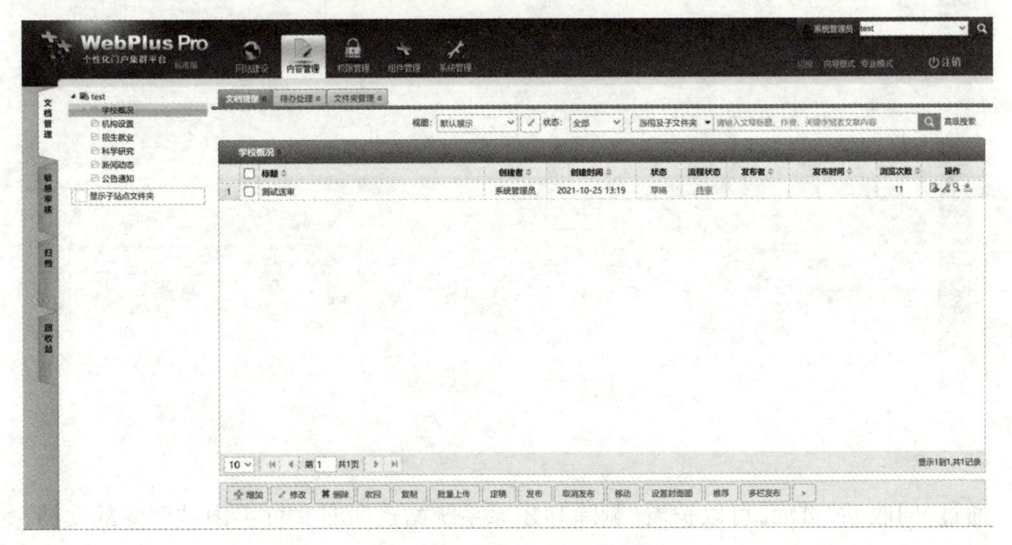

图5.12 文档管理查看功能

⑧ 设置缩略图。通过“设置缩略图”操作,将文档中的某一张图片设置成缩略图展示,设置为封面图的图片将在页面的图片切换中展示。

⑨ 归档。通过“归档”操作,管理“定稿”和“已发布”状态的文档。已归档的文档,可以直接删除或者还原到归档前的文件中。

⑩ 通过“冻结”操作,将暂时不用的文档置于文档列表的最底部。可通过“修改”“设置状态”“定稿”或“发布”等操作解除冻结状态。

⑪ 清空文件夹。通过“清空文件夹”操作,彻底删除文件夹内的所有文档,且不可恢复。

2. 敏感审核

智能审核系统可以完成对平台敏感内容的全面审核,同时针对图片、视频、文本等采用不同的审核算法,以提高审核的速度与准确率。

3. 归档

在“归档”页面,可以查看、删除已归档文档,还可以将已归档的文档还原到归档前的文件中,如图5.13所示。

根据需要还可以进行如下操作:

① 查询:在“关键字”中输入查询条件,单击“查询”即可查找出目标文档。

② 删除:单击“删除”,系统弹出删除“确认”框,单击“确定”,删除成功,删除后的文档,可在“内容管理”>“回收站”中查看。

③ 还原:单击“还原”,系统弹出还原“确认”框,单击“确定”,文档还原成功,可以在归档前的文件夹下查看已还原的文档。

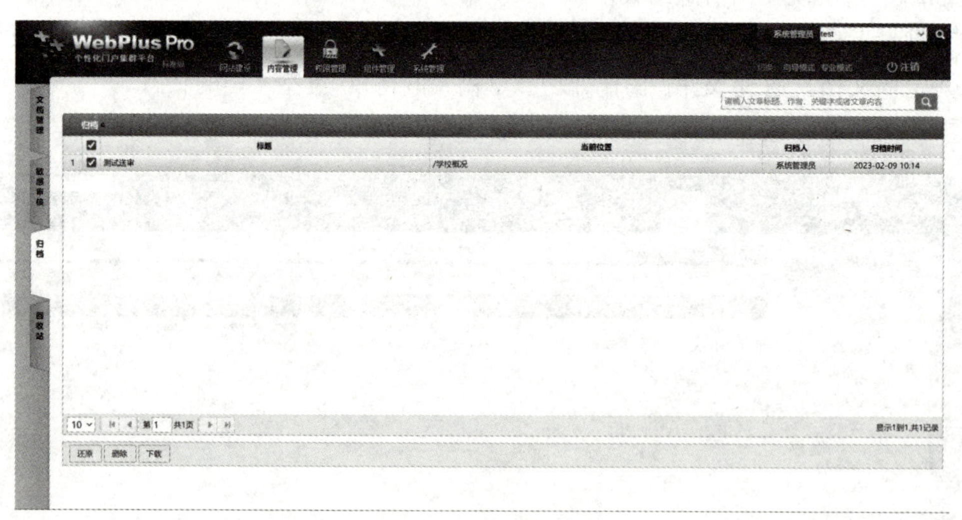

图5.13 “归档”页面

4. 回收站

通过“回收站”页面,可以查看、删除和还原系统站点所有文件夹内被删除的文档,如图5.14所示。

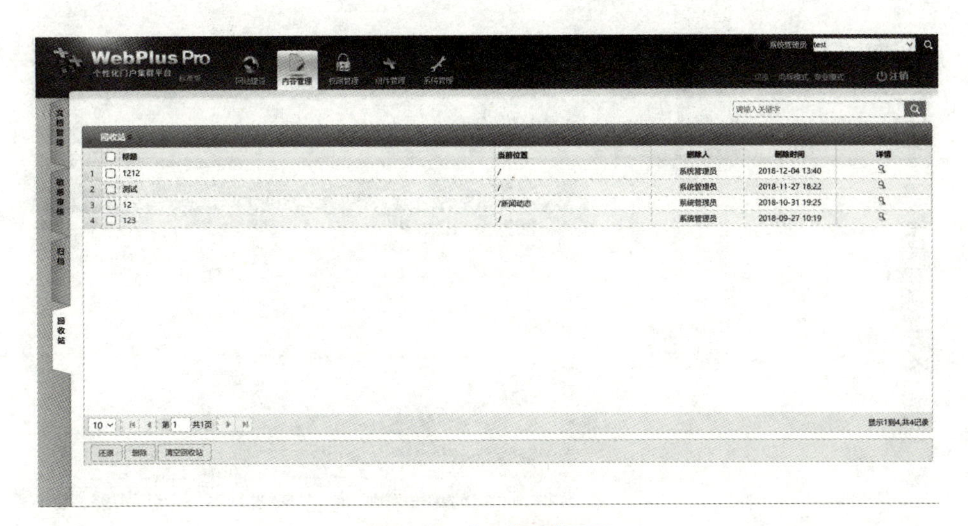

图5.14 “回收站”页面

5.2.3 权限管理

通过“权限管理”操作,可以对站点内的用户、角色进行管理,也可以维护和分配用户的权限。

1. 用户管理

通过“用户管理”操作,可以对站点内所有机构、机构人员进行管理和维护。

(1) 人员机构

通过此功能可对站群内所有机构及机构人员进行管理,如图5.15所示。

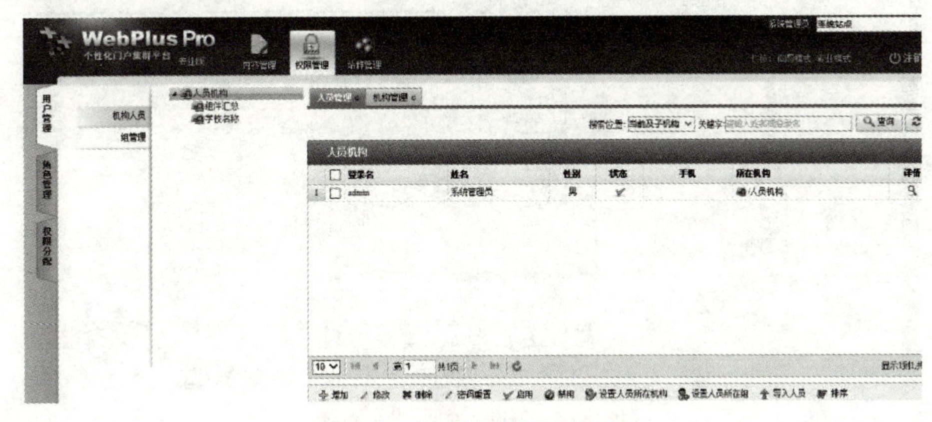

图5.15 “人员机构”设置页面

(2) 人员管理

通过此功能可以增加、修改、删除、启用、禁用人员和设置人员所在机构等,如图5.16所示。

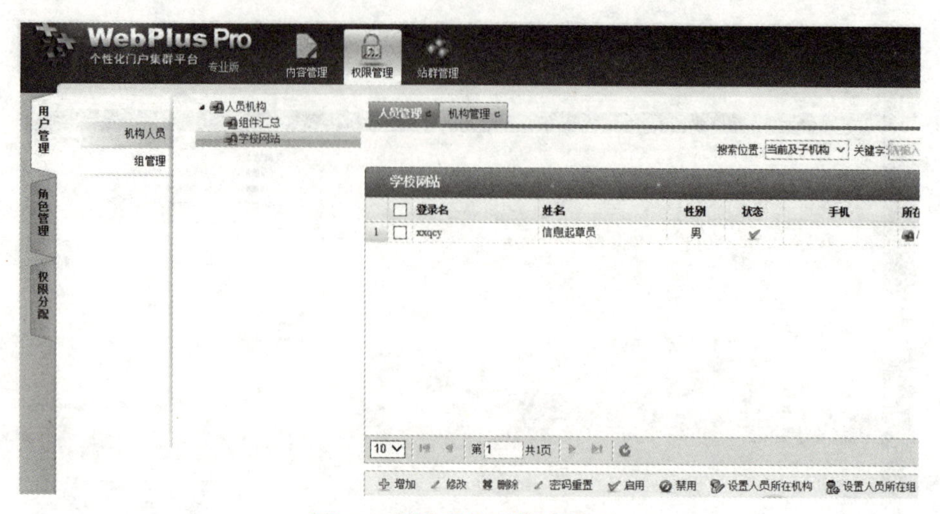

图5.16 “人员管理”设置页面

在“人员管理”页面,可以进行如下操作:

① 查询。输入关键字信息,单击“查询”,即可查出符合搜索条件的人员信息。

② 增加。单击“增加”,弹出“增加人员”页面,根据页面提示,填写增加人员的信息。

③ 修改。选中待修改人员,单击“修改”即可对该用户信息进行修改。

④ 删除。选中一个或多个待删除人员,单击“删除”即可对用户进行删除。

(3) 机构管理

通过“机构管理”功能,可以增加、修改、删除、移动机构和设置机构的排序,维护站群内的所有机构信息,如图5.17所示。

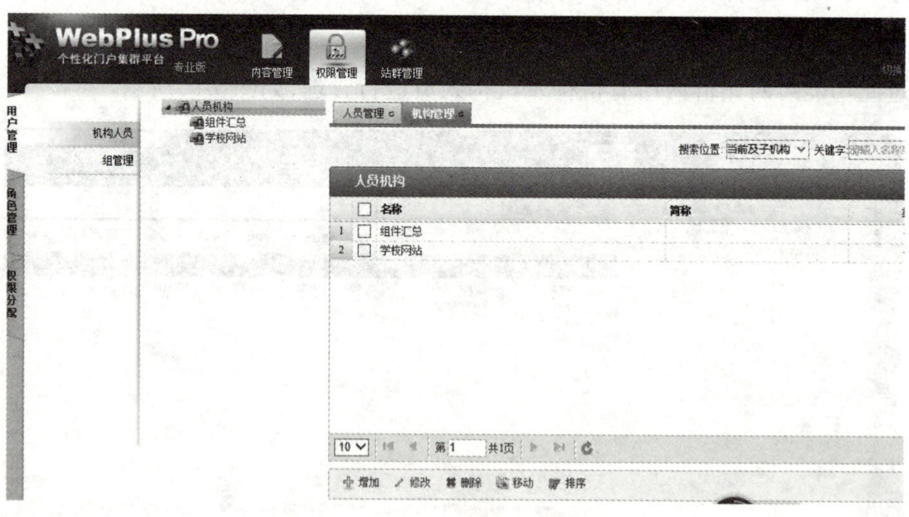

图5.17 “机构管理”设置页面

(4) 组管理

在系统站点下创建的组及组成员,在其他站点也可以应用。可以通过“组管理”页面,维护站点内所有组及组成员。

2. 角色管理

通过“角色管理”操作，可以管理站点内所有角色的人员和对角色赋予权限，同一个角色可以增加多个人员。系统默认“系统管理员”角色具备所有操作权限，如图5.18所示。

① 站点管理员：具备站点内所有操作权限的管理人员。

② 站点信息起草员：在站点内仅具备起草文章权限的人员。

③ 站点信息管理员：在站点内具备发布、送审、审核和退回文章权限，以及对栏目进行管理权限的人员。

④ 站点浏览组：在站点内具备浏览文章权限的人员。

图5.18 “角色管理”设置页面

3. 权限分配

通过权限分配，可以按照人员、角色、机构或组来赋予不同用户如管理(完全控制)、起草、定稿发布文章等不同的操作权限，如图5.19所示。

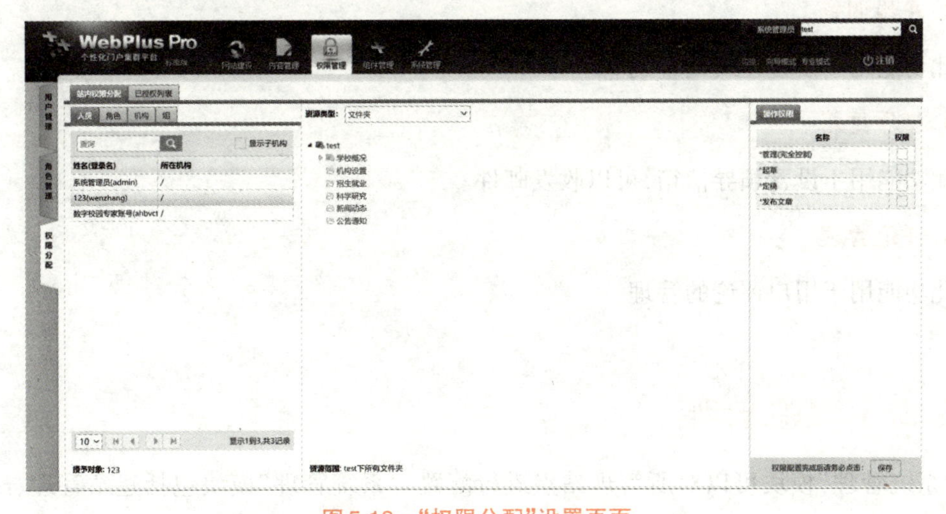

图5.19 “权限分配”设置页面

5.2.4 组件管理

在维护和管理系统站点和子站点时，除了内容管理外，还可以对其进行组件管理的配置。“组件管理”模块包含信息采集、留言板、在线调查、领导信箱和评论管理等功能，如图5.20所示。

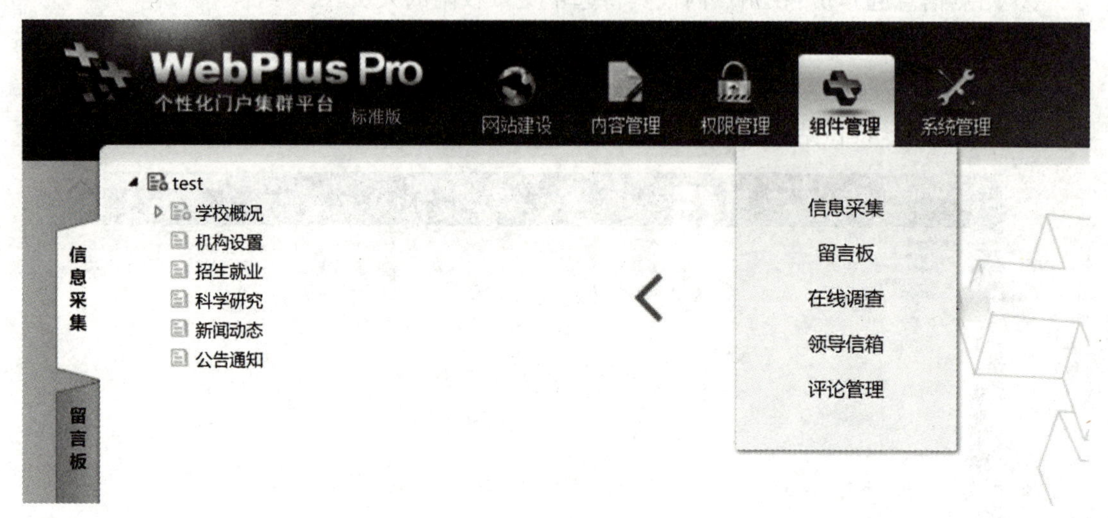

图5.20 “组建管理”模块页面

1. 信息采集

通过信息采集，可在全站已发布内容中采集所需的信息。

2. 留言板

当发布文章时开启留言选项功能时，文章发布后，则有留言板供用户评论留言，在留言板中可以查看用户的留言内容。

3. 在线调查

此功能用于设置在线调查问卷。

4. 领导信箱

此功能用于设置领导信箱，可以收发邮件。

5. 评论管理

此功能用于用户评论的管理。

5.2.5 系统管理

“系统管理”模块可以对所管理站点进行配置。“系统管理”模块包括建站管理、站点回收站、文档统计、访问统计、审计日志、字典管理、站点备份和站点配置等功能，如图5.21所示。

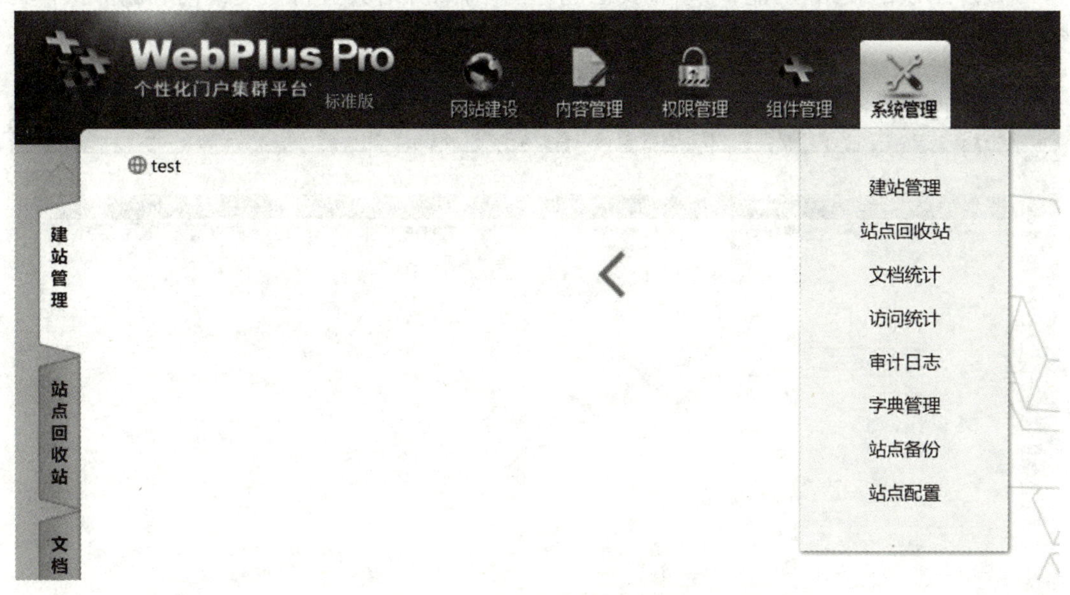

图5.21 “系统管理”模块页面

1. 建站管理

“建站管理”功能包括“站点管理”“资源权限”“站点属性”三个模块。可以在“建站管理”页面，进行增加、删除站点信息、查看资源权限以及维护站点属性等操作，如图5.22所示。

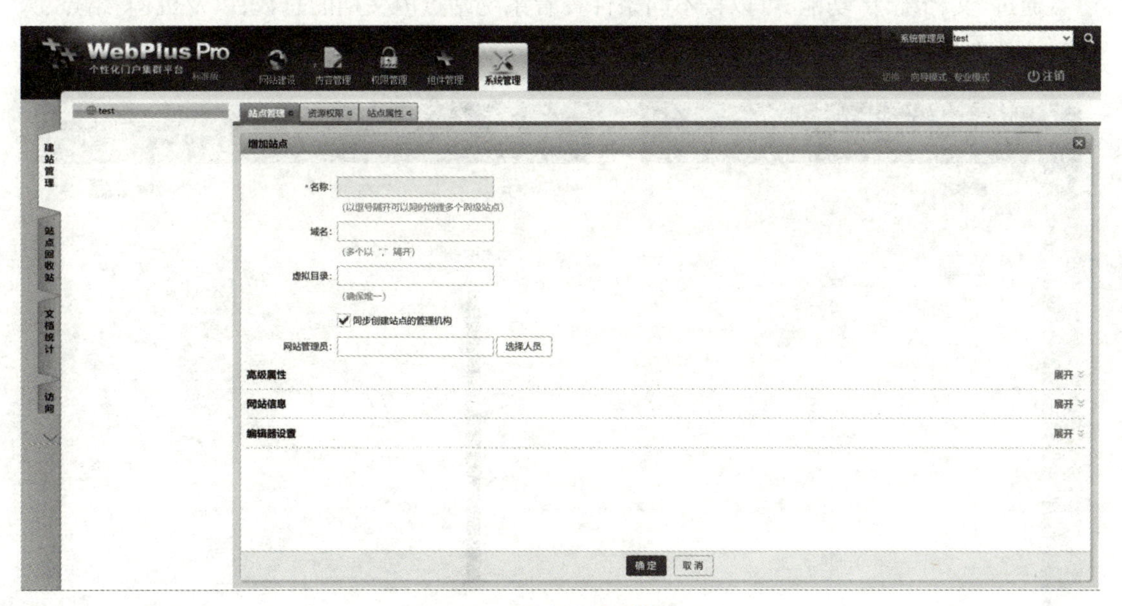

图5.22 “建站管理”页面

2. 站点回收站

通过"站点回收站"功能，可以查找已删除的站点，并对其进行恢复或彻底删除操作，如图5.23所示。

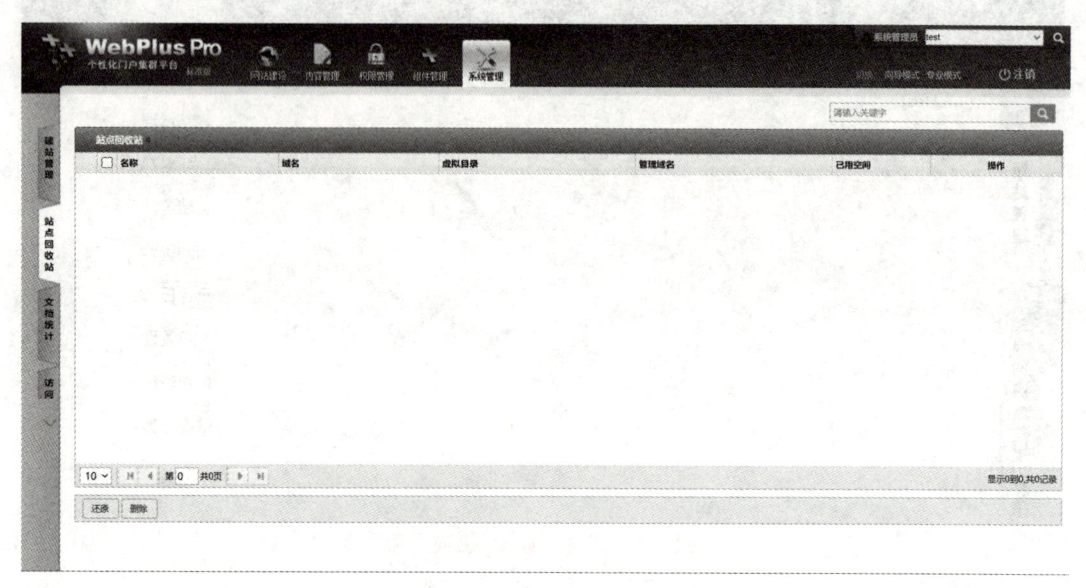

图5.23　"站点回收站"页面

3. 文档统计

通过"文档统计"功能，可以按不同条件查看系统站点内文档的总数，以及机构、站点、人员和文件夹等的总数，如图5.24所示。

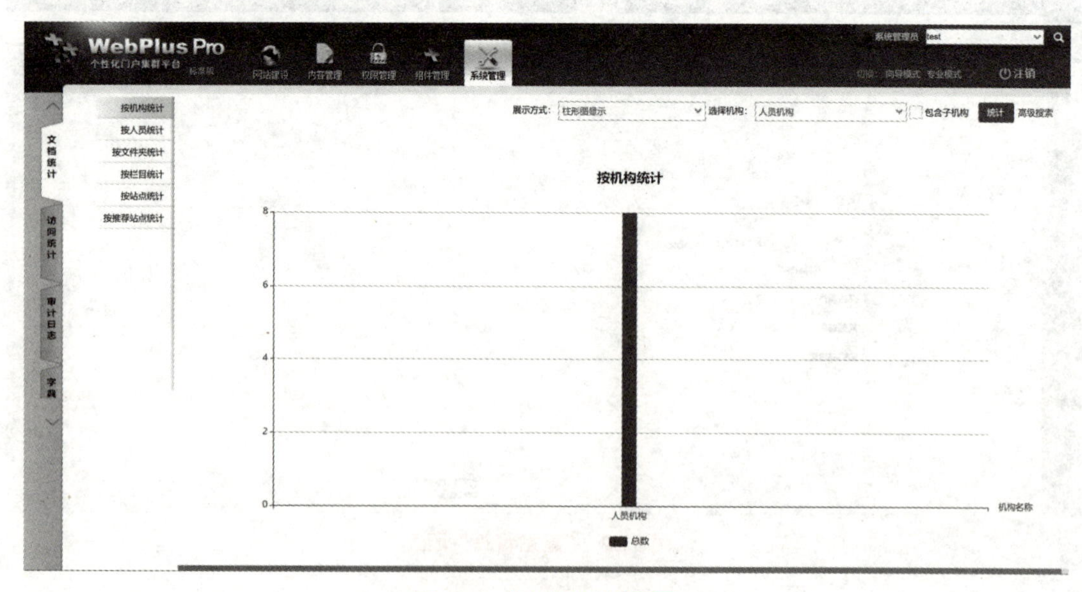

图5.24　"文档统计"页面

4. 访问统计

通过“访问统计”功能，可以按访问内容、访问地区、访问时间等不同条件统计系统站点内文档的访问量，如图5.25所示。

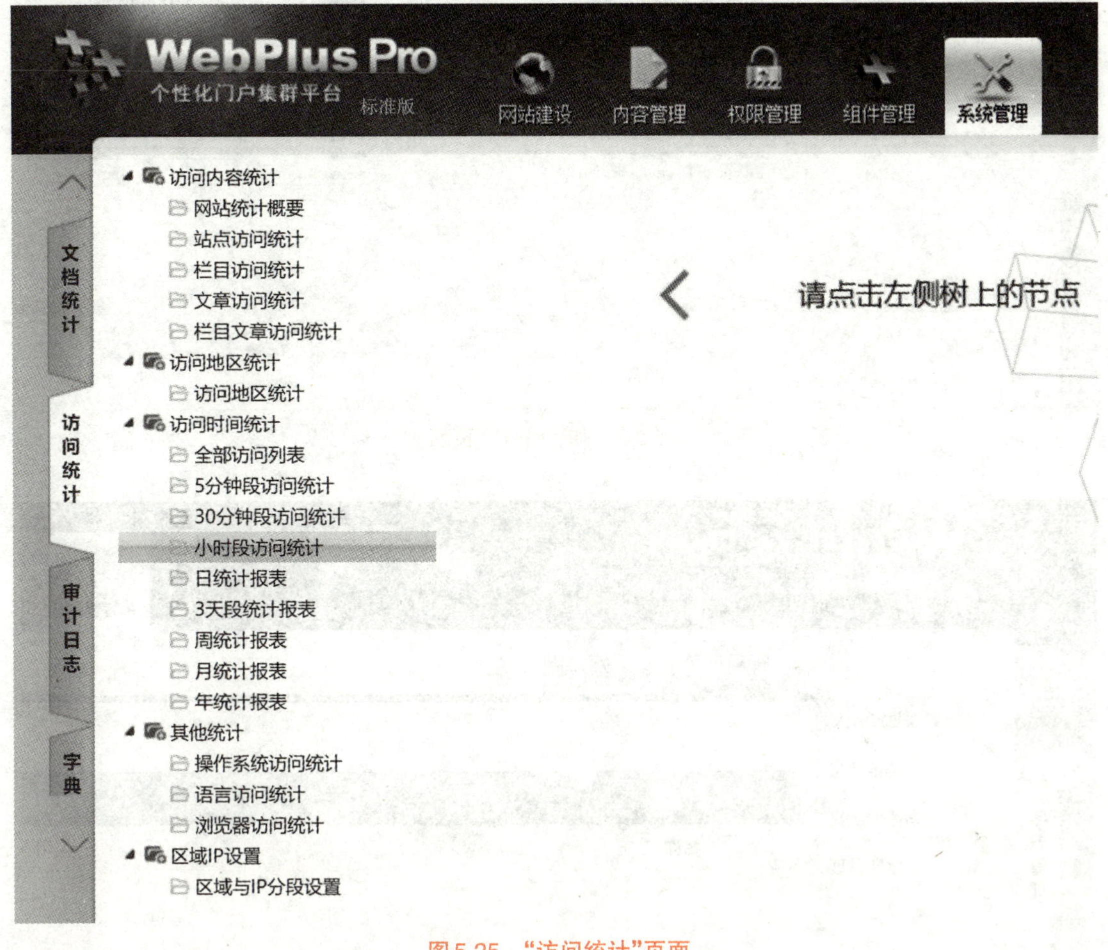

图5.25 “访问统计”页面

5. 审计日志

通过“审计日志”功能，可查看系统所有的操作记录，如图5.26所示。

6. 字典管理

通过“字典管理”功能，可配置和维护系统关键字、系统热链、系统敏感词、文章分类、文章类型、流程管理和选项管理的属性，如图5.27所示。

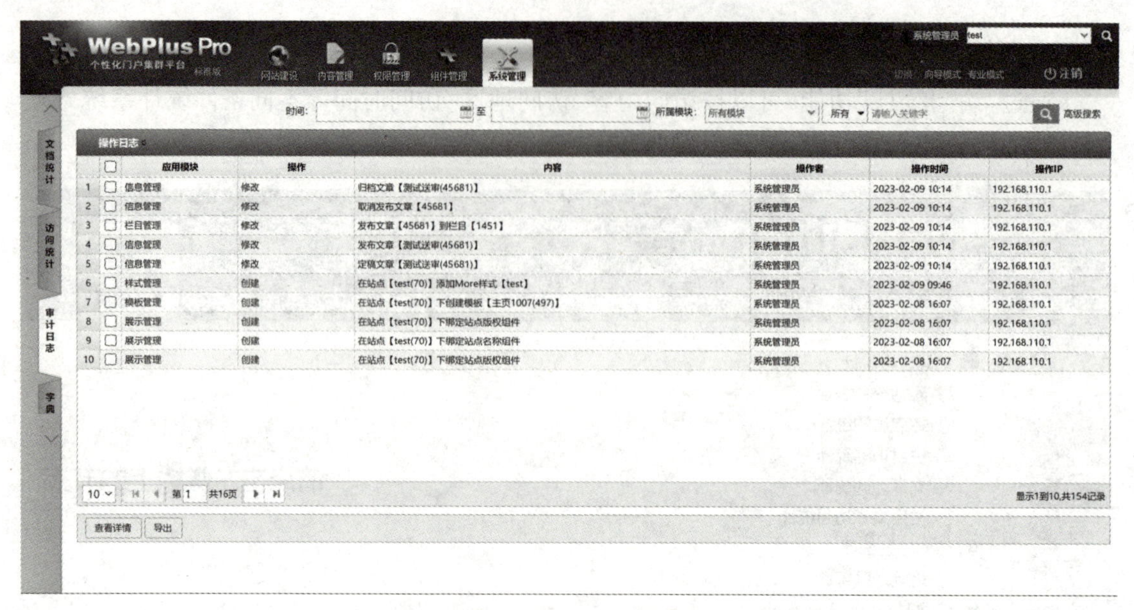

图 5.26 “审计日志”页面

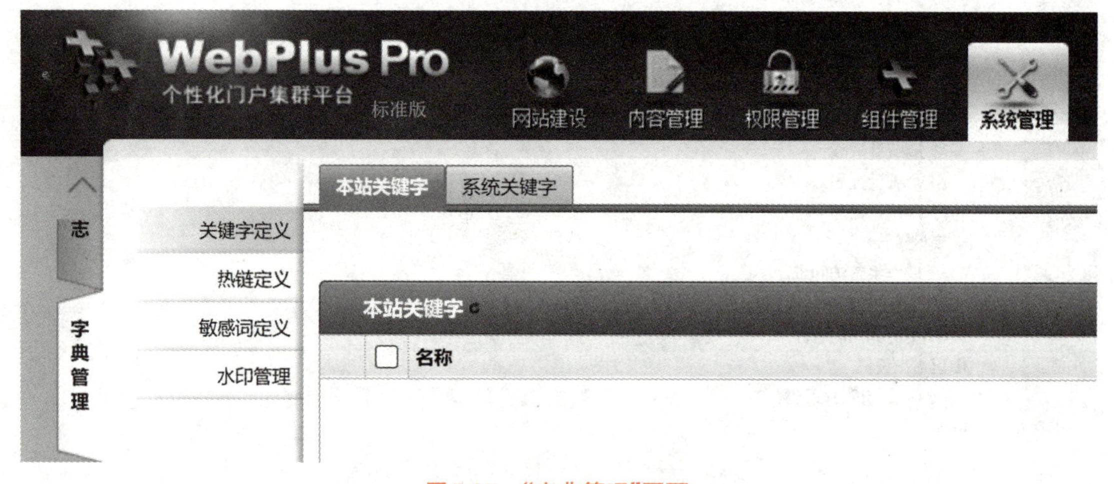

图 5.27 “字典管理”页面

7. 站点备份

通过“站点备份”功能，可以备份系统数据，便于恢复系统信息时使用。需要注意的是，系统还原操作不可逆，谨慎还原或可提前创建还原点，如图 5.28 所示。

8. 站点配置

通过“站点配置”功能，可进行站点的基础设置，如图 5.29 所示。

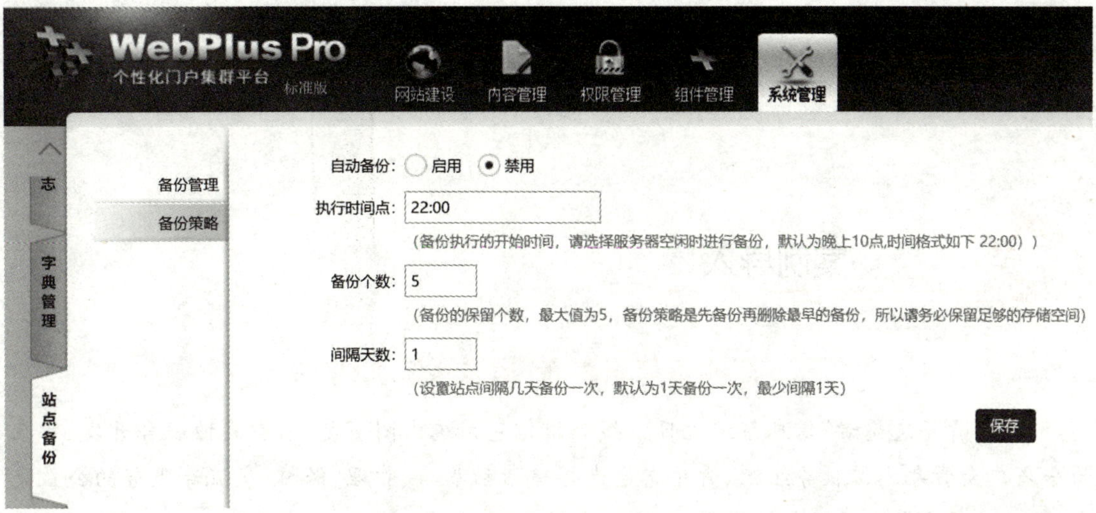

WebPlus Pro
个性化门户集群平台 标准版
网站建设 内容管理 权限管理 组件管理 系统管理

志
字典管理
站点备份

备份管理
备份策略

自动备份：○ 启用 ◉ 禁用
执行时间点：22:00
（备份执行的开始时间，请选择服务器空闲时进行备份，默认为晚上10点,时间格式如下 22:00））
备份个数：5
（备份的保留个数，最大值为5，备份策略是先备份再删除最早的备份，所以请务必保留足够的存储空间）
间隔天数：1
（设置站点间隔几天备份一次，默认为1天备份一次，最少间隔1天）
保存

图 5.28 "站点备份"页面

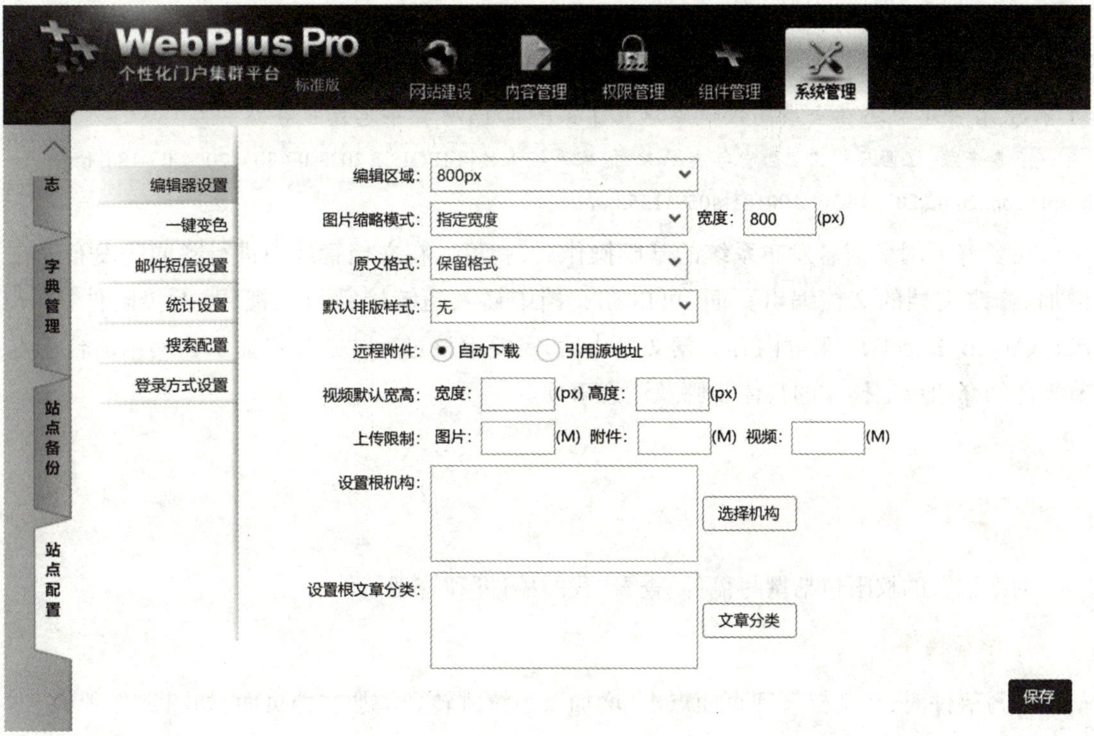

WebPlus Pro
个性化门户集群平台 标准版
网站建设 内容管理 权限管理 组件管理 系统管理

志
字典管理
站点备份
站点配置

编辑器设置
一键变色
邮件短信设置
统计设置
搜索配置
登录方式设置

编辑区域：800px
图片缩略模式：指定宽度 宽度：800 (px)
原文格式：保留格式
默认排版样式：无
远程附件：◉ 自动下载 ○ 引用源地址
视频默认宽高：宽度：(px) 高度：(px)
上传限制：图片：(M) 附件：(M) 视频：(M)
设置根机构：选择机构
设置根文章分类：文章分类
保存

图 5.29 "站点配置"页面

5.3 网络信息发布系统的发文操作

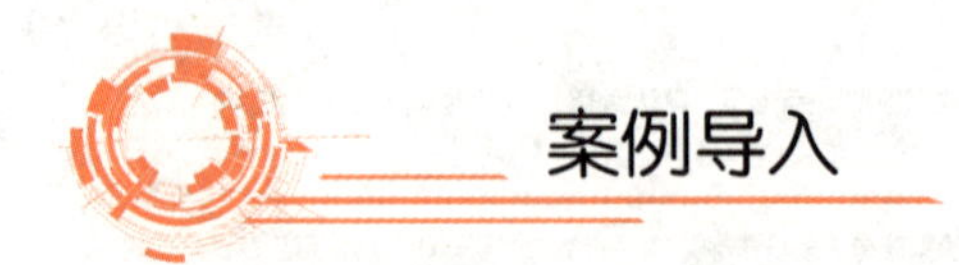

案例导入

"江西青年志愿者"信息系统上线

"江西青年志愿者"信息系统近日上线。该信息系统由团省委、省青志协联合开发,旨在为全省广大青年志愿服务组织、青年志愿者搭建活动参与、管理、保障、交流等服务的公益平台,推动江西青年志愿服务信息化、数字化发展。

据悉,通过"江西青年志愿者"信息系统可申请办理志愿者证。该证是江西省青年志愿者身份的专属象征和权益保障的"暖心卡",办理后即可享受特惠观影、千家美食商户优惠等福利。此外,为探索建立高校青年"信息化平台+实体化阵地+常态化项目"志愿服务模式,团省委、省青志协还在全省高校试点建立了第一批15所青年志愿服务站。

(资料来源:江西日报."江西青年志愿者"信息系统上线[EB/OL].(2023-09-30)[2024-05-18]. http://jx.people.com.cn/n2/2023/0930/c190181-40591135.html.)

在了解了网络信息发布系统的基础操作后,就可以在文档管理中进行新闻的发布。在增加、修改文档的文档编辑页面,可以在文档中插入超链接、图片、视频,上传附件,导入PDF、Word、Excel、PPT等内容。发文完成后,需要审核过后才能最终显示在网站前台。本节将详细介绍以上操作的具体步骤及注意事项。

5.3.1 网站记者操作

网站记者的权限包括撰写稿件、查看"我的稿件"和管理稿件。

1. 撰写稿件

撰写稿件时,在文档管理页面点击"增加",系统跳转到增加文档页面,如图5.30所示。

在弹出的文档编辑器界面进行文档编辑,文档编辑完成后,可选择保存、定稿或直接发布。

文档编辑器中有很多可以对文档进行设置的功能,如图5.31所示,大部分内容与常用办公软件相似,这里主要对重点内容进行说明。

(1) 插入超链接

超链接类型包括四种:超链接、站内锚点链接、站内链接和电子邮件,如图5.32所示。

在此输入文章标题
输入标题
标题样式
可视化
代码
编辑器
两种模式
附件模式
输入区域
文档状态
页码操作
保存
关闭
基本属性
浏览权限
文章摘要
高级属性

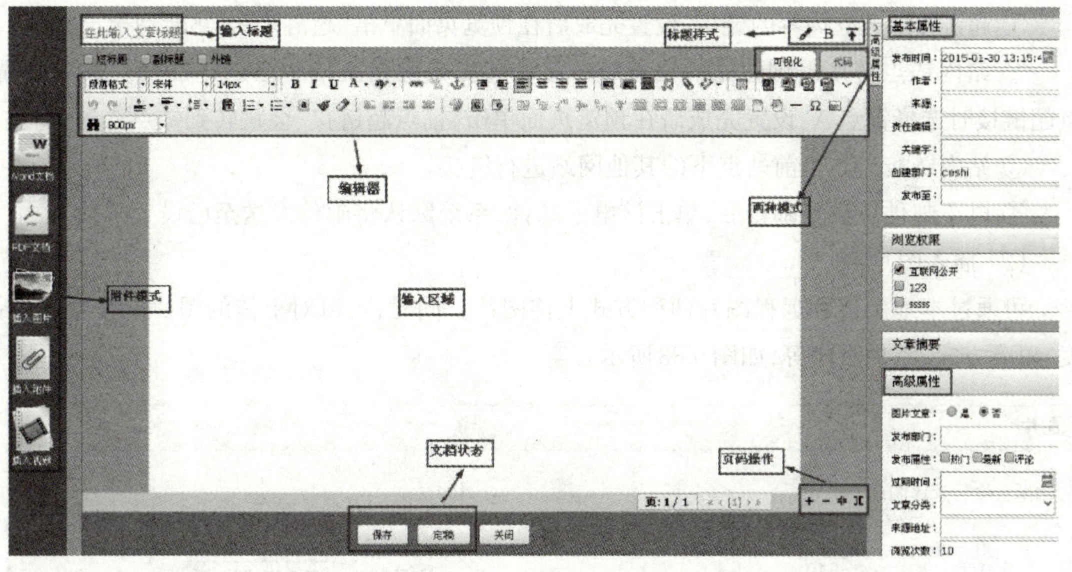

图5.30　文档编辑页面

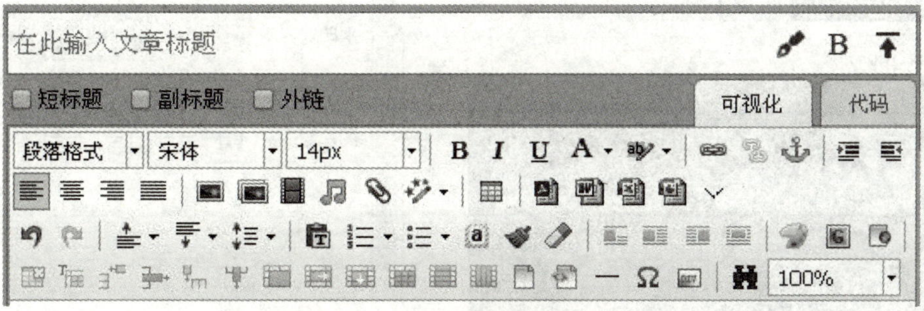

在此输入文章标题
短标题
副标题
外链
可视化
代码
段落格式
宋体
14px
100%

图5.31　文档编辑器操作界面

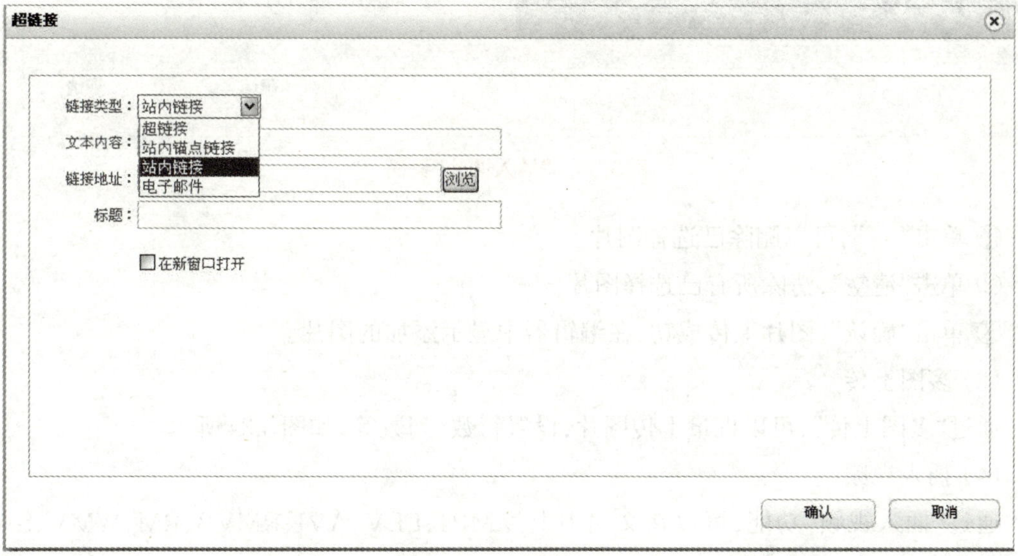

超链接
链接类型：
站内链接
超链接
站内锚点链接
站内链接
电子邮件
文本内容：
链接地址：
浏览
标题：
在新窗口打开
确认
取消

图5.32　“超链接”页面

① 超链接。建立内容的链接,设置完成后在预览页面单击"超链接"会跳转到指定页面。

② 站内锚点链接。创建站内锚点超链接的前提条件是文档中已创建锚点。如创建锚点超链接时选择锚点A,设置完成后在预览页面单击"锚点超链接"会跳转到锚点A的位置。

③ 站内链接。与当前站点下的其他网站进行链接。

④ 电子邮件。设置邮箱后,单击该电子邮件,系统默认将邮件发送至已设置邮箱。

(2) 插入图片

可通过本地上传和远程图片两种方式上传图片。同时,可以对上传的图片设置宽度、高度、对齐方式、添加水印等,如图5.33所示。

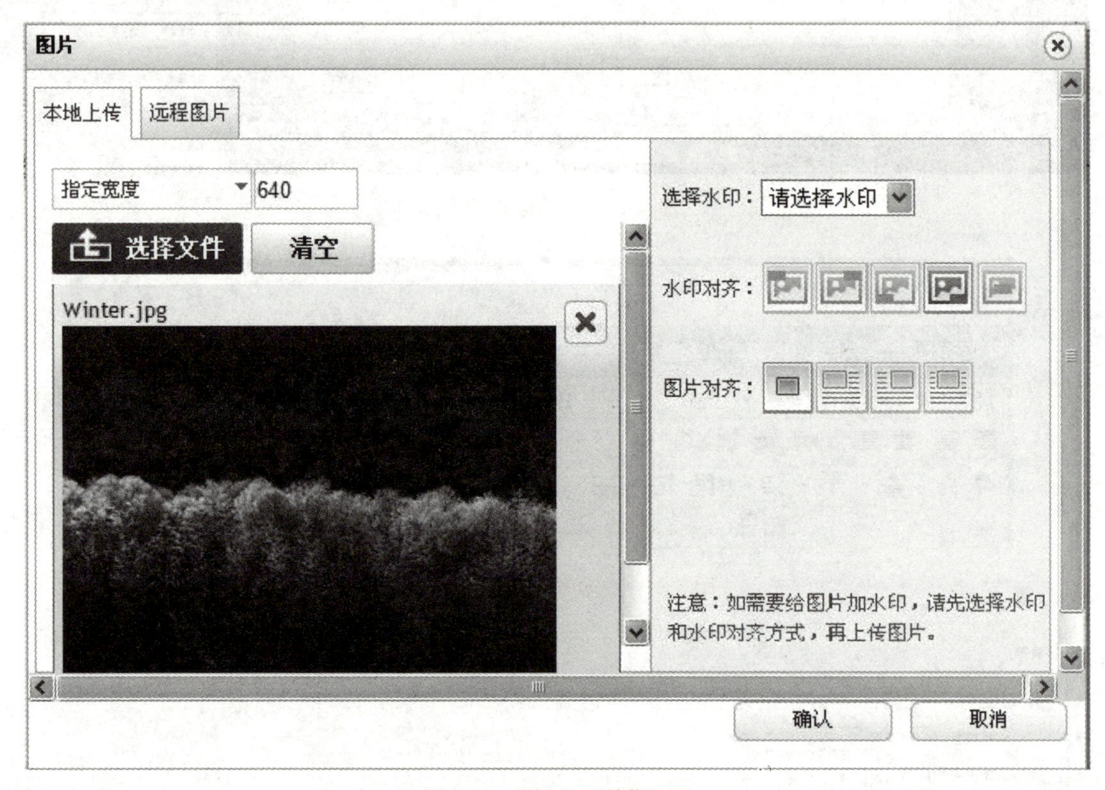

图5.33 "插入图片"页面

① 单击"×",可以删除已选择图片。

② 单击"清空",清除所有已选择图片。

③ 单击"确认",图片上传成功,在编辑器中显示添加的图片。

(3) 多图上传

通过"多图上传",可以批量上传图片,设置行数、列数等,如图5.34所示。

(4) 插入视频

通过"插入视频"功能,可以在文档中上传MP4、FLV、AVI、RMVB、RM、WMV、SWF等格式的视频。同时可以设置视频的宽度及高度、是否自动播放、是否循环播放、是否允许全屏。在上传视频信息设置中，可以选择本地上传，即从本地上传一个或者多个格式正确的视频，同时可以设置视频的宽度及高度、自动播放、循环播放等，具体操作步骤与上传图片类似；也可选择插入视频，输入视频的地址来添加视频，同时可以设置视频的宽度及高度等，如图5.35所示。

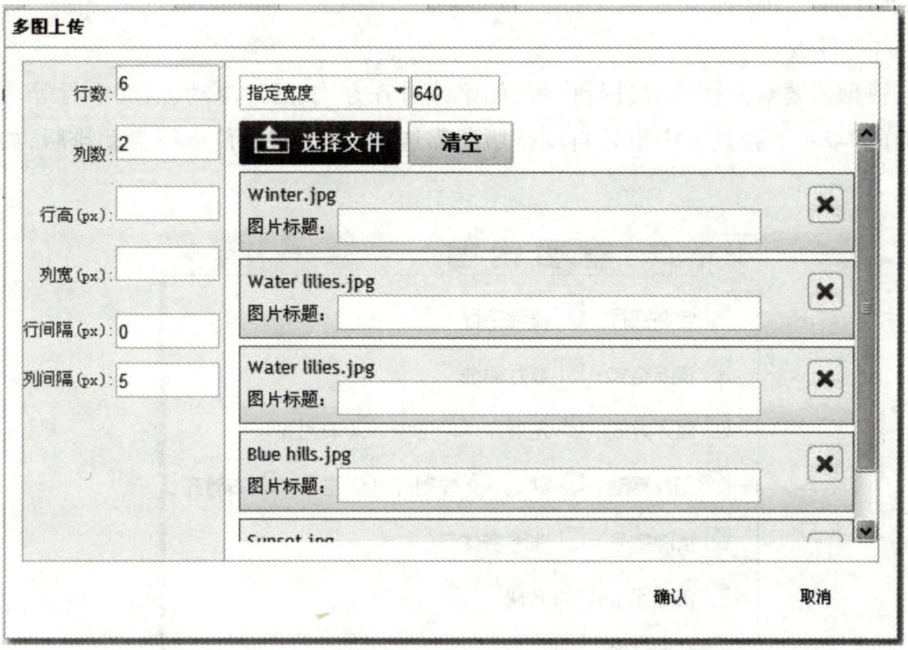

图5.34 “多图上传”页面

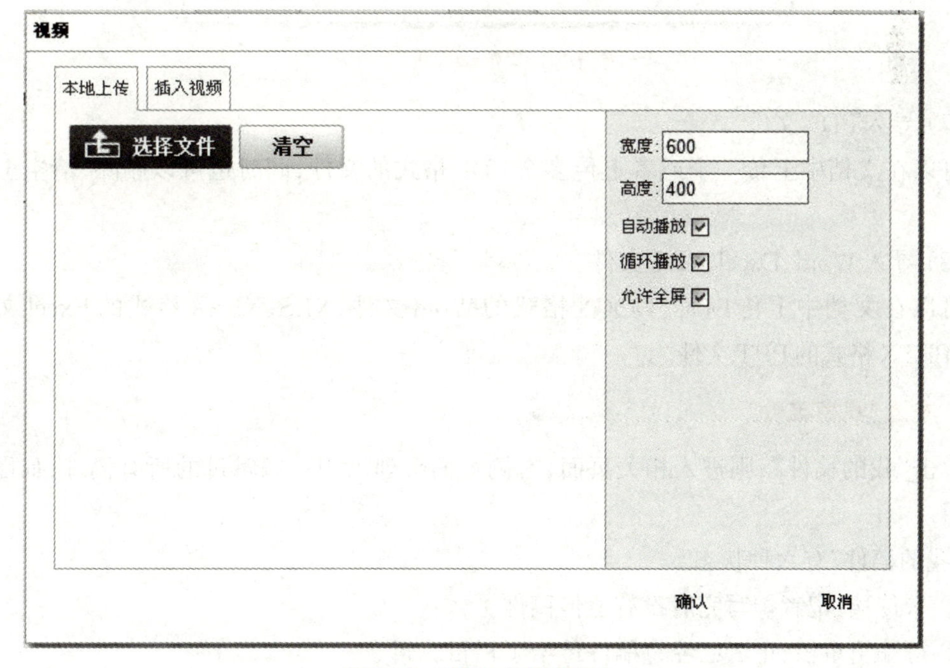

图5.35 “插入视频”页面

(5) 上传附件

通过“上传附件”功能,可以在文档中上传各种类型的附件。允许上传的附件类型包括:JPG、GIF、JPEG、PNG、BMP、ICO、MP4、FLV、AVI、RMVB、RM、WMV、SWF、MP3、WMA、DOC、DOCX、PPT、PPTX、XLS、XLSX、PDF、ZIP、RAR、TXT、LOG、JS、CSS、CERT、DBF、HTML等。

(6) 自动排版

可以根据需要对文档内容进行排版,如字体对齐方式、图片浮动、清除空行等。在文档编辑页面的“✨▾”下拉列表中设置自动排版所需选项,单击“执行”进行自动排版,如图5.36所示。

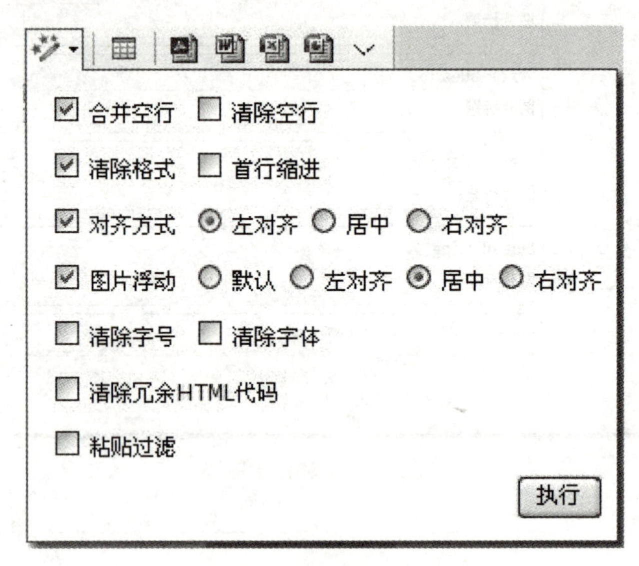

图5.36 “自动排版”页面

(7) 导入PDF文件

可以在文档中上传一个或者上传多个PDF格式的文件,同时也可以删除、清空上传的文档。

(8) 导入Word、Excel、PPT文件

可以在文档中上传DOC、DOCX格式的Word文件,XLS、XLSX格式的Excel文件和PPT、PPTX格式的PPT文件。

2. 查看“我的稿件”

单击“我的稿件”,则进入相关页面,右侧页面会列出用户编辑过的所有稿件,如图5.37所示。

“我的稿件”有六种状态。

① 未传稿:记者撰写完后没有上传稿件。

② 待编辑审核:记者已经将稿件传给了栏目编辑。

③ 待签发审核:栏目编辑已经通过记者上传的稿件,将稿件传给了签发编辑。

④ 编辑退回:记者将稿件传给栏目编辑,稿件还没有通过栏目编辑的审核。

⑤ 签发退回:稿件已通过栏目编辑审核,却没有通过签发编辑的审核。

⑥ 已发布:稿件已经通过审核,并发布到网站上。

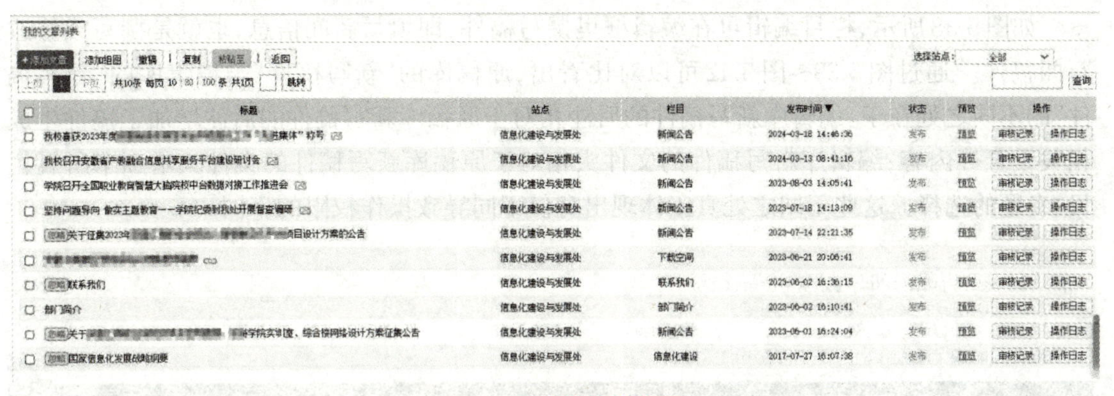

图 5.37 “我的稿件”页面

3. 管理稿件

(1) 待审稿件

待审稿件是记者发稿后等待编辑审核的稿件状态,此时记者还可以对该稿件进行修改。

① 单击“待审稿件”进入待审稿件页面,右侧页面会显示已经传到编辑库的稿件。

② “待审稿件”页面和“我的稿件”的页面基本相同,只是其下方没有“传稿”按钮,状态栏均为“待编辑审核”状态。

③ 单击“稿件名称”,记者可以对待审稿件进行修改,修改后单击“修改”按钮即可完成修改操作。

(2) 已发稿件

① 单击“已发稿件”进入已发稿件页面,右侧会显示已在网上发布的稿件。

② “已发稿件”页面和“我的稿件”的页面基本相同,只是其下方没有“传稿”按钮,状态栏均为“已发布”状态。

③ 在这里的稿件记者不能再进行修改,单击文章标题会提示文件已经锁定不能编辑,只可单击ID号浏览文章。

(3) 退回稿件

退回稿件包括栏目编辑退回的稿件和签发编辑退回的稿件。

① 单击“退回稿件”进入“退回稿件”页面,右侧会显示被栏目编辑和签发编辑退回的稿件。

② “退回稿件”页面和“我的稿件”的页面基本相同,但是其状态栏显示为“编辑退回”或“签发退回”状态,是从编辑库或发布库退回来的稿件。

5.3.2 栏目编辑操作

栏目编辑的权限包括撰写稿件和管理稿件。

1. 撰写稿件

如图5.38所示，栏目编辑可在编辑框里撰写稿件，即填写新闻信息，也就是撰写或修改新闻稿件。通过图5.39～图5.42可以对比看出，原稿库的“新写稿件”与编辑库的“新写稿件”的不同之处在于：编辑库新写稿件的后注相对于原稿库新写稿件的后注增加了稿件生成相关设置等内容；编辑库新写稿件的文件头相对于原稿库新写稿件的文件头增加了所属栏目、专题的选择。这些不同之处真正体现出身份不同导致操作权限的不同。

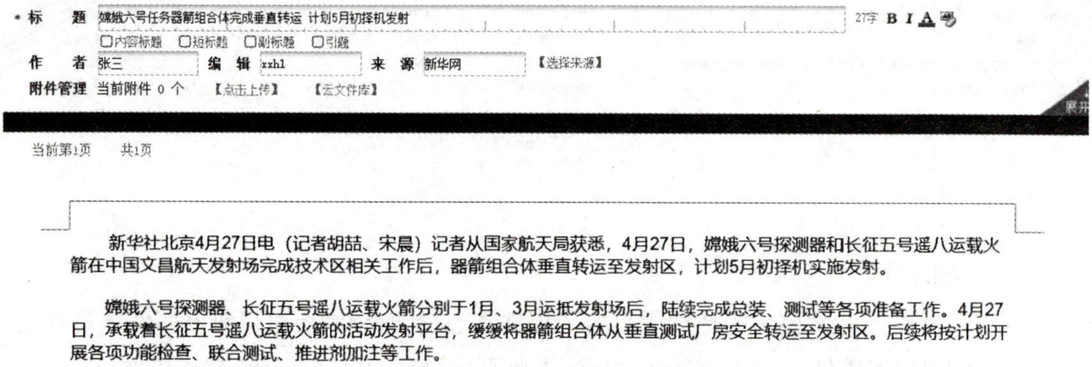

* 标　题　嫦娥六号任务器箭组合体完成垂直转运 计划5月初择机发射　27字

□内容标题 □短标题 □副标题 □引题

作　者　张三　编　辑　xxh1　来　源　新华网　【选择来源】

附件管理　当前附件 0 个　【点击上传】　【云文件库】

当前第1页　共1页

新华社北京4月27日电（记者胡喆、宋晨）记者从国家航天局获悉，4月27日，嫦娥六号探测器和长征五号遥八运载火箭在中国文昌航天发射场完成技术区相关工作后，器箭组合体垂直转运至发射区，计划5月初择机实施发射。

嫦娥六号探测器、长征五号遥八运载火箭分别于1月、3月运抵发射场后，陆续完成总装、测试等各项准备工作。4月27日，承载着长征五号遥八运载火箭的活动发射平台，缓缓将器箭组合体从垂直测试厂房安全转运至发射区。后续将按计划开展各项功能检查、联合测试、推进剂加注等工作。

图5.38　栏目编辑撰写/修改稿件

标　题　嫦娥六号任务器箭组合体完成垂直转运 计划5月初择机发射

□内容标题 □短标题 □副标题 □引题

作　者　张三　编　辑　xxh1　来　源　新华网　【选择来源】

图5.39　原稿库“新写稿件”后注

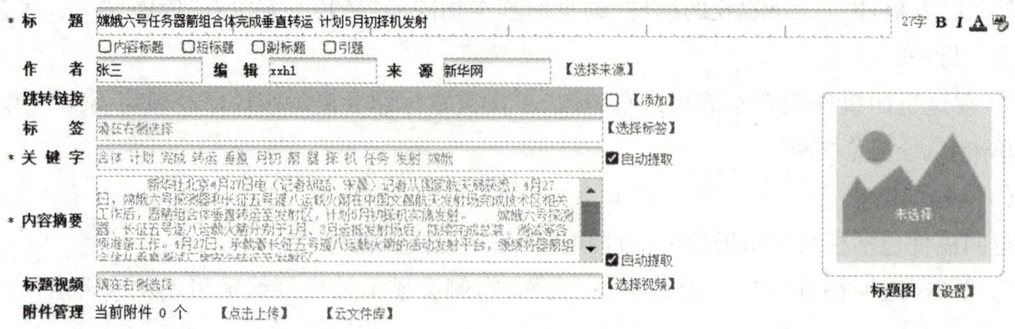

* 标　题　嫦娥六号任务器箭组合体完成垂直转运 计划5月初择机发射　27字

□内容标题 □短标题 □副标题 □引题

作　者　张三　编　辑　xxh1　来　源　新华网　【选择来源】

跳转链接　□【添加】

标　签　请在右侧选择　【选择标签】

* 关键字　合体 计划 完成 转运 垂直 月初 箭 器 择 机 任务 发射 嫦娥　☑自动提取

* 内容摘要　新华社北京4月27日电（记者胡喆、宋晨）记者从国家航天局获悉，4月27日，嫦娥六号探测器和长征五号遥八运载火箭在中国文昌航天发射场完成技术区相关工作后，器箭组合体垂直转运至发射区，计划5月初择机实施发射。　嫦娥六号探测器、长征五号遥八运载火箭分别于1月、3月运抵发射场后，陆续完成总装、测试等各项准备工作。4月27日，承载着长征五号遥八运载火箭的活动发射平台，缓缓将器箭组合……　☑自动提取

标题视频　请在右侧选择　【选择视频】

附件管理　当前附件 0 个　【点击上传】　【云文件库】

未选择

标题图　【设置】

图5.40　编辑库“新写稿件”后注

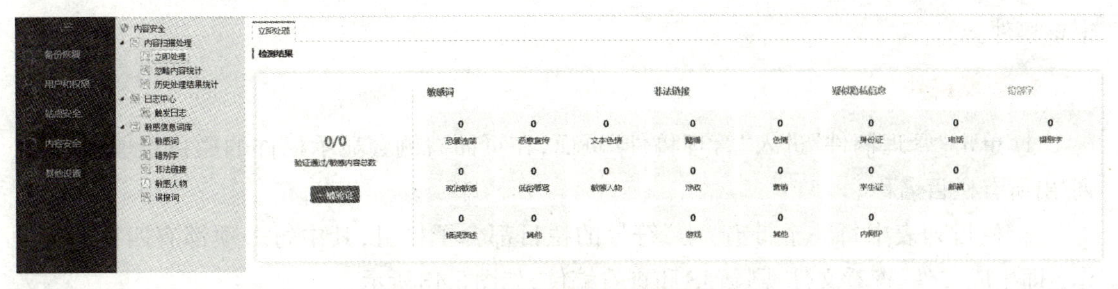

图 5.41　原稿库“新写稿件”文件头

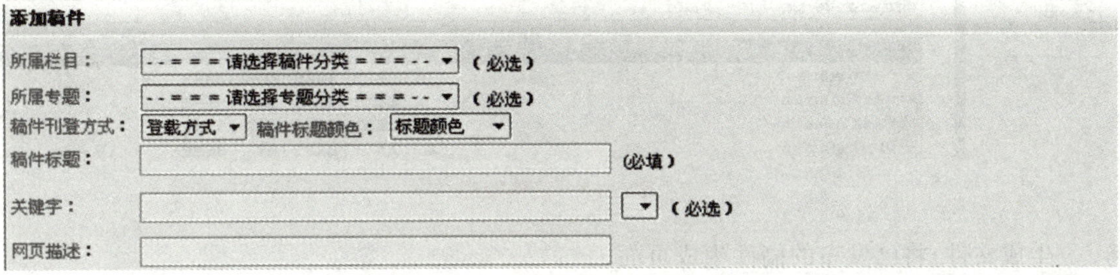

添加稿件

所属栏目：--===请选择稿件分类===--（必选）

所属专题：--===请选择专题分类===--（必选）

稿件刊登方式：登载方式　稿件标题颜色：标题颜色

稿件标题：（必填）

关键字：（必选）

网页描述：

图 5.42　编辑库“新写稿件”文件头

2. 管理稿件

在栏目编辑的管理稿件页面中，可以完成稿件的审核、编审、传送等工作。

(1) 审核稿件

单击“管理稿件”进入“管理稿件”页面，右侧页面将列出等待审核的稿件，即从原稿库传来等待审核的稿件。操作页面中的各项操作基本上与撰写稿件相同，可以进行删除稿件、退回稿件和稿件送审等操作。

(2) 编审稿件

① 删除：将原稿库上传的稿件直接删除。

② 退回稿件：将原稿库上传的不合格的稿件退回原稿库。

③ 稿件送审：将原稿库上传的稿件或者已经编辑的稿件上传到发布库中。

注意，除了已经发布的稿件不可进行编辑外，其他稿件只要单击稿件名称，就可直接进行编辑。

(3) 传送稿件

① 向发布库传送通过审核的稿件。

② 将不合格的稿件退回原稿库。

5.3.3　签发编辑操作

栏目编辑审核后的稿件将直接转发到签发编辑处，通过签发编辑来进一步管理稿件和审核稿件。

1. 管理稿件

① 单击“管理稿件”进入“管理稿件”页面，在页面右侧会显示稿件的栏目管理页面，罗列 出所有栏目名称。

② 栏目列表中每一个带有“＋”符号的栏目都含子栏目，其中每一项都有四种相关操作，即生成文件、查看文件、刷新JS和查看稿件，如图5.43所示。

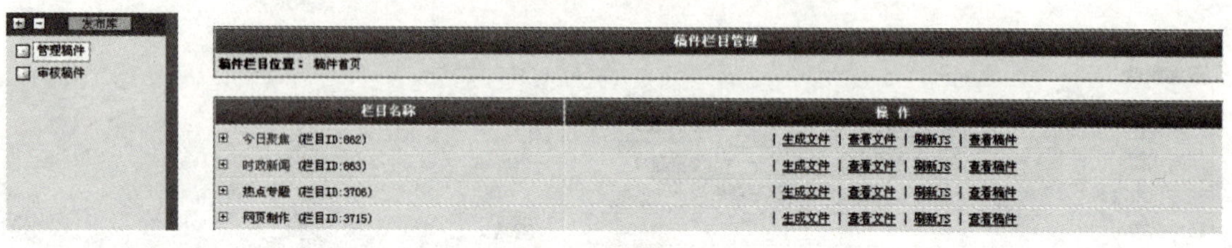

图5.43 稿件管理

生成文件：将已发布的稿件生成页面。

查看文件：预览生成的网页上的稿件。

刷新JS：更新或重新加载JS代码。

查看稿件：单击“查看稿件”，页面出现所有已发布的稿件列表，操作栏目的“删除” 和“发布”都只针对某一个稿件。

③ “移动”指选中某一稿件，将其从一类移动到另一类。

④ “撤销稿件”指将已发布的稿件进行撤销发布处理。

2. 审核稿件

审核稿件指对栏目编辑报送的稿件（包含栏目编辑自己发的稿件）进行审核操作，状态为“待签发审核”，如图5.44所示。该页面与查看稿件页面的操作基本相同，只缺少“撤销稿件”功能。如果新闻稿件经签发编辑审核并确认无误后，则可以单击“发布”，发布后就成为网站上一条正式的新闻了。

我审核过的信息 信息审核排名

上页 1 2 下页 共11条 每页 10 20 100 条 共2页 跳转

标题	录入人	发布位置/账号	发布时间	审核时间	文章状态	预览	操作
我校喜获2023年度安徽省高校网络安全和信息化工作“先进集体”称号	xxhl	新闻公告	2024-03-18 14:46:36	2024-03-18 14:54:55	发布	预览	审核记录 操作日志
我校召开安徽省产教融合信息共享服务平台建设研讨会	xxhl	新闻公告	2024-03-13 08:41:16	2024-03-13 08:45:26	发布	预览	审核记录 操作日志
文章不存在或者已经删除	未知	未知栏目	1970-01-01 08:00:00	2023-09-03 16:17:49	删除		审核记录 操作日志
学院召开全国职业教育智慧大脑院校中台数据对接工作推进会	xxhl	新闻公告	2023-08-03 14:05:41	2023-08-04 00:26:06	发布	预览	审核记录 操作日志
坚持问题导向 做实主题教育——学院纪委到我处开展督查调研	xxhl	新闻公告	2023-07-18 14:13:09	2023-07-18 15:02:31	发布	预览	审核记录 操作日志

图5.44 审核稿件页面

一篇合格的新闻稿需要经过记者、栏目编辑、签发编辑根据新闻的内容、消息的准确性、新闻的价值等多方面综合考虑、修改后才能产生。网站上即便是简短的新闻消息，也凝聚了采编人员辛勤的劳动和汗水。

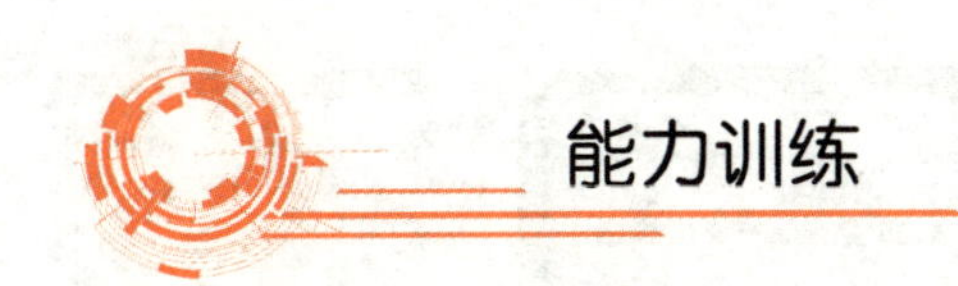

能力训练

任务1　以记者身份编辑如下内容的稿件并送审

操作稿件：

2023届高校毕业生将达1158万人　七部门联合开展促就业“国聘行动”

2023届全国高校毕业生预计达到1158万人，同比增加82万人。教育部、科技部、人社部等七部门日前联合开展促就业“国聘行动”，面向2023届普通高校毕业生、2022届离校未就业毕业生等重点群体，集中发布优质就业岗位。

各部门明确，要严格招聘审核，多利用数字技术审查招聘单位资质和招聘信息真实性、合法性，严厉打击虚假招聘。加强对招聘流程的监管，做好劳动权益保障，依法查处招聘过程中的虚假、欺诈和就业歧视等违法违规行为。不得将毕业院校、国(境)外学习经历、学习方式(全日制和非全日制)、本单位实习期限等作为限制性条件。加强对个人信息的保护，杜绝求职者信息泄露等情况。

2023届高校毕业生等重点群体促就业“国聘行动”将持续到2023年6月。为充分发挥国有企业稳岗促就业示范带动作用，千方百计促进高校毕业生等重点群体高质量充分就业，一系列优质就业岗位正在线上平台集中发布。毕业生可以通过国聘招聘平台、中智招聘平台、教育部国家大学生就业服务平台、中国人力资源市场网、中国公共招聘网、高校毕业生就业服务平台、团团微就业等线上平台，精准获取求职服务。

下一步，教育部门和高校将积极组织动员高校毕业生参与招聘活动，引导毕业生树立正确的就业观和择业观，为用人单位开展线上线下校园招聘提供便利。科技部门将调动科技型中小企业和高新技术企业，推动产业与人才互融互促，带动高校毕业生就业。妇联组织将从加强就业指导、挖掘就业岗位等方面入手，组织女企业家提供更多就业机会，帮助更多女大学生实现就业。

(1) 以记者权限进入实训平台进行新闻稿的初稿编辑，如图5.45所示。

(2) 以管理员身份登录管理后台，在发布系统内依次设置四个栏目：焦点、最新消息、图文报道、分析评论。将上述文章发布到“最新消息”栏目中。

任务2　以栏目编辑身份体验本项目引例中新闻的编辑与发布

在栏目编辑的“管理稿件”中将会出现这篇新闻稿。栏目编辑可以对这篇新闻稿进行编辑，然后根据实际情况在审核稿件中决定是否予以“稿件送审”或者“退回稿件”。

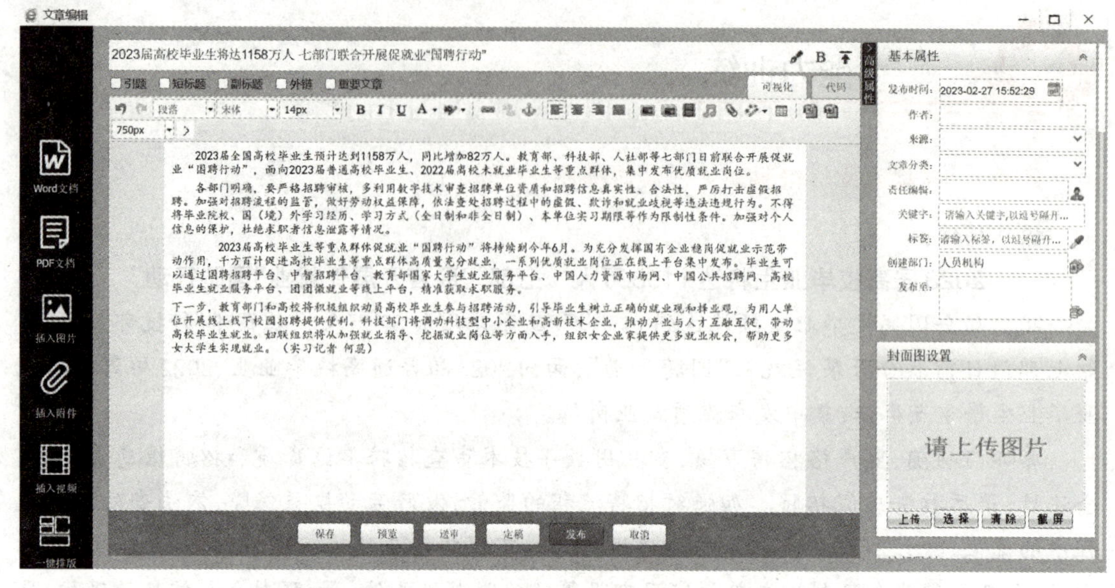

图5.45 "文档编辑"页面

思政园地

营销"翻车"厂家更该反思　传播内容需严格审核

车企通常不会亲自制作广告，内容供应商可能会分包给一些小公司，这就容易出现内容"失控"等情况。5月21日，借着小满节气，一汽奥迪与刘德华合作的宣传片发布，短短几小时，全网点击量过亿。有评论点赞称该广告"温暖而克制，低调而进取"，是"豪华品牌该有的样子"，并认为基本"预订年度最佳广告席位"。

不过，就在全网看好这则广告之际，博主"北大满哥"指出，该视频抄袭其以往作品中的文案。"经过反复比对，内容近乎一致。"对此不少网友调侃，"见过文案抄袭的，但从未见过直接复制粘贴的"，并将之定义为"像素级抄袭"。面对剧情反转，一汽奥迪发表声明称该短片由第三方公司制作，并就该事件中给刘德华、"北大满哥"及相关方造成的困扰致歉。同时，各个官方渠道全面下架视频，刘德华个人抖音账号也删除了这则视频。

奥迪作为一家全球知名汽车品牌，在可能影响品牌形象的公众沟通中，必然要表达自身对于问题的重视以及处理态度。有网友指出，此次发文的标题不是"致歉"，而是"声明"。虽然文中有"致歉"的字样，但避重就轻，把本应是自己犯的错误归结于第三方。

网友的态度，体现出公众对营销广告"翻车"问题更多的思考。本来一部可以成为年度优秀广告的宣传片，为何一夜之间成为"行业笑话"？

问题在于，这不是奥迪及其合资公司首次在营销广告上出状况。2019年11月，奥迪在微信朋友圈投放奥迪Q8的广告宣传，但视频内容播放的却是日系英菲尼迪宣传片，引发众友商“求投放”的状况。此外,还有奥迪RS4“香蕉门”和二手车涉嫌低俗营销等事件,最终均以官方道歉收场。

奥迪及其合资公司在营销广告上之所以一再出问题,从更深层次来看,与厂家对营销广告的投放与制作机制有关。在公众认知中,车企是舍得花钱的“金主”。通常车企并不会亲自制作广告,而是提需求、出预算,由内容供应商竞标并负责制作。头部大厂的广告一般都是大制作,实际执行过程中,可能会分包给一些小公司,其中就容易出现“失控”情况。

正因不是“自制”,无论是汽车厂商,还是大广告公司,对于内容都有非常严格的审查制度与流程。比如,投放前对字体、标点符号、音乐、文案版权等,都要进行审核,部分公司还会审查艺人明星出镜时的服务和品牌。这既是对自身品牌的负责,也是对互联网知识产权侵权泛滥必要的警醒。

广告营销文案体现一个企业的价值取向。此前汽车界爆发过“灵魂之争”,呼吁汽车厂商要把软件技术掌握在自己手中,不能失去灵魂。事实上,如果对广告营销不能通过把关将传播内容掌握在自己手中,企业的做法同样是不行的。奥迪此次广告营销“翻车”,也给其他车企提了一个醒。

(资料来源:新浪网.营销“翻车”厂家更该反思 传播内容需严格审核.[EB/OL].(2022-05-24)[2024-05-18]. https://k.sina.com.cn/article_1726918143_66eeadff02001drrx.html.)

案例启示

在这个时代,互联网已经成为生活必不可少的一部分,我们可以在网上搜到文字、图片、视频、音频、直播等很多元素,其展现形式层出不穷,内容也是越来越丰富。在数量庞大、形态多样、主体多元的互联网内容行业里,不可避免地出现了鱼龙混杂的局面。低俗、暴恐、抄袭……种种问题交织在一起,严重破坏了网络生态。为了净化网络环境,给广大用户提供良好的体验,积极传播正能量,筛选和审核信息内容是必不可少的,作为新时代互联网从业者,我们一定要遵守相关法律法规,防止错误和不良信息的传播。

课后自测

1. 案例分析题

国家互联网信息办公室发布新修订的《互联网跟帖评论服务管理规定》

近日,国家互联网信息办公室发布新修订的《互联网跟帖评论服务管理规定》(以下简称新《规定》)。新《规定》自2022年12月15日起施行。新《规定》旨在加强对互联网跟帖评论服务的规范管理,维护国家安全和公共利益,保护公民、法人和其他组织的合法权益,促进互联网跟帖评论服务健康发展。

《互联网跟帖评论服务管理规定》自2017年10月1日施行以来,对于规范跟帖评论环节信息秩序,维护良好网络环境发挥了积极作用。但随着互联网新技术新应用的快速发展,互联网跟帖评论服务也出现了许多新情况、新问题，需要适应形势发展变化进行修订完善。新《规定》共16条，重点明确了跟帖评论服务提供者跟帖评论管理责任、跟帖评论服务使用者和公众账号生产运营者应当遵守的有关要求等内容。

新《规定》明确，跟帖评论服务提供者应当按照用户服务协议对跟帖评论服务使用者和公众账号生产运营者进行规范管理。

新《规定》要求，公众账号生产运营者应当对账号跟帖评论信息内容加强审核管理，及时发现跟帖评论环节违法和不良信息内容并采取必要措施。

新《规定》强调，公众账号生产运营者可按照用户服务协议向跟帖评论服务提供者申请跟帖评论区管理权限。跟帖评论服务提供者应当对公众账号生产运营者的跟帖评论管理情况进行信用评估后，合理设置管理权限，提供相关技术支持。

案例思考：当我们在互联网发布信息时，应如何保证内容的合法性和规范性？

项目6 网络内容采集与编辑

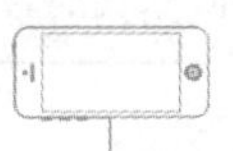

知识目标

- 熟悉网站内容的常见类型
- 了解多媒体信息采集和数码设备的基本知识
- 了解稿件价值判断的标准
- 掌握稿件归类和修改的基本方法
- 了解新闻采访、新闻写作、视听新闻的基础知识

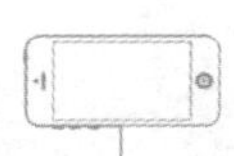

能力目标

- 能够使用相关设备采集多媒体素材
- 能够进行稿件价值判断、稿件分类和信息编辑
- 能够制作标题和内容提要,设置相关超链接
- 能够按照要求设计和编排网站内容
- 能够完成论坛监控、信息处理和成员沟通与管理

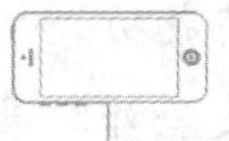

素质目标

- 培养学生鉴别正确合法信息的判断能力
- 培养学生建立规范意识和职业道德,提升编辑能力
- 培养学生形成遵纪守法以及原创与安全意识
- 培养学生形成积极的人生态度和价值观
- 培养学生的爱国主义感情和社会主义道德品质

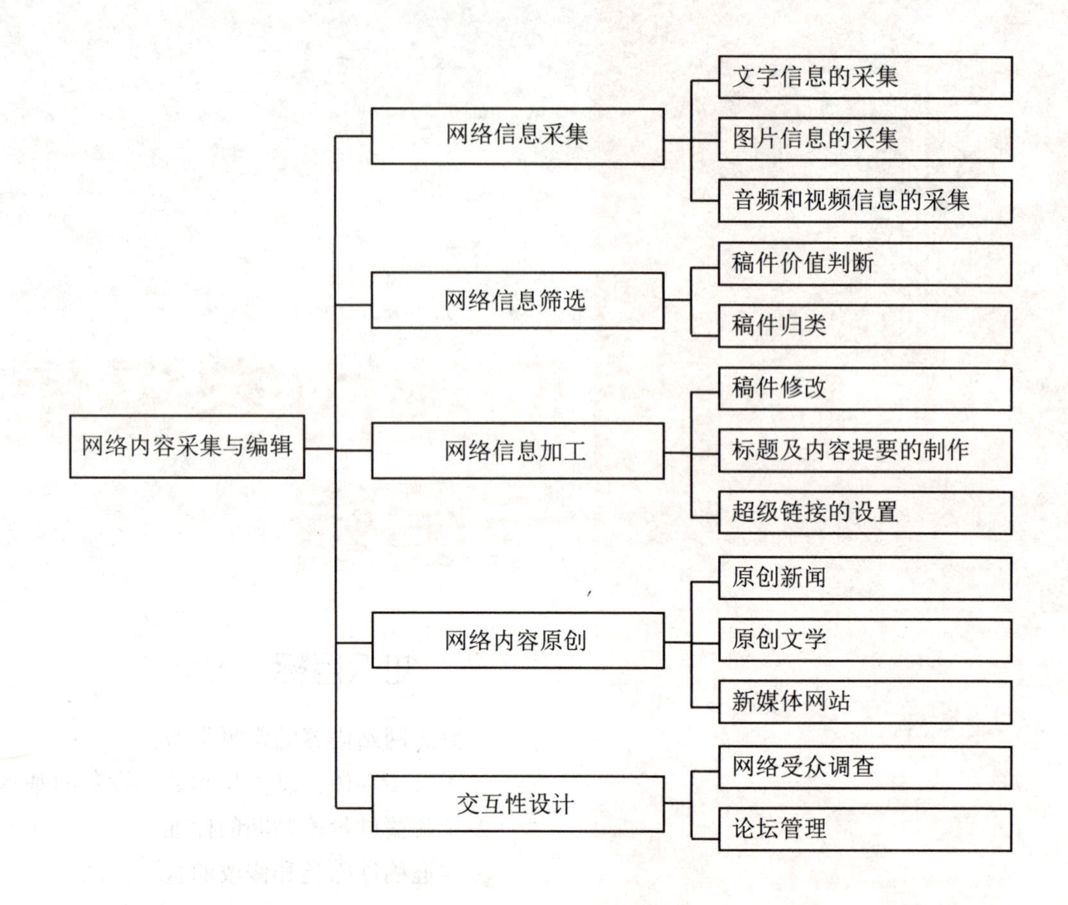

6.1 网络信息采集

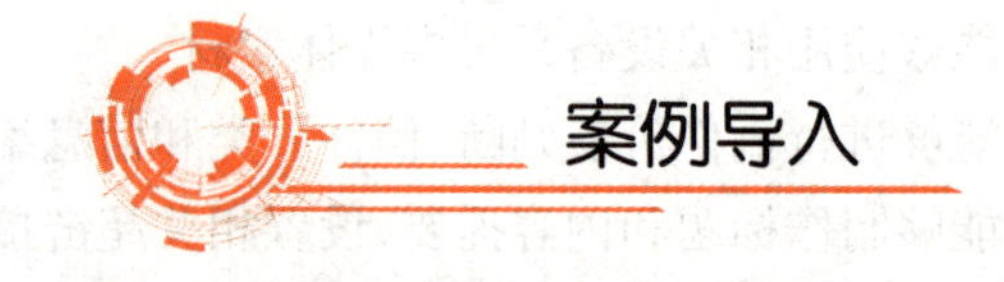

案例导入

神舟十五号航天员乘组圆满完成第一次出舱活动全部既定任务

2023年2月10日0时16分，经过约7小时的出舱活动，神舟十五号航天员费俊龙、邓清明、张陆密切协同，圆满完成出舱活动全部既定任务。目前，航天员费俊龙、航天员张陆已安全返回问天实验舱，出舱活动取得圆满成功。

航天员出舱活动期间，完成了梦天舱外扩展泵组安装等任务，全过程顺利圆满。这是中国空间站全面建成后航天员首次出舱活动，航天员费俊龙、张陆首次漫步太空，再次成功圆梦。根据计划，后续，航天员乘组还将开展多次出舱活动。

此外，空间站货物出舱安装任务也于前期陆续开展。目前，能量粒子探测器、等离子体原位成像探测器等载荷已完成出舱安装，全面验证了舱外载荷安装流程和空间站货物气闸舱、转移机构等部件的功能性能。

据介绍，空间站货物出舱安装任务由载荷转移机构、货物气闸舱、内外舱门、机械臂协同配合，通过在轨航天员或地面操作，将需要出舱的货物送出舱外，根据任务需要也可将舱外的货物送进舱内。突破掌握此项关键技术，可大幅提高舱内外货物交换效率，减少航天员出舱次数和工作量。按计划，后续还将持续开展货物出舱安装工作。

（资料来源：新华网．神舟十五号航天员乘组圆满完成第一次出舱活动全部既定任务[EB/OL].(2023-02-10)[2024-05-18]. http://www.news.cn/tech/20230210/f243848d92c745e88d0d4e76bb64441c/c.html.）

以上是一篇摘自新华网的新闻。在信息时代，消息传播迅速，网站的信息来源也多种多样，例如网站记者采访、编辑新闻、转载传统媒体的消息或转载其他网站的消息等。本项目将对新闻等信息的采集方法和手段以及编辑处理的方法进行具体介绍。

在编辑过程中，素材采集是编辑目标确定后的一项基础工程。根据媒体性质的不同，一般把媒体素材分成文字、图片、音频和视频等类型。不同的素材，需要不同的采集方法和软件。下面分别介绍不同类型素材的采集。

6.1.1 文字信息的采集

在各种媒体素材中，文字素材是最基本的素材。常见文字素材的格式有TXT、DOC、RTF、WPS等。文字素材通常可以通过键盘输入或扫描输入等方式获得。

1. 文字处理软件采集文字信息

通过文字处理软件获取文字信息的方法主要有以下三种：

① 少量文本的采集可在多媒体制作软件中直接通过键盘输入和编辑。例如，在图像处理软件画图（Microsoft Paint）或者Photoshop中添加少量的文字，可直接利用其中的文字输入功能进行录入和编辑。

② 如果需要输入大量的文字材料，可以借助文字处理软件编辑后，再导入到多媒体制作软件中。Microsoft Word和WPS文字处理软件就是很好的字处理软件，适于制作各种文档，例如信函、传真、公文、报刊、书刊和简历等，其主要功能有所见即所得、图文混排、表格处理，具有兼容性好、自动更正等优点。

③ 借助于扫描仪，可将印刷书刊上的已有文字扫描到计算机中，再用文字识别软件（Optical Character Recognition，OCR）将其识别成可编辑的文本，然后利用文字处理软件进行编辑修改，成为所需要的文字素材。

2. 表格处理软件采集文字信息

在网络编辑工作的过程中，经常需要处理大量的数据和表格，这是一件繁琐的工作。而计算机可以凭借其强大的运算能力完成这类工作，大大提高了网络编辑的工作效率。当前最常用的图表处理软件有WPS Office中的Excel和Microsoft Office中的Excel。它们都具有制表、数据运算、图表处理和数据库管理等功能。关于Excel的具体使用方法不再赘述。

6.1.2 图片信息的采集

采集图片素材有外部采集和计算机内部采集两种方法。外部采集是指主要利用扫描仪或数码相机从外部采集图片数据;内部采集主要是利用抓图软件从计算机屏幕上显示的图像中抓取图片文件,也包括从网络上、素材光盘上间接地取得素材。

1. 使用扫描仪采集图片素材

扫描仪是计算机的一种输入设备,可以将印刷品、书面文稿、照片等媒介信息扫描保存到计算机中,然后通过软件加以处理,以适合不同的应用,图6.1为各种扫描仪。

图6.1 各种扫描仪

在进行网络内容编辑时,扫描、打印文件是网络编辑工作的日常操作,但是实际工作中也不是随时都有扫描仪的,这个时候就需要更简便的方式来操作。随着移动设备的普及,扫描这个工作用一部手机就可以完成。目前市面上流行的扫描软件(如扫描全能王、坚果云扫描、迅捷文字识别等)几乎都支持批量扫描文档、扫描多种证件,可以免费导出PDF扫描文件,完全可以当作移动扫描仪使用。下面选取一款扫描APP进行详细说明。

(1) 文档扫描

进入首页之后,点击“相机”图标进入拍照界面,点击“拍照扫描”即可进行文档扫描,如图6.2所示。

图6.2 拍照扫描

① 支持批量拍照扫描。如果有多份文档需要扫描的时候,先点击一下快门旁边的“多张”功能,就能够连续拍照进行扫描,且支持批量上传相册图片进行扫描,一次最多可以上传50张图片,如图6.3所示。

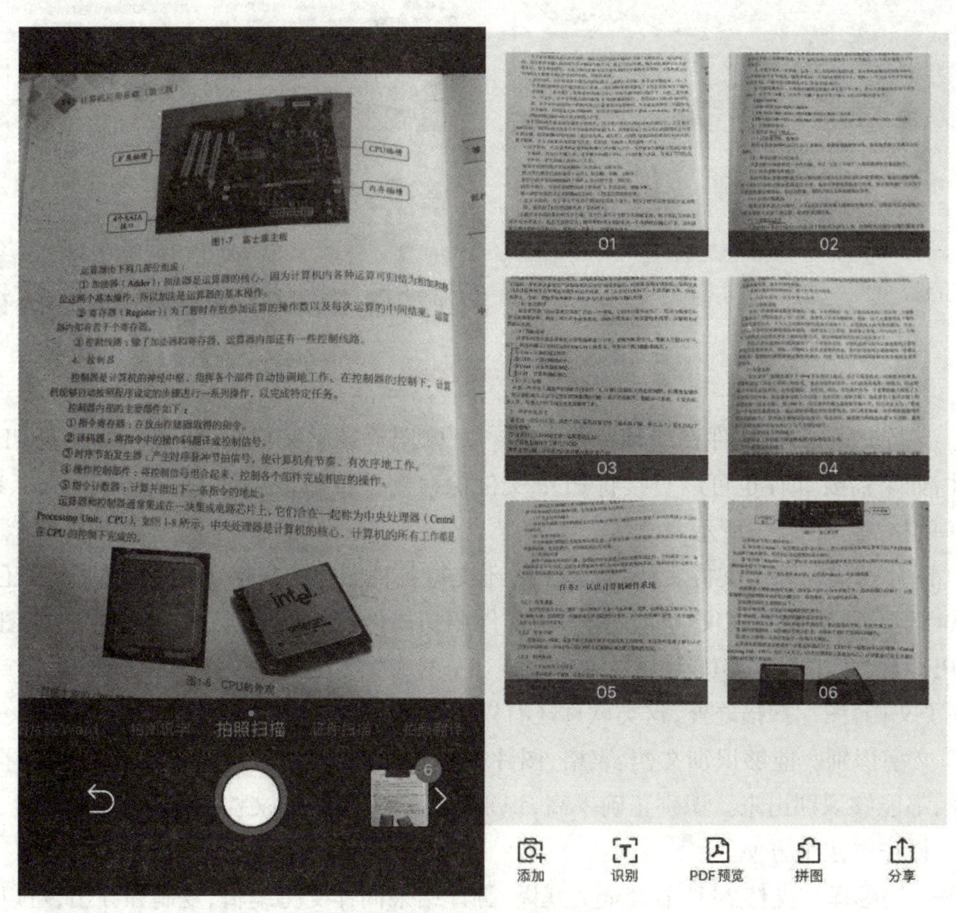

图6.3 连续拍照扫描

② 支持单张编辑。拍摄之后可以对每个页面进行编辑,可以手动选择区域、旋转以及

选择效果,效果包括增强并锐化、增亮、黑白、省墨和灰度等,如图6.4所示。

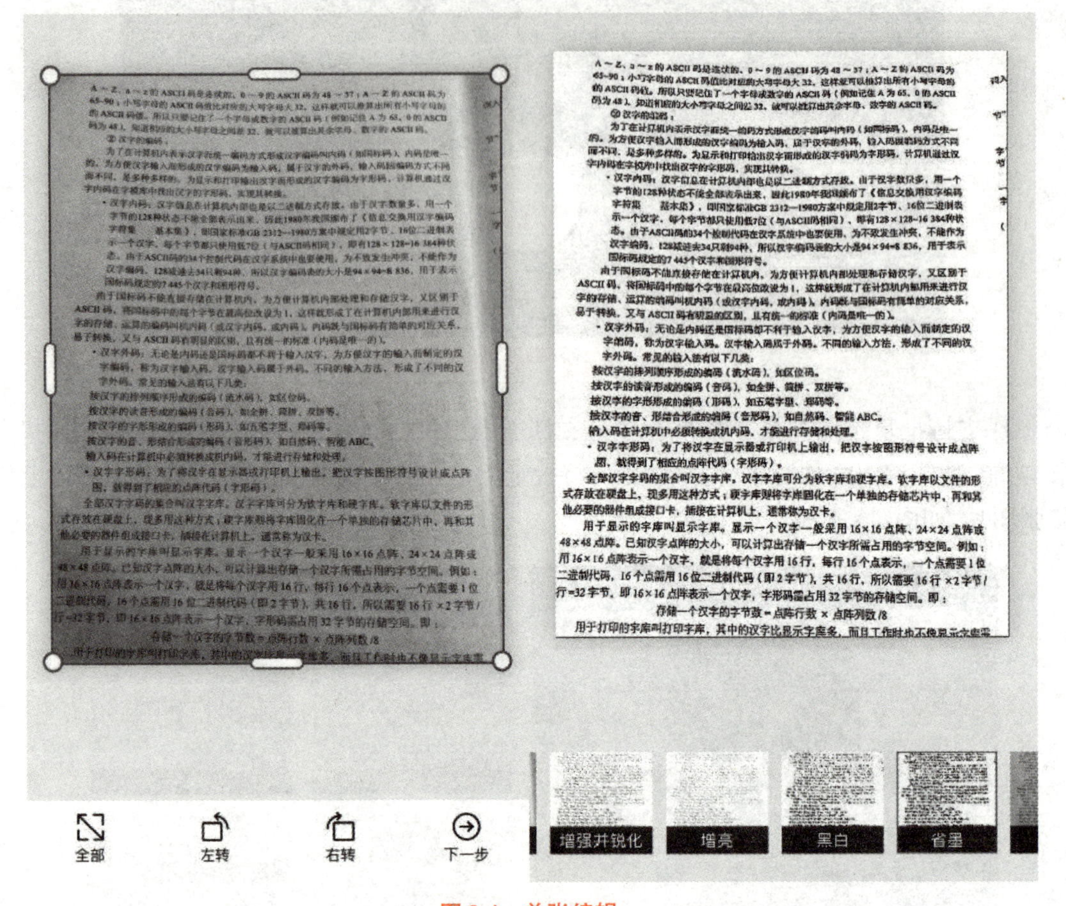

A～Z、a～z的ASCII码是连续的。0～9的ASCII码为48～57；A～Z的ASCII码为65~90；小写字母的ASCII码值比对应的大写字母大32。这样就可以推算出所有小写字母的ASCII码值。所以只要记住了一个字母或数字的ASCII码（例如记住A为65，0的ASCII码为48），知道相应的大小写字母之间差32，就可以推算出其余字母、数字的ASCII码。

② 汉字的编码：

为了在计算机内表示汉字而统一的码方式形成汉字编码叫内码（如国标码），内码是唯一的。为方便汉字输入而形成的汉字编码为输入码，属于汉字的外码，输入码因编码方式不同而不同，是多种多样的。为显示和打印输出汉字而形成的汉字编码为字形码，计算机通过汉字内码在字模库中找出汉字的字形码，实现其转换。

- 汉字内码：汉字信息在计算机内部也是以二进制方式存放。由于汉字数量多，用一个字节的128种状态不能全部表示出来，因此1980年我国颁布了《信息交换用汉字编码字符集　基本集》，即国家标准GB 2312—1980方案中规定用2字节、16位二进制表示一个汉字，每个字节都只使用低7位（与ASCII码相同），即有128×128=16 384种状态。由于ASCII码的34个控制代码在汉字系统中也要使用，为不致发生冲突，不能作为汉字编码，128减去34只剩94种，所以汉字编码表的大小是94×94=8 836，用于表示国标码规定的7 445个汉字和图形符号。

由于国标码不能直接存储在计算机内，为方便计算机内部处理和存储汉字，又区别于ASCII码，将国标码中的每个字节在最高位改设为1，这样就形成了在计算机内部用来进行汉字的存储、运算的编码叫机内码（或汉字内码，或内码）。内码既与国标码有简单的对应关系，易于转换，又与ASCII码有明显的区别，且有统一的标准（内码是唯一的）。

- 汉字外码：无论是内码还是国标码都不利于输入汉字，为方便汉字的输入而制定的汉字编码，称为汉字输入码。汉字输入码属于外码。不同的输入方法，形成了不同的汉字外码。常见的输入法有以下几类：

按汉字的排列顺序形成的编码（流水码），如区位码。

按汉字的读音形成的编码（音码），如全拼、简拼、双拼等。

按汉字的字形形成的编码（形码），如五笔字型、郑码等。

按汉字的音、形结合形成的编码（音形码），如自然码、智能ABC。

输入码在计算机中必须转换成机内码，才能进行存储和处理。

- 汉字字形码：为了将汉字在显示器或打印机上输出，把汉字按图形符号设计成点阵图，就得到了相应的点阵代码（字形码）。

全部汉字字码的集合叫汉字字库。汉字字库可分为软字库和硬字库。软字库以文件的形式存放在硬盘上，现多用这种方式；硬字库则将字库固化在一个单独的存储芯片中，再和其他必要的器件组成接口卡，插接在计算机上，通常称为汉卡。

用于显示的字库叫显示字库。显示一个汉字一般采用16×16点阵、24×24点阵或48×48点阵。已知汉字点阵的大小，可以计算出存储一个汉字所需占用的字节空间。例如：用16×16点阵表示一个汉字，就是将每个汉字用16行，每行16个点表示，一个点需要1位二进制代码，16个点需用16位二进制代码（即2字节），共16行，所以需要16行×2字节/行=32字节，即16×16点阵表示一个汉字，字形码需占用32字节的存储空间。即：

存储一个汉字的字节数=点阵行数×点阵列数/8

用于打印的字库叫打印字库，其中的汉字比显示字库多，而且工作时也不像显示字库需

图6.4　单张编辑

③ 支持PDF扫描文件在线预览及导出。每张图片调整完成后,可以在线预览PDF扫描文件,如果需要保存也可以直接将PDF文件保存到手机中,还可以直接转成Word、Excel和PPT的格式,如图6.5所示。

④ 图片扫描。除了支持文档扫描之外,还支持各种图片的扫描,能够将图片1:1还原打印到A4纸上,不需要扫描仪也能快速做出证件照扫描件,如图6.6所示。支持扫描的图片格式有JPEG、PNG、BMP、GIF等。

除了文档、图片扫描之外,这类软件还有以下功能:

① 文字识别。能够识别文档、表格、图片等格式文件中的文字,而且不管是印刷体还是手写体,都能够识别出来。识别正确率高,识别之后能够保持原文档的排版,支持编辑、复制和导出,操作方法很方便。

② 文档翻译。支持26种语言全文互译,翻译结果同样支持编辑、复制和导出,可以用来翻译一些外文文档。

③ 云端储存功能,上传文件、识别结果都可以上传到云端库中,可随时查看下载。

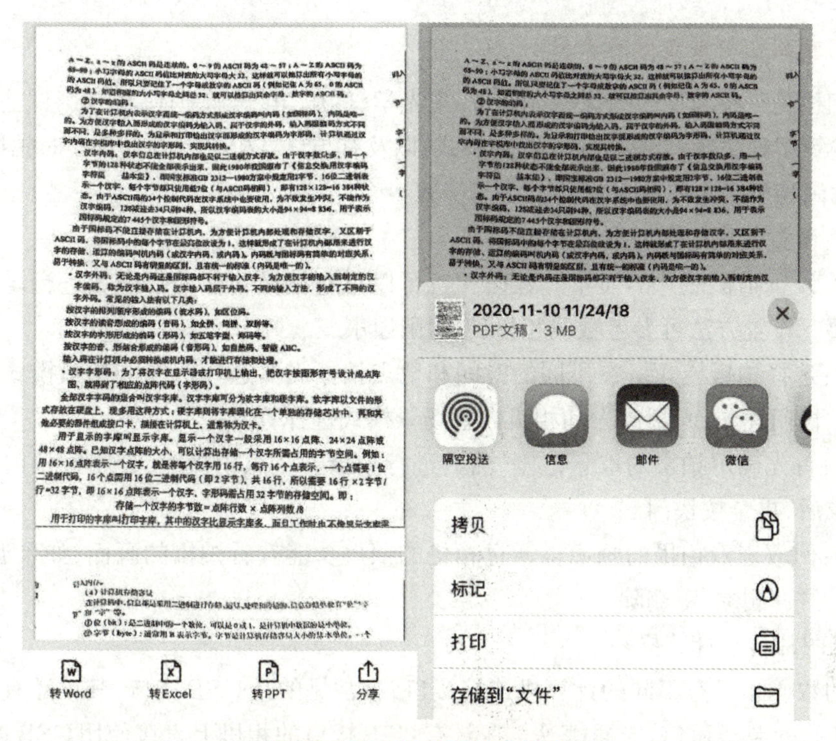

图 6.5　PDF 格式预览和导出

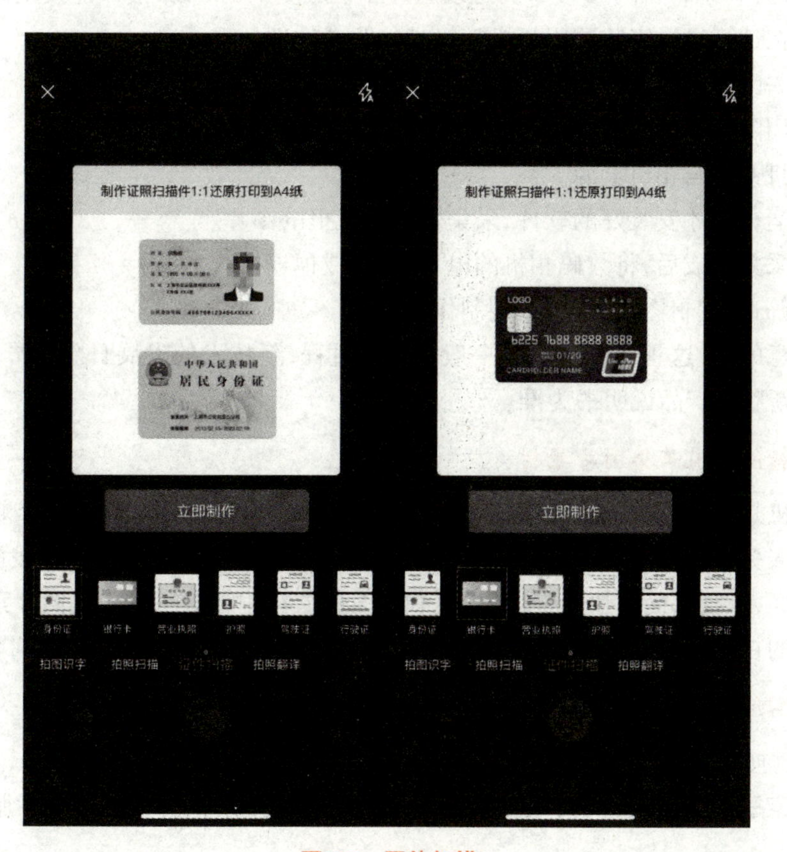

图 6.6　图片扫描

2. 使用数码相机采集图片素材

数码相机是一种新型的图像捕捉设备,集光学、机械、电子于一体,集成影像信息的转换、存储和传输等多种功能,具有数字化存取模式,以及有与计算机交互处理和实时拍摄的功能。

(1) 数码相机采集图片素材的方法与步骤

步骤1:设置相机的日期和时间。

步骤2:设置拍摄照片的质量。数码相机可以对所拍摄的照片的质量进行设置,以满足不同的需要。设置方法可参考数码相机的使用说明。

步骤3:选择拍摄模式。在不同的时间和地点拍摄需要选择不同的拍摄模式,通常有全自动、手动、快门优先、光圈优先和相机内置场景模式选择等。

步骤4:首先确定拍摄的取景范围,然后进行拍摄。注意拍摄时,先半按快门,等相机自动聚焦完成后,再全按快门。

步骤5:回放查看拍摄的画面。通过相机的回放功能查看拍摄的画面,如果遇到不想保存的画面,可按"删除"键删除。

(2) 将图片传至计算机

不同的数码相机有不同的计算机连接接口,最常见的是USB接口,其他还有串行接口、IEEE 1394的读卡器和PC卡插槽等。在具有USB接口的相机上直接使用USB连接线连接至计算机,相机本身不带USB接口的可以通过相机底座上的USB接口连接至计算机。

步骤1:在计算机上安装数码相机随机带的驱动软件。

步骤2:关闭数码相机的电源。

步骤3:用随机带的USB连接线将计算机和数码相机连接。

步骤4:打开数码相机电源。

步骤5:运行刚才安装好的软件,采集数码相机里的图片。

步骤6:采集完成后,将数码相机的电源关闭,拔掉连接线。

步骤7:筛选、编辑图片,进行后期制作。

需要注意的是,这里介绍的只是一般的操作过程,新技术的发展日新月异,应以所购数码相机的最新版本产品说明书为准。

3. 使用智能手机采集图片素材

智能手机是具有独立的操作系统、独立的运行空间,可以由用户自行安装软件、游戏、导航等第三方服务商提供的设备。随着技术的发展,智能手机的功能越来越全面,其中摄影功能越来越强大,且操作简单快捷,不需要复杂的设置。利用智能手机采集图片素材已成为绝大多数网友的首要选择方式。

4. 通过网络获取图片素材

(1) 通过搜索引擎获取图片素材

随着搜索引擎的发展完善,很多搜索引擎都把图片搜索作为自己的搜索服务之一。常见的图像搜索引擎有Google图像搜索引擎(http://images.google.com)、Yahoo画廊(http://image.cn. yahoo.com/)、百度图片搜索引擎(http://image.baidu.com)、Befind图像搜索引擎(http://www.befind.com)、木子图库(http://gallery.muzi.com)、Fotoe无限图像网(http ://www.fotoe.com)等。图像搜索引擎的使用方法和一般的搜索引擎使用方法相似,有普通搜索与高级搜索两种方式,通过关键词和设定的搜索条件进行搜索。具体的使用方法可参考每个网站提供的帮助功能。

(2) 专业图片网站

随着对网络图片需求量的增加,出现了一些专门为网络媒体提供图片的网站,这些图片网站作为其他网站的图片提供者,其图版素材都需要付费使用,例如视觉中国网站(https://www.vcg.com),如图6.7所示。

图6.7 视觉中国网站首页

类似的网站还有人民图片网(http://www.vip.people.com.cn)、中国图片集团(http://www.chnphoto.cn)和中新网图片频道(http://www.channel.chinanews.com/u/pic/news.shtml)等。如果想使用这些图片库或者图片网站中的图片,就要和这些网站签署付费协议,然后就可以使用自己的注册账户在这些网站上搜索下载图片了。

网络资源是丰富的,除了以上一些需要付费使用的图片库之外,网络上还有很多提供免费图片服务的网站。

5. 新闻摄影

(1) 新闻摄影简介

新闻摄影是运用摄影技术摄制图片进行报道的形象新闻。摄影图片是新闻摄影传播信息的主要手段,主要依靠抓拍完成,其宗旨是说明事件、传播消息、引发影响等。

新闻摄影的特点包括:① 新闻性,指摄影记者确定的摄影报道的主题,应是具有新闻价值的事物。新闻摄影报道应该最大限度地追求照片的新闻信息量。② 真实性，意味着拍摄的事物是真实的，照片应符合事实或人物的本来面目。此外，新闻摄影最好是人物在特定环境中自然流露的瞬间形象，应避免“导演”和“摆拍”现象。③ 直接性，所拍形象直接来自现实生活和新闻事件发生现场，直接呈现给读者，不经再创作或加工。④ 及时性，这是对所有新闻作品的要求，摄影报道也不例外。因此，新闻摄影同样是对新近发生的事实的一种报道。

(2) 新闻摄影基本知识

新闻摄影需要一定的物质条件，照相机、闪光灯、胶卷等工具是必不可少的。除工具外，还应具备相应的摄影知识。

① 景别。景别是指被摄物体在画面中所呈现出的范围，一般分为远景、全景、中景、近景和特写。远景，是视距最远的景别，主要表现远距离的人物和周围环境气氛，持续时间一般在10秒左右。全景，包括被摄对象的全貌和周围环境，确定事物、人物的空间关系。中景，包括对象的主要部分和事物的主要情节，多以人物的动作、手势等富有表现力的局部画面为主。近景，包括被摄对象更为主要的部分，用以细致地表现人物和物体的主要特征，常用来表现人物心理活动的面部表情和细微动作。特写，是表现被摄主体对象某一局部的画面。

② 拍摄角度。拍摄角度也称镜头角度、摄影角度、画面角度，是在拍摄时所确立的视点和方位。拍摄角度指照相机和对象之间形成的方向关系、高度关系和远近关系，这些关系称为几何角度。除此之外，角度还有主观角度、客观角度和主客观角度之分，这是从心理上区分的，也叫作心理角度。拍摄角度包括水平角度(拍摄方向)和垂直角度(拍摄高度)。拍摄方向是指摄像机镜头与被摄物体在同一水平面上一周360°内的相对位置。拍摄方向有正面角度、背面角度、正侧面角度或斜侧角度等，如图6.8所示。正面镜头，有利于表现被摄主体的正面特征，显示出庄重、静穆的气氛，但画面呆板，缺少立体感；背面拍摄，表现被摄主体的背部特征，能够更好地交代人物与周围事物间的关系；侧面拍摄，有助于突出人物的侧面轮廓，特别是面部轮廓，其中又分为斜侧面拍摄，特点是使物体产生明显的形体透视变化，有利于表现景物的立体感和空间感。

③ 光线。光线可以分为自然光和人工光两大类。各种光源产生的光线包括直射光和散射光两大类。凡是在物体上能产生清晰投影的光线称为直射光；在物体上只提高普遍亮度，不产生明显投影的光线称为散射光。

布光是运用人工照明进行打光的方法，摄影师利用各种照明器材，对被摄物体布置不同距离、角度和强度的光照，借以获得曝光准确、色调匀称、富有艺术感染力的摄影作品。标准布光技巧就是主光、轮廓光和辅助光的三角形安排。主光是照明中的主要光源，它展示事物的基本形状；轮廓光将物体与背景分离并提供轮廓光辉，辅助光控制反差。摄影布光要根据所表现的空间特性赋予场景以表现力。通过控制主光灯、辅助光灯和轮廓光灯的光比，改变明暗对比，来形成不同的造型效果，如图6.9所示。

图6.8 拍摄方向

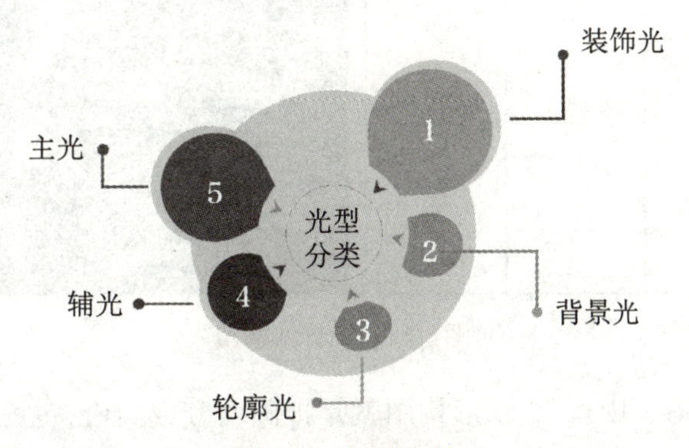

图6.9 光型分类

④ 构图。摄影画面形象是由主体、陪体和环境构成的，一般称之为摄影构图的三大形式因素。主体是画面内容和主题的主要体现者，是摄影构图的核心，在画面中起着控制全局的主导作用，画面中所有的元素都要围绕主体来组织，因而必须将主体放置在画面中最突出的位置，采取各种方法来吸引受众的目光。陪体是指在画面上陪衬渲染主体，并同主体构成特定情节，帮助表达主体的特征和内涵的被摄对象，它是画面中与主体关系最密切、最直接的要素。环境的作用主要是说明主体所处的位置、地点和环境气氛等，并通过一定的渲染以加强主体的表现力。照片中的环境，通常是指背景，但广义的环境，还包含前景和空白。

摄影的构图形式是指画面的表现形态。由于被摄对象是复杂多变的，因此摄影构图的形式也是多种多样的，并没有限定只能用哪一种。

A. 九宫格构图（图6.10）。九宫格构图也称井字构图，属于黄金分割式构图的一种形式。九宫格构图中将被摄主体或重要景物放在九宫格交叉点的位置上。在选择构图方位时，右上方的交叉点最为理想，其次为右下方的交叉点。该构图方式较为符合人们的视觉习惯，使主体自然成为视觉中心，具有突出主体，并使画面趋向均衡的特点，要注意的是视觉平衡问题。

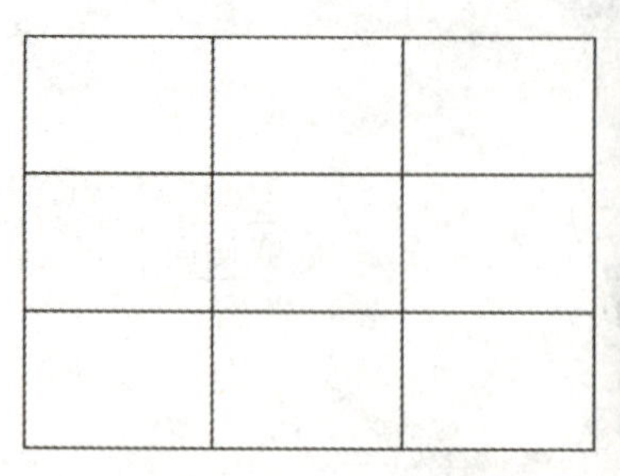

图6.10　九宫格构图

B. 三分法构图（图6.11）。三分法构图是指把画面横或竖分为三等份，每一份的中心都可放置主体形态，这种构图适宜多形态平行焦点的主体，也可表现大空间、小对象，还可反向选择。该构图方式表现鲜明，构图简练，可用于近景等景别。

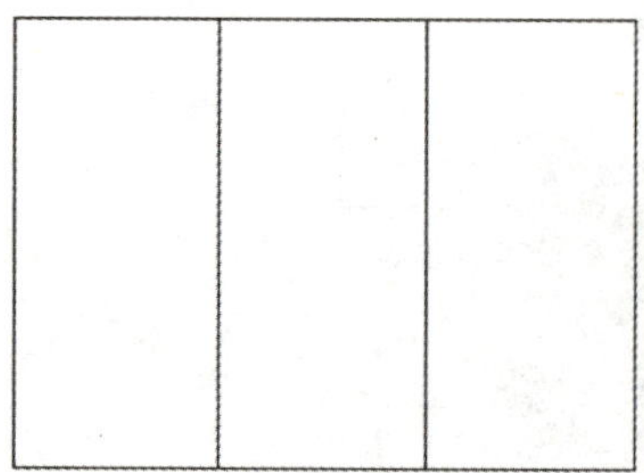

图6.11　三分法构图

C. 十字形构图（图6.12）。十字形构图就是把画面分成四份，也就是通过画面中心画横竖两条线，中心交叉点是用于放置主体位置的。此种构图，使画面增加安全感、和平感、庄重感及神秘感，但也存在着呆板等不利因素。在商品拍摄过程中，该构图方法适宜表现对称式构图，如表现家具类商品、人像等，可产生中心透视效果。

图6.12　十字形构图

D. 横线构图（图6.13）。横线构图能使画面产生宁静、宽广、稳定、可靠的感觉，但是单一的横线容易割裂画面。在实际的拍摄过程中，切忌从中间穿过，一般情况下，可上移或下移避开中间位置。在构图中,除了单一的横线外,还可组合使用多条横线,当多条横线充满画面时,可以在部分线条的某一段上安排主体位置,使某些横线产生断线的变异。这种方法能突显主体,使其富有装饰效果,是构图中最常用的方法。

图6.13　横线构图

E. 竖线构图(图6.14)。竖线构图是主体呈竖向放置和竖向排列的竖式构图方式。竖线构图能使画面产生坚强、庄严、有力的感觉,也能表现出主体高挑、秀朗的特点,常用于长条的或者竖立的主体。

图6.14　竖线构图

F. 斜线构图(图6.15)。斜线构图是主体斜向摆放的构图方式,其特点是富有动感,个性突出,多用于表现造型、色彩或者理念等较为突出的主体。

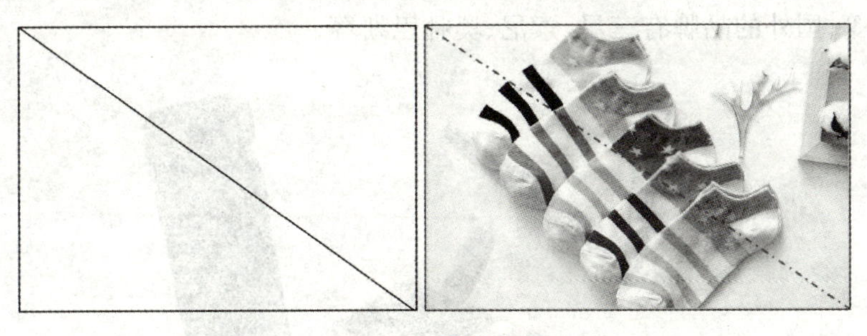

图6.15　斜线构图

G. 疏密相间法构图(图6.16)。疏密相间法就是在同一个画面中摆放多个物体进行拍摄,但不能让多个主体放置在同一平面,而要使它们错落有致、疏密相间。这种构图方法让画面在紧凑的同时,还能够主次分明。

图6.16　疏密相间法构图

6.1.3　音频和视频信息的采集

采集声音素材可以通过数码录音笔录制声音，再输入到计算机中，也可以利用软件通过话筒录音直接输入到计算机中。采集视频素材的方法很多，最常见的是用视频捕捉卡配合相应的软件（如Ulead公司的MediaStudio和Adobe公司的Premiere）采集数码摄像机上的素材。另一种方法是利用超级解霸等软件，来截取光盘上的视频片段（如截取MPG文件或BMP文件），或把视频文件DAT转换成Windows系统通用的AVI文件。目前，采集视频素材最直接的方式就是用手机或数码摄像机录制。

1. 新闻采访录音采集信息

录音笔是数字录音设备的一种，如图6.17所示，它重量轻、体积小、携带方便，同时拥有多种功能（如激光笔功能、MP3播放功能等）。目前，数码录音笔的品牌较多。国产品牌有爱国者、华索等，国外的品牌有三星、索尼、奥林巴斯等。

图6.17　多种录音笔

2. 新闻摄像采集信息

摄像工作的核心就是通过技术、艺术的手段来完成视觉造型形象处理和视觉信息传达。影视制作部门按照职业特点,可以称之为摄影或摄像。

(1) 镜头运动的种类

我们把摄影机从开拍到停机的时间内连续记录的运动事物影像称为一个镜头。摄影机镜头运动包括推、拉、摇、移、跟等基本运动方式。

① 推镜头就是摄影机向被摄主体的方向推进,使画面框架由远而近向被摄主体不断接近的拍摄方法。

② 拉镜头就是摄影机逐渐远离被摄主体,使画面框架由近至远与被摄主体拉开距离的拍摄方法。

③ 摇镜头就是在拍摄一个镜头的过程中,摄影机位置不动,只有机身做上下、左右旋转运动而呈现出动态构图的画面。

④ 移镜头是摄影机在水平面上沿着某个方向移动所拍摄的画面。移镜头根据摄影机移动的方向不同,大致可以分为前移动、后移动、横移动和曲线移动四大类。

⑤ 跟镜头就是摄影机跟随运动的被摄主体进行拍摄的镜头形式。跟镜头大致可以分为前跟、后跟、侧跟三种情况。前跟是从被摄主体的正面拍摄,也就是摄影师倒退拍摄,后跟和侧跟是摄影师在人物背后或旁侧跟随拍摄的方式。

(2) 镜头组接与蒙太奇

蒙太奇原是法语“montage”的音译,意为构成、装配。蒙太奇在影视媒体中,既是一种影视语言的思维方式,又是影视创作的构成方式,也是影视的技术和技巧。因此,蒙太奇在影视媒体中绝不仅仅是镜头组接的代名词。现代影视蒙太奇已经成为一个完整的体系,可以分成多种形态,包括叙事性蒙太奇、表现性蒙太奇、声画(声音)蒙太奇、技巧蒙太奇,等等。

① 叙事性蒙太奇是以交代情节、展示事件为主旨的蒙太奇类型,它按照情节发展的时间流程、逻辑顺序、因果关系来分切组合镜头、场面和段落,表现动作的连贯,推动事件和情节的发展,引导观众理解剧情。叙事性蒙太奇通常包括连续蒙太奇、平行式蒙太奇、交叉式蒙太奇、积累式蒙太奇、复现式蒙太奇、倒叙式蒙太奇等。

② 表现性蒙太奇用于加强情绪的渲染力度,通过镜头间的关系表达一定的思想与观念。表现性蒙太奇通常包括隐喻式蒙太奇、对比式蒙太奇、抒情式蒙太奇等。

(3) 镜头组接的基本规律

① 静接静,是保证镜头转换流畅的一种组接方法,即两个非运动镜头的组接方法。在视觉上没有明显动感的镜头切换,更多注重镜头的连贯性,不强调运动的连续性。

② 静接动,是指镜头切换前后的画面所处状态动感不明显的镜头与动感的镜头的切换方法。静接动可以产生上下镜头动作的强烈对比,形成一种节奏上的跳跃,从而强调一种特殊的情绪飞跃。这样的静接动在视觉上是跳跃的,但在视觉上镜头转换仍然是流畅的。

③ 动接静,是在镜头动感明显时紧接静感明显的镜头的衔接方法,是镜头组接的特殊

规律。相连的两个镜头,如果前一个镜头动感十分明显,接上一个静止的镜头,会在视觉上和节奏上造成突兀停顿的感觉。动接静的特殊作用甚至超过静接动的某些效果,一般用在特殊节奏变化的转场处理中,可以造成前后两场戏在情绪和气氛上的强烈对比。

静接动、动接静在正常组接上会有一种跳动感,故在一般状态下是不采用的。

④ 动接动,是运动镜头常用的流畅组接方式,即两个运动镜头组接时,不用起幅、落幅,直接将推、拉、摇、移的画面组接到一起。镜头动作的剪辑,一般按照动接动、静接静等基本规律。

(4) 镜头转场的技巧

① 渐显、渐隐:亦称“淡入、淡出”“渐明、渐暗”,是表现时空间隔的重要手段。表现形式是前一场景的画面逐渐暗淡直至完全消失(渐隐)和后一场景的画面逐渐显现直到十分清晰(渐显),视觉上得到短暂的间歇。用以表现某一个情节的终了和另一个情节的开端。

② 化出、化入:亦称“溶变”“化”,用以表现时间空间转换和深化情绪。表现形式是前一画面渐渐隐去(化出)之前,后一画面即已开始渐渐显露(化入),两个画面同时重叠隐现,时空共同自然过渡一个片段。在时空变化不大的情况下,连续几个镜头用“化”过渡,可产生柔和、抒情的画面效果。

③ 划出、划入:亦称“划”“划变”,划是一类运用多种样式的技巧把两幅画面衔接起来的表现形式。表现形式是滑移遮挡,即后一镜头从前一镜头画面上渐渐划过,前后交替。

3. 数码摄像机采集信息

数码摄像机简称为DV(Digital Video),是一种应用数字视频格式记录音频、视频数据的摄像机,如图6.18所示。目前知名的数码摄像机厂商有索尼、松下、三星、杰伟世、佳能、夏普、三洋等。

图6.18 各种类型的数码摄像机

(1) 用数码摄像机拍摄视频素材

下面以索尼数码摄像机DCR-PC350E为例,简单介绍如何利用数码摄像机采集视频素材。

步骤1:设定摄像机的日期和时间。

步骤2:取下镜头盖,打开液晶显示面板。

步骤3:按住绿色按钮不放,将“POWER”开关滑到下面,使“CAMERA-TAPE”指示灯点亮。

步骤4:按“REC START/STOP”键开始拍摄。若要更改为待机模式,再按一次“REC START/STOP”键,也可以使用液晶显示面板的“REC START/STOP”。

步骤5:眼睛看着LCD屏开始拍摄视频。

步骤6:反复滑动“POWER”开关,直至“PLAY/EDIT”指示灯点亮。在液晶显示屏上查看所拍摄的图像。如果满意,则结束拍摄过程。

(2) 将视频导入计算机进行编辑

在数码摄像机上常用的接口有两种:一种是HDMI接口,HDMI是英文High Definition Multimedia Interface的缩写,是数字高清多媒体接口,HDMI接口的连接器体积小,很多高速相机也会采用该接口作为图像输出口;另一种是USB接口,这主要是为了方便把存储卡上的内容下载到计算机中,也可以用于USB视频流的采集。一般来说,主要利用HDMI接口建立计算机和数码摄像机的连接。下面以利用USB接口将拍摄好的视频采集到计算机中为例进行说明。

步骤1:首先确认计算机上有USB接口。

步骤2:安装视频采集软件和驱动软件。

步骤3:用USB线将数码摄像机与个人计算机连接。

步骤4:把数码摄像机功能开关拨到播放模式,从而打开摄像机。

步骤5:运行视频采集软件,并把输入源设为数码摄像机。

步骤6:采集完成后,使用非线性编辑软件进行编辑,例如使用项目3介绍的Premiere软件等。

这里介绍的只是一般的操作步骤,在具体使用时,请参照各不同数码摄像机生产厂商提供的产品说明书。

6.2 网络信息筛选

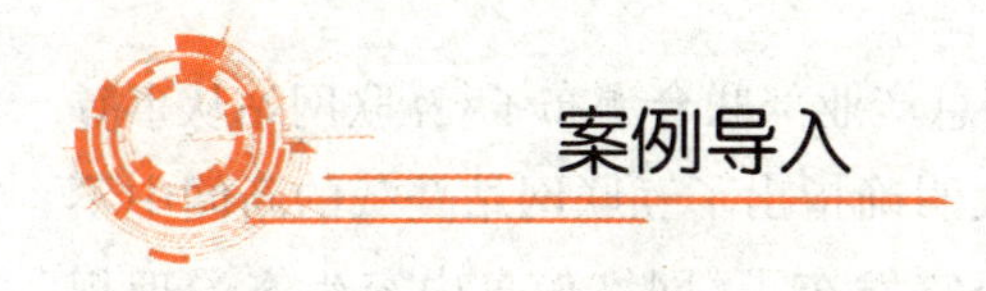

中央网信办持续深入打击网络谣言和虚假信息

记者2022年10月5日从中央网信办获悉,中央网信办深入推进“清朗·打击网络谣言和虚假信息”专项行动,继开展四川泸定地震网络谣言溯源处置工作后,督促网站平台进一步全面排查整治涉突发事件、疫情防控、社会民生等重点领域网络谣言。截至目前,重点网站平台共处置传播网络谣言账号2800余个,第一时间溯源并关闭首发账号,有力震慑造谣传谣行为。

据悉,中央网信办将持续深入推进专项行动,督导网站平台切实履行信息内容管理主体责任,加强日常监测和查证处置,依法从严惩治造谣传谣行为,并陆续公布典型案例,强化警示曝光,引导广大网民自觉抵制网络谣言和虚假信息,积极营造风清气正的网络空间。

(资料来源:新华网.中央网信办持续深入打击网络谣言和虚假信息[EB/OL].(2022-10-05)[2024-05-18]. http://www.news.cn/politics/2022-10/05/c_1129051812.htm.)

思考与讨论

网络信息的发布必须持审慎的态度,不光要符合国家相关的法律、法规,而且也要满足网民对信息的客观需求。因此,我们在发布信息时,需要对网络信息进行细心筛选。

网络信息采集是将非结构化的信息从大量的网页中抽取出来保存到结构化的数据库中的过程。在互联网上发布信息,必须保持谨慎的态度,对网络信息进行精确筛选。

6.2.1 稿件价值判断

一篇稿件是否有价值需要经过严格的审阅,必须符合各个方面的要求才能被认定为是一篇有价值的稿件。

1. 符合国家关于网络内容发布的管理规定

网络的内容发布,是在国家的相关政策与法规提供的框架下进行的。什么样的内容可以发表,什么样的内容不可以发表,都需要以相关的政策、法规为准绳。早在2000年9月20日,国务院就通过了《互联网信息服务管理办法》。该办法明确提出了互联网信息服务提供者不得制作、复制、发布、传播九个方面的内容,包括:违反宪法所确定的基本原则;危害国家安全,泄露国家秘密,颠覆国家政权,破坏国家统一;损害国家的荣誉和利益;煽动民族仇恨、民族歧视,破坏民族团结;破坏国家宗教政策,宣扬邪教和封建迷信;散布谣言,扰乱社会秩序,破坏社会稳定;散布淫秽、色情、赌博、暴力、凶杀、恐怖或者教唆犯罪;侮辱或者诽谤他人,侵害他人合法权益;含有法律、法规禁止的其他内容。

此外,2000年11月6日,国务院新闻办公室、原信息产业部联合颁布了《互联网站从事登载新闻业务管理暂行规定》。规定中的第十三条再次明确指出了互联网站登载的新闻中不得含有的内容。2019年12月,国家互联网信息办公室发布了《网络信息内容生态治理规定》,强调网络信息内容服务平台应当履行信息内容管理主体责任,加强本平台网络信息内容生态治理,培育积极健康、向上向善的网络文化。

2. 满足网民信息需求

网站的新闻信息传播的最终目的是要满足网民的需求，因此了解网民的需求是网站进行稿件选择的基础。网民在网上经常查询的信息概括起来有：新闻，计算机软、硬件信息，休闲娱乐信息，生活服务信息，社会文化信息，电子书籍，科技、教育信息，金融证券、房地产信息，求职招聘信息，商贸信息，旅游、交通信息；等等。因此网络编辑在筛选稿件时就要考虑到这些因素。

3. 操作要点

(1) 审查稿件的来源

网络稿件的来源是多元化的，不同来源的稿件质量可能不一样。因此，对稿件来源作出判断，也是判断稿件价值的一个方面。网络稿件来源有下列几个方面。

① 本网站原创稿件。

② 网民自发来稿。

③ 转载国内传统媒体稿件。

④ 转载国内其他网站稿件。

⑤ 转发国外媒体(含网站)稿件。

(2) 判断稿件中的信息价值

大多数网络稿件是以报道新闻和传达信息为目标的。因此，对稿件所涉及信息的基本价值进行判断是稿件价值判断的一个重要任务。

① 真实性判断。稿件要有明确来源，各个要素要齐全，要判断背景资料的真实性及准确性。

② 权威性判断。判断信息来源是否权威，所涉及的研究方法是否科学，是否具有代表性、普遍性。

③ 趣味性判断。信息内容本身既要轻松有趣，又要防止庸俗趣味。

④ 实用性判断。网民通过信息可以获得某些知识，可以直接利用这些信息，满足自身需求。

⑤ 时效性判断。信息在第一时间报道，时效性最强；对于关注中的事物，通过及时报道，可以保持其较强的时效性。

6.2.2 稿件归类

1. 网站内容构成的基本方式

网络编辑对于稿件进行加工的一个基础是将它们归到合理的类别中。恰当地进行文章的分类，才能实现网站的传播目标，更好地满足网民的阅读需求。

对稿件进行归类的基本思路是根据网站的总体设计，将文章对应划归到相应的频道及栏目中。为了进行稿件归类，首先要了解网站的基本结构。一个网站往往可以分为若干个频道，频道下再分为若干栏目，一个栏目还可分为若干子栏目，以此类推。某网站的结构为：网站＞频道＞栏目＞子栏目＞……＞文章。

2. 网站频道/栏目的分类原理

网站频道/栏目的分类主要采用的方式有以下几种：

(1) 以内容的性质为指标分类

网站的频道或栏目主要采用这种划分方式。例如，新浪网、搜狐网等网站的新闻频道的主要栏目包括国内、国际、财经、体育、文化、娱乐等。这些子新闻栏目都是根据新闻的性质来分类的，有些网站的栏目划分可能更细致，有些新闻事件的影响可能是多重的，涉及政治、经济、文化等多个领域，所以将它们同时放到多个栏目中也是常见的做法。

(2) 以地域为指标分类

以地域为指标分类是一种常见的分类方法。一类是稿件来源于地方，另一类是稿件中所涉及的事件发生在特定区域。

(3) 以信息的形式为指标分类

一个网站所采用的信息除了文字外，还涉及图片、动画、音频、视频等，所以有时网站的栏目或频道策划是以信息的形式为指标来进行分类的。

(4) 以文章的体裁为指标分类

文字稿件有不同的体裁区分。例如，文字类新闻稿分为消息、通讯、评论等不同种类，有时网站也会以此为标准来分类。通常评论类的稿件被单独列为一个栏目甚至多个栏目的可能性较高，而消息、通讯等则直接归到时政新闻、经济新闻这类栏目中。

(5) 以稿件的时效性为指标分类

一些网站为了体现信息发布的时效性，会为时效性很强的内容设置专门的栏目，如“最新新闻”“滚动新闻”等。

3. 操作要点

(1) 判断稿件中的关键词

在根据内容的性质进行分类时，一个重要的依据就是文章中的关键词。关键词可以是一个事件中的事件所属的领域、事件影响的领域、主要人物的名称等。在进行文章分类时，一篇文章可以设置多个关键词。关键词的选择不同，文章的归类也可能不同。因此，在确定关键词时应考虑到以下几个因素：

① 出现多个人物时，应根据人物的知名度和影响程度来确定关键词。

② 从事件的影响方面来考虑，关键词的选择应与读者的关切程度相结合。

③ 应从网站读者的需求及兴趣等出发确定关键词，尽量将文章放到大多数人认同的类别中。

(2) 对稿件进行归类

由于网站频道与栏目分类的方式不同，在将稿件进行归类时，需要考虑到以下几个因素：

① 根据关键词归类。确定了稿件的关键词后，就可以将稿件归到对应的栏目中。如果稿件设定了几个方向的关键词，这几个关键词对应于不同的类别，可以将稿件归到一个主要类别或多个类别下。

② 根据时效性归类。对于时效性特别强的新闻或信息，可以将它们归到“最新新闻”“滚动新闻”等栏目中，以便更快地与读者见面。同时，这些稿件也应被列入它们以关键词所属的栏目中。

③ 根据稿件的重要性归类。如果稿件的内容涉及重要任务、重大活动、重要事件等，可将它们归为“重要新闻”等栏目中。同样，这些稿件也应归入它们以关键词所属的栏目中。

④ 对文字以外其他信息形式的归类。如果是图片或其他形式的稿件，可以直接将它们归到相应的栏目中。

6.3 网络信息加工

警惕网络非法集资，守护个人财富安全

随着互联网的普及，网络已经深入我们生活的每一个角落。然而，随着互联网用户的快速增长，网络诈骗，尤其是非法集资的问题也日益突出。

中国互联网络信息中心(CNNIC)第51次《中国互联网络发展状况统计报告》显示，截至2022年12月，我国网民规模已达10.67亿人，其中，遭遇网络诈骗的网民比例为16.4%。来自最高人民检察院公布的数据显示，2018年以来全国检察机关起诉破坏金融管理秩序和金融诈骗案件18万余人；起诉涉及非法集资案件11万余人。

2023年全国两会期间，最高人民检察院第四检察厅厅长郑新俭指出，金融领域违法犯罪形势依然复杂严峻，网络借贷、私募基金、以房养老等领域的犯罪案件仍高发多发，打着元宇宙、非同质化资产等新概念实施非法集资开始冒头。

那么，什么是非法集资呢？根据《防范和处置非法集资条例》，非法集资是指未经国务院金融管理部门依法许可或者违反国家金融管理规定，以许诺还本付息或者给予其他投资回报等方式，向不特定对象吸收资金的行为。

网络环境中的非法集资形式多样，但有一些常见的特征和辨别方法可以帮助我们识别这些风险，以下是一些具体的方法：

过高的投资回报：非法集资常常承诺过高的投资回报以吸引投资者。如果一个网站承诺的投资回报远超过市场平均水平,这可能是一个非法集资的迹象。

模糊的投资信息:非法集资往往会故意模糊投资信息,避免投资者了解真实情况。如果一个网站的投资信息模糊不清,或者避免回答投资者的问题,这可能是一个警告信号。

强制或诱导投资:非法集资往往会采取强制或诱导的方式让投资者参与投资。如果一个网站强制或诱导投资者参与投资,或者在投资者尝试退出时设置障碍,这需要格外注意。

查看网站的关键信息:查询网站的备案信息或域名注册信息,包括网站注册人、注册时间、注册地等,如果发现信息不真实或者存在疑点,要提高警惕。

使用搜索引擎:使用搜索引擎查找网站的相关信息,看是否有其他投资者投诉或者相关的负面新闻。

咨询专业人士:如果投资者对一个投资项目有疑问,可以咨询专业人士,如律师、会计师等。

数字化时代背景下,我们每个人都需要对自己的财产负责,保护自己的权益。让我们一起警惕网络非法集资,守护财富安全。

(资料来源:中国互联网络信息中心.警惕网络非法集资,守护个人财富安全[EB/OL].(2023-06-28)[2024-05-18].https://www.cnnic.net.cn/n4/2023/0628/c199-10809.html.)

在了解了网络信息筛选后,就可以着手进行网络信息加工了。本节详细介绍网络信息加工的具体步骤及注意事项。

6.3.1 稿件修改

稿件经过编辑审读后需要进行修改,稿件的修改就是发现稿件中存在的各方面的问题或错误,并采取相应措施,改正错误。

1. 稿件中常见的问题或错误类型

(1) 文字类差错

主要表现为三类:错别字、漏字、错位,其中错别字是最为常见的。

(2) 逻辑类差错

逻辑类差错大致分为三类:一是概念方面的差错;二是判断方面的差错;三是推理方面的差错。

(3) 标点符号类差错

在编辑稿件时,应对照有关规范,改正使用不当的标点符号。

(4) 数字计量和单位类差错

在编辑稿件时,应对照有关规范,改正不规范的表示方法。

(5) 内容差错

内容差错主要包括如下方面:

① 观点性差错。一些作者由于自身认知上的局限性,在稿件中会自觉或不自觉地流露

出一些错误的观点或出现认识上的偏差。编辑应该具有较高的思想政治水平，善于发现稿件中的观点性错误，并用合适的方法加以改正。如果稿件在这方面的错误较严重，则稿件不能予以发表。

② 知识性差错。稿件中可能有涉及政治、经济、法律、历史、地理、科学、文艺、军事等各方面的知识性差错。例如，错误使用科学名词、在涉及历史人物或事件时出现差错等。对于这类问题，编辑既要善于发现错误，又要能够准确改正错误。编辑应该具有丰富的知识储备和敏锐的目光，必要时可以借助工具书和其他书籍。

③ 事实性差错。在稿件中都会涉及事实相关的信息，有些事实是主要的，有些是次要的；有些是细节性的，有些存在不真实的成分。但无论是哪一类事实，都应该是真实且准确无误地呈现。发现稿件中的事实错误是编辑的一项重要责任。编辑可以通过调查、核实等不同手段，对稿件中涉及的事实的真实性及准确性作出判断，并采取相应的手段对出现的问题进行处理。

④ 表达性差错。作者在文字表达或使用其他手段中会出现一些问题。例如，在涉及法律问题时，一些不恰当的提法可能会产生消极影响，如在法院尚未对案件进行判决时，就使用"罪犯"称呼案犯。在我国法律程序中，在对案件进行宣判之前，只能使用"犯罪嫌疑人"称呼案犯。

⑤ 法律性差错。稿件可能涉及侵犯版权问题、侵犯个人隐私问题、侵犯名誉权问题等，因此需格外注意，避免法律性差错。

⑥ 引用性差错。一些稿件在引用法律法规条文、他人的语言的过程中容易出现的差错也是应该避免的。

(6) 结构与格式问题

不同类型的稿件有其相应的结构形式，例如书稿有非常严格的结构，一些稿件在结构上可能会出现一些混乱，如编号方式混乱、编号顺序出现问题、层次混乱等。还可能出现稿件编排的格式不符合要求，如注释方式不规范、图或表的编号不符合要求等问题，也是需要编辑加以改正的。

(7) 图画、照片差错

配有图画和照片的稿件，应防止发生图画、照片错乱，照片位置或方向错误，说明性文字与图像对不上号等问题。

2. 稿件修改的方法

在对稿件认真审读的基础上，编辑需要对稿件错误进行更改，主要包括以下方法：

① 替代法：用正确的内容替代错误的内容。

② 删除法：将不适用的内容删除。

③ 增补法：对原稿中缺少的内容进行补充说明。

除了以上的方法外，有时编辑还需要对稿件进行结构、篇幅上的调整，以便适应信息发布的需要。

总的来看，修改稿件可以分为“绝对性修改”和“相对性修改”。如果原稿中存在着观点、事实等方面的错误，那么编辑就需要对稿件进行绝对性修改。若稿件本身没有太大缺陷，只是在篇幅、角度等方面存在一定缺陷，则编辑就需要对稿件进行相对性修改。

6.3.2 标题及内容提要的制作

标题是以一段最简短的文字来揭示、评价稿件内容的信息。它的主要作用有提示文章内容、评价文章内容、吸引读者阅读等。

标题是一篇文章吸引读者的重要部分。在网站之间的新闻与信息竞争中，标题的作用也显得十分突出。因此，标题的制作是网络编辑必备的基本功。

1. 消息标题制作的基本要求

(1) 消息标题必须表明新闻事实

读者的阅读期望是在短时间内获得最多的信息，这不仅表现为对文章正文的期待，也表现为对标题的期待。他们希望在几秒钟内粗略浏览网页后就能知道哪条新闻是自己关心的。因此，把新闻中最重要的事实放到标题中是制作消息标题的基本要求之一。

(2) 新闻事实要求有一种确定性

标题不仅要提出事实，还要把事实讲清楚，提供必要的信息。从语言本身的特点我们可以知道，通常一个完整的句子，才能表达一个完整的意思。因此，消息标题常常是一个完整的句子。

2. 实题与虚题

标题中发表议论的部分称为虚题。它以说理为主，即表达从个别事实中抽象出来的一般原则、道理、意义等。与之对应的，标题中叙述事实的部分称为实题。

3. 消息标题的结构

消息标题一般分单一型和复合型两种。

(1) 单一型标题

单一型标题只有主题，没有辅题。

主题用以说明新闻中最重要的事实和思想，是标题中最主要的部分。主题在整个标题中字号最大，位置最为显著。主题可以是实题，也可以是虚题。

(2) 复合型标题

复合型标题即在主题之外还包含辅题。辅题分为引题和副题两种。复合型标题主要包括以下几种形式：

① 引题＋主题。

② 主题＋副题。

③ 引题＋主题＋副题。

引题位于主题之前，用于引出主题。它的用法有以下几种：

① 通过交代和说明相关背景、意义、目的、原因、气氛、方法等引出主题。

② 通过直接叙述主干事实的起始部分来引出主题。

③ 通过提出或议论引出主题。

④ 引题可为实题，也可为虚题。

⑤ 副题位于主题之后，用事实对主题进行补充或解释。

是否需要采用复合型标题，应该根据新闻内容本身的重要程度来决定。使用复合型标题时，应该注意引题、主题与副题之间分工合理，逻辑关系正确、清楚。

4. 网络稿件标题制作的特殊性

网络稿件的标题是以新闻标题的一般制作原则为基础的，但是也有一些特殊规律需要注意。从网络稿件标题的作用上看，网络标题应该能传达事实的基本要素。标题是网络稿件多级阅读的起点，也是新闻内容的最基本层次的提示。另外，标题还担负着引导下一步阅读的作用。在没有正文出现的情况下，只有那些具有“亮点”的标题才能赢得更高的点击率。

网络稿件标题如果能同时实现以上的双重功能，那便是最完美的。如果做不到，可以根据稿件本身的内容或编辑的整体需要，重点实现一个方面的功能。

5. 标题写作

(1) 确定标题内容

在稿件中寻找亮点，对稿件中出现的事实进行分析，确定将什么样的事实放到标题中。这个过程是一个再创造的过程，也是体现编辑能力与素质的一个重要方面。

确定标题内容可以遵循以下原则：

① 新意原则。

② 具体原则。

③ 准确原则。

④ 全面原则。

(2) 设计标题形式

标题引人注目不仅在于内容，其形式也可以作为吸引眼球的亮点。生动活泼的文字可以增加标题的文采，进一步提高读者对稿件的阅读兴趣。

设计标题形式的方法有以下几种：

① 活用动词。

② 一语双关。

③ 翻译科技词汇。

④ 借用成语、古诗词、俗语、流行歌曲等。

⑤ 用数字、符号说话。

6. 内容提要制作

内容提要是对文章的主要内容进行概括的一段文字，它介于标题与正文之间。与标题相比，内容提要更详细，但与正文相比，它又要简短一些。内容提要的写作是对稿件内容进行分析、判断和再提炼的过程。通常可以采用以下两种方法：

(1) 全面概括

全面概括是内容提要写作的主要方法。用简短的语言把稿件的主要信息表达出来，以便读者迅速了解稿件的主要内容。要全面概括稿件的内容需要包含新闻的五个要素，即“5W”(Who，When，Where，What，Why)。

吴易昺救4赛点达拉斯封王创历史！中国人首夺ATP冠军

中国球员吴易昺在ATP250达拉斯站决赛里先输一盘并挽救4个赛点，以6:7(4)，7:6(3)，7:6(12)的比分逆转击败主场作战的东道主名将伊斯内尔，继而成为公开赛时期以来第一位摘得巡回赛冠军的中国大陆男子选手，同时再度刷新中国大陆男子球员的最高世界排名(第58位)。

吴易昺不断创造中国男网的历史，生涯首胜排名前十选手之后以突出表现首次打进巡回赛决赛，因此得到挑战本土5号种子伊斯内尔的机会。近年来伊斯内尔虽年纪渐长、底线能力不断下降，但身高超过2米的他仍维系着极高的发球水准。此役伊斯内尔三盘狂轰44个ACE球，吴易昺仍能抗住对手的重炮袭击并实现逆袭。

首盘角逐吴易昺错失最后一局制造的宝贵盘点，抢七被经验丰富的伊斯内尔击退。次盘两人又是一路保发，吴易昺5:6落后时在退无可退的发球局里奋勇化解一个冠军点，迫使比赛再度进入抢七。这一个抢七吴易昺上来就连赢3分，借此拉开分差并保持到最后。决胜盘双方又一次胶着至抢七，两人亦都在抢七里无限接近胜利，最终吴易昺顶住压力接连化解3个冠军点并兑现自己第5个赛点，以14:12的比分险胜。

达拉斯站之前从未有中国男子选手打败过排名前十选手抑或打进过巡回赛决赛，吴易昺不但实现了这两项突破，而且再创历史成就——中国男子选手的ATP首冠，夺冠过程中他还曾击败头号种子弗里茨和3号种子沙波瓦洛夫，周一吴易昺的世界排名将升至中国男单新高的第58位。

(资料来源：网易体育.吴易昺救4赛点达拉斯封王创历史！中国人首夺ATP冠军[EB/OL].(2023-02-13)[2024-05-18]. https://www.163.com/sports/article/HTEJ22L600058782.html.)

此稿件的内容提要为：2023年2月13日，中国球员吴易昺在ATP250达拉斯站决赛夺冠，成为公开赛时期以来第一位摘得巡回赛冠军的中国大陆男子选手，同时再度刷新中国大陆男子球员的最高世界排名。

(2) 提炼精华

某些情况下，稿件内容本身较为丰富，这时可以考虑在内容提要中强调稿件中最具价值、最容易吸引读者的内容。

无论用哪种思路进行内容提要的写作，都要注意信息的提炼与概括。可以借鉴标题和导语写作的规律。

6.3.3 超级链接的设置

超级链接是网络信息传播中的一个特殊手段。超级链接可以将不同地点的信息联系起来，可以从一个文献迅速转到另一个文献。恰当地运用超级链接手段可以提高信息传播的效率。

超级链接增强了网络信息之间的联系。它的运用方式包括以下几个方面：

首先，用超级链接可以对一些重要概念进行扩展。它既可以用注释页面的方式实现链接，也可以直接链接相关页面，这有助于读者更直接地接触信息的深层背景，获得丰富的相关信息。

其次，利用超级链接可以改变传统的写作模式。传统的文本写作一般都是在单一层面上完成的，所有信息与材料都是一次接触到的。在传统新闻写作方式中，重要材料放在前面，次要材料放在后面。事实上对于读者来说，有一部分信息属于冗余信息。但对于传播方来说，它仍然需要拿出相应的篇幅或资源来提供这些信息。这就造成了资源的浪费，也在一定程度上增加了读者获得信息时的负担。

而超级链接的应用在一定程度上可以改变这种状况。在进行写作时，可以把最关键的信息作为第一层次进行写作，而将相关详细信息放在第二或第三层次。用一个骨架的方式描述对象，有关的细节分别用超级链接给出，读者可以根据自己的需要来决定选择某一个方面进行仔细阅读。

超级链接包括以下操作要点：

(1) 在文章中对关键词设置超级链接

一般情况下，一篇文章可以利用超级链接进行解释的部分包括人物、组织、时间、地理、历史背景等。

(2) 利用超级链接设置延伸性阅读

延伸性阅读可以包括“相关文章”“跟帖”“发表评论”等相关内容。

(3) 利用超级链接改写文章

改写文章主要有以下三种方式：

① 将一篇文章进行分层。

层次一：标题。

层次二：内容提要。

层次三:新闻正文。

层次四:关键词或背景链接。

层次五:相关文章等延伸性阅读。

② 将多篇文章整合成一篇新的文章。有时,围绕一个时间或主题有多篇文章,可以将这些材料通过超级链接的方式进行整合。整合后的文章由"主体骨架"与超级链接组成,主体部分中将原有各文章中的主要材料串联在一起。利用超链接对主体部分的内容进行展开。

③ 缩写长文章。上面提到的写作方式,也适合于单篇文章的改写,通常可以化长为短。改写时留取文章的主要线索,将详细的内容与展开部分用超链接完成。

6.4 网络内容原创

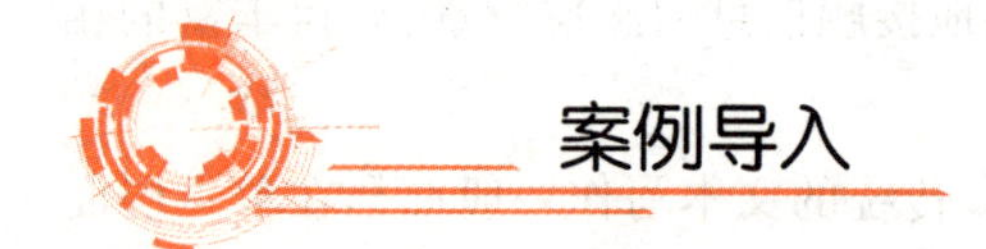

再度牵手顶级赛事,网易传媒助力亚运传播从"流量"到"留量"

10月8日,杭州亚运会圆满落幕。网易传媒作为杭州亚运会官方线上品牌推广服务供应商,再次深度参与国际赛事传播,上线了网易新闻客户端亚运专题页,亿万网友在客户端内与亚运同频共振,还推出了《亚运梦之家》《"移"路相伴　共游杭州》《界外·亚运特别版》等一系列精彩策划栏目,深度专访体育大咖明星,内容相关话题多次冲上热搜,引领全民讨论比赛的热潮。比赛期间,网易传媒杭州亚运会相关内容全平台曝光已突破41亿次,共39次登上热搜榜,网易新闻客户端内亚运兴趣点内容曝光已破3亿次。网易传媒以专业的赛事传播和内容原创能力,携手众多一线品牌伙伴,见证了亚运赛场的热爱与激情,也共创了内容营销赛道的精彩记忆。

(资料来源:新华网.再度牵手顶级赛事,网易传媒助力亚运传播从"流量"到"留量"[EB/OL].(2023-10-11)[2024-05-18]. http://sports.news.cn/c/2023-10/11/c_1129909896.htm.)

6.4.1 原创新闻

1. 新闻的定义

新闻是关于新近发生的事实的报道。新闻是一种信息,但是它又具有特殊性,主要表现在以下方面:

① 新闻是一种事实，新闻是以事实为根据的真实的信息。新闻必须用事实说话。

② 新闻必须有新意和时效性，即构成新闻的事实是新近发生的，是人们欲知而未知的事实。

通常我们用"5W+1H"来描述新闻作品的要素：何人（Who）、何时（When）、何地（Where）、何事（What）、为何（Why）、如何（How）。

2. 新闻价值的判断

新闻价值通常指事实所包含的足以构成新闻的种种特殊素质的总和。这些特征素质就是新闻价值的要素，这些要素都具有能引起读者的共同兴趣，能引起读者普遍关注的共同特征。新闻价值要素一般包括以下几种：

① 时新性，指新闻事实的新近程度和新闻报道的及时程度。事件发生与报道的时差越小，新闻价值越大。

② 重要性，指新闻事实和新闻报道的分量及重要程度。内容越重要，新闻价值越大。

③ 显著性，指新闻事件参与者及其业绩的知名程度。参与者的地位和业绩越显赫，新闻价值就越大。

④ 趣味性，指新闻事实和新闻报道使读者感兴趣的程度。其实质是新闻事实和新闻报道对读者精神与情感的善意满足。

⑤ 接近性，指新闻事实及新闻报道与读者的接近程度，包括地理、利益和心理等方面的距离远近。距离越近，新闻价值越大。

一个事实可能包含一条新闻价值要素，也可能包含几条新闻价值要素。要判断一个事实是否包含新闻价值要素、新闻价值有多大，不是一件简单的事情。新闻价值判断与媒体的读者对象相关，相同事实在不同的媒体上表现出来的新闻价值大小可能是不一样的。

3. 新闻采访的几种方式及要点

（1）面对面采访

面对面采访是最常见的一种采访与交流方式，有利于记者获得第一手材料。在采访的过程中，记者除了可以以提问的方式获得信息之外，还可以通过观察其他的一些信息对事物进行进一步的了解。为了做好面对面采访，记者在采访前要进行以下充分的准备工作：

① 了解采访对象。包括了解采访对象的基本情况，了解与采访相关的专业知识，了解对象的业绩状况，了解对采访对象以后的报道或评价。

② 初步明确采访的目标与写作角度。明确采访目标，对采访的过程做到有的放矢。

③ 与采访对象建立关系。采访的前期准备不光是指记者本人的准备工作，有时还需要通过各种方式与被采访对象建立一定的关系，为其后的采访打下基础。

④ 为采访过程做好铺垫。即采访开始前做的一系列工作，例如工作设备的检查、调试，采访环境的选择等。

⑤ 准备访问提纲。记者在准备访问提纲时应该循序渐进，可以通过由小到大、由近及

远、由表及里、由易到难等方式引导采访内容向不断深入的方向发展。

(2) 目击采访

目击采访是记者运用眼睛进行直接观察的采访方式。目击采访是电视新闻报道中的一种常用的采访方式。

① 目击采访包括以下主要任务:

获得信息:现场观察时直接进行信息的获取。

发现线索:在现场采访时,记者要用心、用眼获取信息,以便发现有价值的线索。

辨别真伪:进行实地观察有利于认识事物的本质。

探寻本质:新闻报道的主要目的是要告诉读者事实真相,深入现场对于认识事物本质是非常有益的。

② 目击采访主要包括以下要点:

选择适合的观察位置。合适的观察位置应该是视野开阔,没有干扰物、障碍物阻碍视线的。除此之外,记者在采访过程中应随机应变,对采访中的位置变换应有相应的计划安排,以便于下一步的采访顺利进行。

确定记者恰当的角色定位。记者在进行目击采访时,应根据需要来决定是否表明记者身份。应以方便采访、获取信息为主,灵活处理。

(3) 电话采访

电话采访一般用于对一些简单事情的采访,或者当记者与被采访对象空间距离太远时,由于采访时限性的要求通过电话采访方式进行信息的获取。

电话采访的优点是简便、及时,节省时间、金钱和精力。

电话采访的缺点是由于采访方式的限制,对于记者获取信息的真实性不容易判断。不适合于对复杂事件的采访。

电话采访的程序为:联系采访对象→准备采访→实施采访→事后核实。

4. 新闻体裁

(1) 消息

消息是一种特殊的新闻体裁,它以简洁的文字迅速传播新近变动的事实,包括新近发生的事实、某些将要变动的事实。它是目前最广泛、最经常应用的一种报道形式。消息往往简短、概括地反映新闻事实,用事实说话,一般不提倡直接发表议论或抒发感情。

一篇消息通常由新闻标题、消息头、导语、主体、新闻背景、新闻结尾以及署名等部分组成。

① 消息的特点:内容新、事实真、行文简、报道快。

② 消息的结构:一般采用“倒金字塔式”的结构,从标题、导语到主体,分三步叙述。

③ 消息写作的基本格式。

A. 消息头。例如“人民网军事在线北京5月25日电”之类的字样,这就是消息头。消息头是消息的标志。

B. 消息的导语。导语是信息的开头，是以凝练的形式、简洁的文字，表述信息中心内容的头一个单元或部分。导语写作的一般准则是要突出全篇的中心并且吸引读者的注意力，主要包括以下常用的方式：

a. 叙述式导语：直接对新闻事实中最主要、最新鲜的内容进行摘要或归纳，用事实说话。

b. 描写式导语：对主要事实或事实的某个侧面，进行简练而有特色的描写，给读者提供一个具体客观的形象。

c. 评论或结论式导语：这种导语以画龙点睛式的说理议论，提出观点和结论。

d. 设问式导语：即把新闻报道中已经解决的问题用设问方式提出来，然后用事实加以回答。

C. 消息主体的写作。消息主体是新闻的主干部分，也是新闻的展开部分。消息主体常见的结构形式如下：

a. 倒金字塔式：按照新闻内容的重要程度或读者关心的程度先主后次地安排事实材料。即把最重要、最新鲜的事实放在导语里，导语里也是把最重要的内容放在最前列；在主体部分，各段内容依重要程度递减的顺序来安排。

b. 按时间顺序组织材料：虽然倒金字塔式是一种最常见的结构模式，但有时机械搬用这种结构，会发现写成的稿件不符合人们对事物进行认知的习惯。因此，对于一些内容复杂但线条单一的新闻，可以以时间为线索来组织材料，这样有助于人们认识事物的全貌。

c. 按逻辑顺序组织材料：即根据事物的内在联系或问题的逻辑关系来组织材料。这种结构有利于反映事物的内在发展规律，表达事物的本质特点与意义。

D. 消息背景的写作。消息中的背景是指新闻事实之外对新闻事实或新闻事实的某一部分进行解释、补充、烘托的材料。

背景具有以下作用：

a. 对新闻事实进行说明、解释，使新闻更加通俗易懂。

b. 更好地揭示新闻事物的意义。

c. 起到对比衬托的作用，从而更好地突出事物的特点，显示事物的变化与发展。

d. 某些不便于直接表达的观点可以利用背景资料进行暗示。

e. 增加新闻的知识性与趣味性。

f. 用背景材料介绍新闻中的人物，可以更好地阐释人物的行为。

g. 背景资料也可以累加同类事实，开阔读者的视野。

h. 背景的运用方式穿插于导语、紧接导语之后，分散插入主体中。

(2) 通讯

通讯是一种详细、生动的新闻报道体裁，是我国新闻报道中常见的体裁之一。

通讯的时效性一般不如消息，与消息在新闻素材、结构和表现手法等方面也有较大的差异。具体而言，通讯与消息的区别如下：

① 通讯报道的事实比消息更详细、完整，富有情节。

② 通讯报道的事实往往更形象、生动,包含更多的感性素材。

③ 通讯的文体比较自由,没有像消息那样较固定的格式。

④ 通讯多用详述和描写的手法来报道事实,而消息则多用概括性语言叙述事实。

⑤ 通讯有着鲜明的主题,而且对事件的表述相对完整,消息则不一定要有主题。

⑥ 与消息相比,通讯更容易体现作者的主体意识和个人风格。

(3) 新闻特写

新闻特写是从消息和通讯之间衍生出来的一种报道形式。新闻特写截取新闻事实的横断面,即抓住富有典型意义的某个空间和时间,通过一个片段、一个场面、一个镜头,对事件或人物、景物作出形象化的报道的一种有现场感的生动活泼的新闻体裁。

特写的种类如下:

① 事件特写:摄取与再现重大事件的关键性场面。

② 场面特写:新闻事件中精彩场面的再现。

③ 人物特写:再现人物的某种行为,绘声绘色,有强烈动感。

④ 景物特写:对于有特殊意义或有价值的罕见景物的描写。

⑤ 工作特写:对于某一工作场面的生动再现。

⑥ 杂记性特写:各种具有特写价值的新闻现场之生动再现。

(4) 新闻评论

新闻评论是社会各界对新近发生的新闻事件所发表的言论的总称。新闻和评论,构成报纸的两大文体。

新闻评论具有较强的政治性,主要表现在它们是针对那些具有政治意义的问题的发言,并以评论来传达媒体的意见与态度。这一点在社论上表现得尤为突出。

新闻评论的类型主要包含社论、评论员文章、短评、编者按语、专栏评论等多种类型。

新闻评论具有以下特点:

① 与其他评论一样,由论点、论据、论证三要素组成,具有政策性、针对性和准确性。

② 在有限的篇幅中,主要靠独特的见解吸引读者。

③ 立意新颖,论述精当,文采斐然。

④ 主要面向广大读者。

6.4.2 原创文学

原创文学是由广大文学写手自己创作的文学内容,包括诗歌、散文、小说、长篇、学术、剧本、歌词、日记等多种体裁和形式。

中国互联网络信息中心(CNNIC)2023年公布的第52次《中国互联网络发展状况统计报告》显示,截至2023年6月,我国网民规模为10.79亿人,互联网普及率达76.4%。与互联网迅猛发展相一致,以网络为平台的网络原创文学也有着令人吃惊的发展。各类不同规模的文学网站或网络文学频道如雨后春笋般映入网民的视野。搜狐、雅虎、新浪、网易等大型综合性网站都开辟了“文学”视窗，登载了大量的文学名著和网络原创作品，提供了丰富的文学信息。它们在文学平台设置、栏目链接、文学容量和信息更新等方面，都为许多专门的文学网站所不及。有资料显示，目前全球有中文文学网站 3000多个，中国大陆有以“文学”命名的综合性文学网站约300个，以“网络文学”命名的文学网站200多个，发表网络原创文学作品的文学网站260多个，其他各类非文学网站中设有文学平台或栏目的网站共有3000多个。

信息时代的来临为网络原创文学提供了充足的物质基础，使之获得了前所未有的发展机遇。正因为互联网所提供的平台，网络文学才有了空前繁荣的局面，才被众多的网民熟悉和接受。网络在拉近科技与人们距离的同时，也拉近了文学与人们之间的距离，“人人都可以成为艺术家”的梦想之所以能实现，皆因我们处于信息时代。只要拥有电脑和网络，无论我们是何职业，在哪里就职，都可以从事创作，作品的质量暂且不论，毕竟写作水平因人而异，而其区别在于性别与年龄、种族与民族等。而这似乎成就了网络文学“大众化”与“多元化”取向的最根本原因。

电脑和网络的普及改变社会的现代化步伐，使之发生日新月异的变化的同时，也在全方位改变着人们的生活。在网上，由于作者可以是匿名的，发表的内容可以有很大的随意性，不必顾及别人的看法和意见，网民便可以自由地写自己的生活和感受，这种表达是丰富多样的，既可以是平铺直叙的描述，也可以模仿魔幻现实主义手法。因为互联网相对宽松的写作环境，以及人们休闲的心理作用，才能使网络原创文学更多地以不一而足的艺术形式关注当下、关注生活。

应该说网络文学审美价值的当下性与网络艺术形式的多样性特征是网络原创文学逐渐走向成熟的一种表现，而它的大众化取向则更多地与其本质和内在性质相关。通过近几年网络文学作品的变迁，可以看出文学作品日益成长为贴近大众、反映大众的文学，是当代文学“民间化”向度的延续和发展，其迅猛的发展态势使之成为当代文学研究难以回避的现象，甚至说成为当代文学的重要组成部分也不为过。同时，由于自身的传播学特征，网络文学也为文学开辟了更为广阔的发展空间。

6.4.3 新媒体网站

随着时代的变化，人们对于互联网进一步认识和了解，各类新媒体网站如雨后春笋般涌现，吸引了越来越多网民的选择和关注。新媒体时代是相对于传统媒体时代而言的，新媒体是在报刊、广播、电视等传统媒体以后发展起来的媒体形态，是利用数字技术、网络技术、移动技术，通过互联网、无线通信网、卫星等渠道以及电脑、手机、数字电视机等终端，向用户提供信息和娱乐服务的传播形态和媒体形态。新媒体的传播平台主要包括如下几类：

1. 文本平台

这是指集文字、图片和视频为一体的平台，主流代表有微博。

微博是基于用户关系的社交媒体平台，用户可以通过手机、平板等多种移动终端接入，以文字、图片、视频等多媒体形式，实现信息的即时分享、传播互动。微博在传播上更有优势，它基于公开平台架构，提供简单、新颖的方式使用户能够公开实时发表内容，通过裂变式传播，让用户与他人互动并与世界紧密相连。微博是以网络作为载体，用户可以简易迅速便捷地发布自己的心得，及时有效轻松地与他人进行交流，集丰富多彩的个性化展示于一体的综合性平台，目前是全国非常受欢迎的社交平台。

2. 社区平台

社区平台就是能容纳社群的载体工具，社区平台的特点是社群属性强、有意见领袖、给用户强烈的归属感。主流的社区平台很多，主要有知乎、豆瓣、天涯、猫扑、百度贴吧等。

(1) 知乎

知乎是一个互联网高质量的中文问答社区和创作者聚集的原创内容平台，于2011年1月正式上线，以“让人们更好地分享知识、经验和见解，找到自己的解答”为品牌使命。

知乎凭借认真、专业、友善的社区氛围、独特的产品机制以及结构化和易获得的优质内容，聚集了中文互联网科技、商业、影视、时尚、文化领域极具创造力的人群，已成为综合性、全品类、在诸多领域具有关键影响力的知识分享社区和创作者聚集的原创内容平台，建立了以社区驱动的内容变现商业模式。

(2) 豆瓣

豆瓣以书影音起家，提供关于书籍、电影、音乐等作品的信息，无论描述还是评论都由用户提供(User-generated Content，UGC)，是Web 2.0中具有特色的一个网站。豆瓣还提供书影音推荐、线下同城活动、小组话题交流等多种服务功能，它更像一个集品味系统(读书、电影、音乐)、表达系统(我读、我看、我听)和交流系统(同城、小组、友邻)于一体的创新网络服务，一直致力于帮助都市人群发现生活中有用的事物。

3. 短视频平台

短视频是目前的一大运营风口，抖音、快手都是为人们所熟知的短视频平台。这类新媒体平台视觉体验感更丰富，操作简单，制作门槛低，及时性强，快餐化，用户主动参与性高，用户碎片化时间利用率高，跨平台传播性很强。

(1) 抖音

抖音是字节跳动公司孵化的一款音乐创意短视频社交软件。该软件于2016年9月20日上线，是一个面向全年龄用户的短视频社区平台，用户可以通过这款软件选择歌曲，拍摄音乐作品，形成自己的作品集。

(2) 快手

快手是北京快手科技有限公司旗下的产品。快手的前身叫“GIF快手”，诞生于2011年

3月,最初是一款用来制作、分享GIF图片的手机应用。2012年11月,快手从纯粹的工具应用转型为短视频社区,成为用户记录和分享生产、生活的平台。后来随着智能手机、平板电脑的普及和移动流量成本的下降,快手在2015年以后迎来市场的广泛关注和更多用户使用。

4. 直播平台

近年来,网络直播发展得如火如荼,网络主播数量大幅增长,直播类型也发生了巨大变化,从最初兴起的"电竞直播""电商直播"发展到"泛生活直播",直播内容逐步优化,并衍生出多种直播类型。直播是在现场架设独立的信号采集设备(音频+视频)导入导播端(导播设备或平台),再通过网络上传至服务器,发布至网址供用户观看。国内直播平台非常多,比如斗鱼TV、虎牙直播、抖音直播、六间房直播、腾讯直播等。

(1) 斗鱼

斗鱼是一家弹幕式直播分享网站,为用户提供视频直播和赛事直播服务。斗鱼的前身为AcFun生放送直播,于2014年1月1日起正式更名为斗鱼。斗鱼以游戏直播为主,涵盖了娱乐、综艺、体育、户外等多种直播内容。

(2) 虎牙直播

虎牙直播是一个互动直播平台,为用户提供高清、流畅而丰富的互动式视频直播服务,旗下产品包括知名游戏直播平台虎牙直播、风靡东南亚和南美的游戏直播平台NimoTV等,产品覆盖PC、Web、移动三端。

虎牙直播是中国领先的游戏直播平台之一,覆盖超过3300款游戏,并已逐步涵盖娱乐、综艺、教育、户外、体育等多元化的弹幕式互动直播内容。

5. 社交平台

社交平台就是人们通过网络平台来进行社交,结识更多有相同兴趣爱好的人,并且通过这个平台用于相互联系,是当前最为流行的社交方式。目前较受欢迎的社交平台主要有小红书、QQ、微信等,其圈层化、营销性质强,可以完成整个商业闭环。

(1) 小红书

小红书是一个生活方式平台和消费决策入口。在小红书社区,用户通过文字、图片、视频笔记的分享,记录当下的美好生活。小红书会通过机器学习对海量信息和用户进行精准、高效匹配,以便用户获得更好的使用体验。

(2) 微信

微信是腾讯公司于2011年1月21日推出的一个为智能终端提供即时通信服务的免费应用程序。微信支持跨通信运营商、跨操作系统平台通过网络快速发送免费(需消耗少量网络流量)语音短信、视频、图片和文字,同时,用户也可以使用通过流媒体共享内容的资料和基于位置的社交插件"朋友圈""公众平台""语音记事本"等服务插件。

6.5 交互性设计

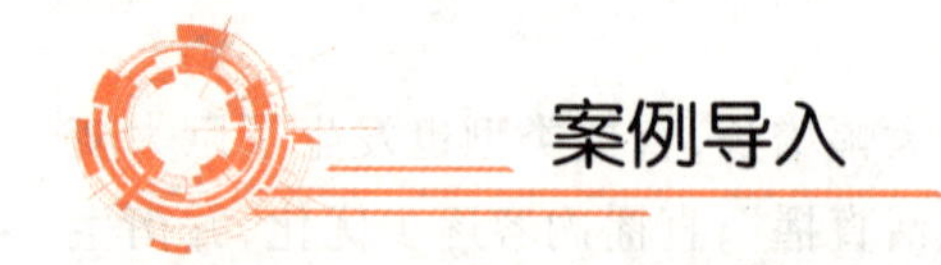

国家政务服务平台联合“领导留言板”推出政务服务效能提升调查问卷

为推动解决企业和群众办理政务服务事项时遇到的急难愁盼问题，围绕企业和群众的“关键小事”，国家政务服务平台联合人民网“领导留言板”上线“政务服务效能提升 企业群众办事堵点征集”调查问卷，广泛征集各类经营主体和群众在政务服务中的难点堵点问题，通过优化国家政务服务平台功能，提高政务服务“一网通办”水平。企业和群众可登录国家政务服务平台官方网站、移动端APP、小程序，人民网“领导留言板”参与问卷互动，为提升政务服务效能提出宝贵的意见建议。

（资料来源：曹向婷.国家政务服务平台联合“领导留言板”推出政务服务效能提升调查问卷[EB/OL].(2023-07-04)[2024-05-18]. http://leaders.people.com.cn/n1/2023/0704/c58278-40027049.html.）

交互性设计对于网站的重要作用在于，它将各种网络手段有机结合起来，不仅使网页效果得以增强，而且实现了用户与网站之间的对话，以及用户以网站为媒介而进行的彼此交流，这些都可以使用户乐于浏览网站。

6.5.1 网络受众调查

受众调查是网站了解用户一种常见的方式，也是网站建设中一个重要的互动性项目。

1. 调查的方式方法

因为网络技术平台具有不同于传统媒体的特点，所以网络调查采用的方式也与传统调查方法有不一样的手段。根据调查方法的不同，网络调查可分为网上问卷调查法、“访谈式”调查法（也可称为网上访谈法）、网上观察法等。

网上问卷调查法是指在网上发布问卷，被调查对象通过网络填写问卷来完成调查。网上问卷调查一般分为两种。一种是站点法，即将问卷放在网络站点上，由访问者自愿填写。在实践中，现在多采用编制CGI程序进行站点调查。另一种是通过E-mail将问卷发送给被调查者，被调查者填写完问卷后，再发送到指定的邮箱。网上问卷调查法比较客观、直接，但不能对某些问题开展深入调查和分析。

网上访谈法可通过多种途径实现，例如BBS、即时交互工具、新闻组、网络会议（Net-

Meeting)等。主持人在相应的讨论组中发布调查项目,请被调查者参与讨论,发表各自观点和意见,或者将分散在不同地域的被调查者通过互联网视频会议功能虚拟地组织起来,在主持人的引导下进行讨论。网上访谈法的结果需要主持人加以总结和分析,对信息进行收集并对数据进行处理,这对于主持人来说要求很高,难度较大。

网上观察法是对网站的访问情况和网络用户的网上行为进行观察和监测。许多网站都在做这种网上监测。使用这种方法最具代表性的是法国的NetValue公司,它的工作重点是监测网络用户的网上行为,号称"基于互联网用户的全景测量"。它调查的主要特点是首先通过大量的"计算机辅助电话调查(CAT1)"获得用户的基本人口统计资料,然后从中抽出样本,招募自愿受试者,下载软件到用户的计算机中,由此记录被试者的全部网上行为。

2. 问卷设计

网络调查的第一步就是问卷设计。问卷设计中的问题大体由四类问题组成:第一,背景问题,主要是被调查对象的个人情况,比如被调查对象的性别、年龄、受教育情况等个人情况;第二,事实或行为方面的问题,包括已经发生和正在发生的各种客观情况等,比如一周上网时间、何时上网等已发生和正在发生的客观情况等;第三,观念、态度、情感方面的问题;第四,检验性问题,即将一个问题分成两组,使之出现在问卷的不同地方,这是为了检验被调查者回答问卷的真实与否。

确定问卷的问题后,需要考虑用一定的结构去组织问题。网络问卷的组织结构可以采取以下几种方法:按问题性质或类别排列,按问题的复杂程度、困难程度排列,按问题的时间顺序排列。无论哪种方式,都要注意问题排列的逻辑严密性。

在具体问卷设计中,还要注意以下几点:内容具体,不要笼统抽象;问题单一,而不是将两个或两个以上的问题集合在一起;用词通俗,避免生僻词语、专业术语;用词要准确,而不要使用模棱两可、含混不清或有歧义的词;提问的态度要客观,不要使用有诱导性或倾向性的词语;问卷形式可以有选择题、判断题、填空题;回答问题的时间不宜超过1小时;提问方式要尽量简单易懂。

网络问卷的卷面一般由前言、主体和结语三部分构成。

① 前言部分主要用于对调查目的及事项的说明。这部分要引起被调查者的重视和兴趣,以争取合作与支持。

② 主体部分包括调查的问题、回答的方式及其说明的内容。这部分是问卷设计中最主要的内容。

③ 结语部分一般用于对被调查对象表示感谢,也可以征询对问卷设计及调查本身的意见。网络调查问卷有时可以不设计这部分。

设计被调查对象回答问卷的方式有两种:封闭式和开放式。前者是将问题的所有答案或几种答案列出,被调查对象从中选取一项或几项,这种方式的好处是有利于被调查者正确理解问题和回答问题,节约回答时间,提高问卷的回复率和有效率,也便于对回答结果进行统计与定量分析,有利于询问一些敏感问题。但是这种方式通常设计起来较困难,回答方式机械，在调查质量上也不容易得到保证。后者则是对问题不提供具体答案，让被调查对象自由填写。这种方式灵活性大、适应性强。但是回答的标准化程度低，在问卷的回复率和有效率方面也可能不够理想。

目前，网络问卷的形式主要有完整问卷调查、投票式调查两种。

完整问卷调查采用规范的问卷形式，内容较全面、完整，包含各类问题，提问的方式也比较多样，这一形式的问卷多用于了解被调查者状况。这类问卷调查可以获得参与调查人员的背景信息，有助于提升结果的可靠性，也有助于对调查信息进行进一步的分析。但由于程序复杂，被调查者参与调查耗费的时间较长，通常能吸引到的被调查者并不多。

投票式调查是一种较为简单的问卷，这类问卷一般只设一个问题，下设若干备选答案，被调查者可以用单选或多选的方式参与调查，通常也称为“投票”。这种调查快速简单，被调查者参与的积极性较高，但调查效果有时并不能完全真实地反映被调查者的意见。

图6.19是一个典型的投票式调查问卷问题，其调查主题是公众对在外就餐时是否愿意使用公筷公勺的态度。调查有四个备选答案，基本能反映四种最有代表性的观点。

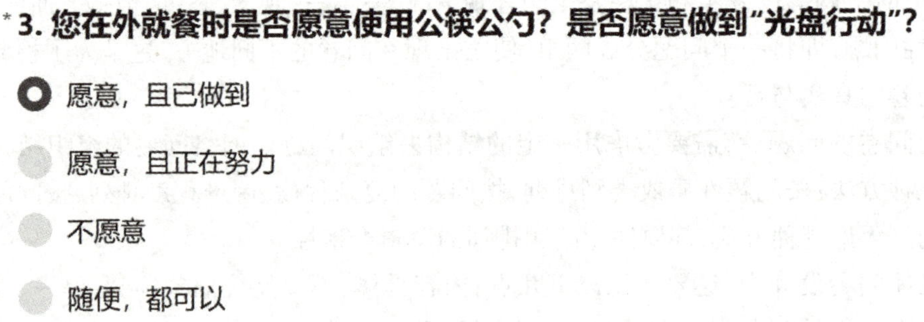

***3. 您在外就餐时是否愿意使用公筷公勺？是否愿意做到“光盘行动”？**

- 愿意，且已做到
- 愿意，且正在努力
- 不愿意
- 随便，都可以

图6.19　投票式调查问卷

在设计投票式调查问卷时，备选答案的设计十分关键。科学的问卷，应该考虑到社会意见的各种可能性，给出正面、负面及中性等各种不同方向的选项，使持不同意见的被调查者都有表明自己真实态度的可能。但是，通常一个事件引起的态度是很难用几个答案来简单概括的，因此，被调查者投票的结果只能作为一种参照，在引用调查数据时，不能将这些数据的价值过分夸大。如果可能，也可以设计一个“其他”选项，并让被调查者在此选项中自由发表自己不同的观点和意见。

3. 数据处理

通过CGI方式问卷的回收，一般在被调查者完成卷面的填写后，单击“提交”等相关条目即可回收；通过E-mail方式发放的问卷，则需要被调查者在线填写后以E-mail附件的形式寄回。调查结束后，所有回收的问卷经过编码的调查数据都已经存储在数据库服务器上。

数据处理即对回收的问卷进行加工处理，获得调查所需要的结果。通常可以利用相关计算机软件，例如运用Excel、SPSS来进行数据的处理。简单的投票问卷在调查过程中就可进行数据处理。较复杂的调查数据的处理，通常需要统计学的相关知识，因此，这项工作常常是由专业人员来承担的，网站也可将数据处理工作交给专业调查公司来完成。

对于简单的投票问卷，在调查过程中就可以进行数据处理，并且可以实时地显示最新的调查结果。在它的结果统计中，需要点明调查主题、参与调查人数、各个选项的内容及投票的票数与比例等。通常可以设计一个类似图6.20所示的表格和折线图，来进行直观的结果统计与显示。

8.请问你对学校开设的专业课程的满意程度（）

选项	该选项被选次数	该选项满意度得分	满意度总体得分
非常满意	49	5.87	5.39
满意	38	5.03	5.39
一般	13	4.61	5.39
待改进	0	0.0	5.39

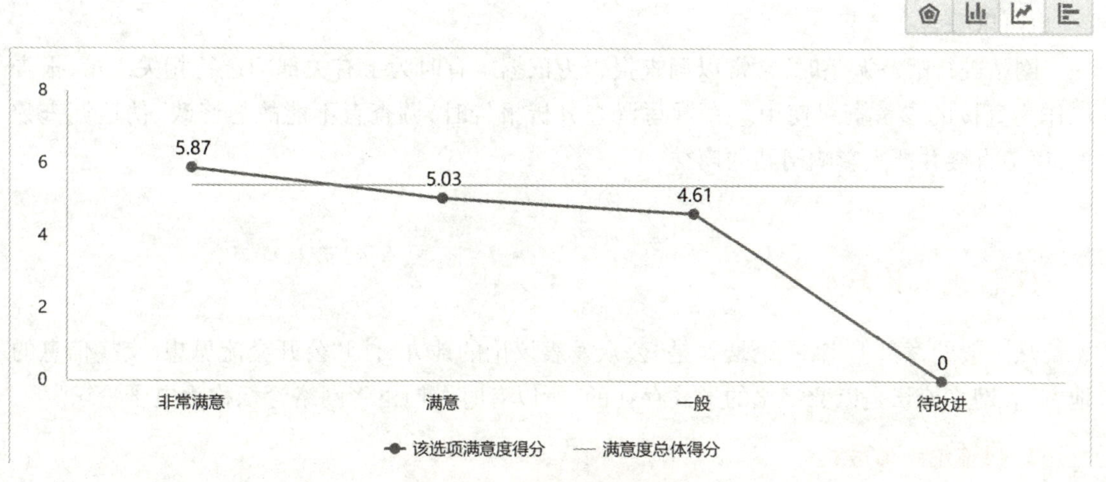

图6.20　调查问卷数据统计

4. 调查结果分析与应用

数据处理后，网站的编辑还需要根据研究工作的需要生成相关统计和细节信息，并进行结果分析。调查结果的分析主要包括有效性分析、可用性分析及意义分析等。

① 调查结果的有效性分析，即根据参与调查的人数及人员构成等情况，分析调查的结果是否有效。

② 调查结果的可用性分析，有些结果虽然在统计方法上是有效的，但结果不一定是真实可靠的，这时只能将结果作为内部参考资料使用，而应该避免公开地加以利用。在判断结果是否可用时，可运用综合分析、推理等手段进行判断。

③ 调查结果的意义分析，就是对有效而又可用的调查结果进行进一步的分析，发现其

深层意义。例如,对于新闻事件的受众态度的分布,反映了什么样的社会舆论或社会思潮,这背后的深层原因是什么,都需要进行进一步的分析。网站的编辑对于在网民调查中反映出的对网站内容或经营上的意见,也需要认真作出分析与评价,以便从中筛选出有用、有利的部分。

调查结果一般有以下两种应用形式:

① 用于新闻报道。网络调查的结果,可以有机地结合和运用到新闻报道中。有时,网站记者可以根据调查结果撰写相关报道,也可以将部分结果用于有关报道,以增加报道的说服力。

② 形成调查分析报告。调查分析报告一般由调查方法简介(说明调查的目的、调查对象、调查时间及实施方式等有关程序性的问题)、调查数据的分类统计(将各调查项目的数据统计结果进行分门别类的说明,可以用表格、柱形图、饼图、折线图等方式直观地显示统计结果)、调查数据的分析(对调查中得到的数据进行分析,对这些数据所揭示的意义或反映的事物发展的趋向作出分析与预测)和相关建议(如有必要,可在数据分析的基础上,向有关部门提出对策与建议)构成。在报告中,调查数据的分类统计、调查数据的分析及相关建议等内容,也可以融合在一起。

网站进行战略调整时,常常以调查报告为依据。有时为了有关部门进行相关决策,报告也作为直接的参考资料使用。在撰写调查分析报告时,调查者不能故意修改、伪造调查数据,以免直接并严重影响网站的声誉。

6.5.2 论坛管理

从一般的意义上来说,论坛就是“公众发表议论的地方”,即“公开交流思想、交换信息的地方”。网络论坛是以数字化的形式存在的,所以有时人们也将网络论坛称为电子论坛。

1. 网络论坛的结构

具体的网络论坛都具有一些基本的结构要素,如帖子(post)、帖子的组织、帖子索引、版/分论坛和板块等。

论坛通常会把同类帖子的话题集中到一起形成“分论坛”或“版”。有些论坛在版/分论坛的上一层还有“板块”的设置。论坛的结构要素为:板块→版/分论坛→帖子索引→主帖→回帖。

2. 网络论坛的功能

① 注册。通过填写个人部分或者全部信息以完成注册,网民可在论坛上拥有一个区别于其他网民的名字。

② 登录。网民使用注册成功的用户名和密码,再次进入论坛页面提供的登录界面中,论坛数据库系统提示登录成功后,即可使用论坛的各项功能。

③ 浏览帖文。网民登录论坛后,即可单击论坛网页,阅读论坛上的帖文、其他网友交流讨论的各类话题内容和活动信息。

④ 上传帖文。网民登录论坛后,直接填写自己想表达的文字内容,即可上传到论坛上,同时可以通过上传方式参与其他网友的话题讨论。

3. 论坛管理的基本要求

① 对网站管理员的要求。论坛管理员是论坛管理的重要力量,论坛管理员直接管理论坛前端技术平台和论坛帖文信息数据,决定论坛的运行规则和稳定。因此,论坛管理员要了解网络技术的基本情况,提出论坛功能规划和技术需求方案。同时,要懂得基本的管理知识,招聘版主、考核版主,引导版主具体管理论坛版面业务。

② 对版主(主持人)的要求。版主的素质高低直接决定一个论坛版面的水平,选择什么样的版主来管理版面尤其重要。版主要具备良好的文字功底、思想政治水平和协调能力。版主要能够撰写有特色的优美的帖文;及时推荐网友撰写的帖文,并引导网民参与讨论;要善于协调网友的观点争论;具有一定的政治业务水平,能够指导和把关内容,及时删除有害信息。

③ 网民的自我约束。网络的开放性决定了论坛的多向性传播特点,网民成为论坛的组成部分。一个论坛对于吸引什么样的网民参与同样重要。论坛上的网民需要有自律意识,自觉遵守法律法规和社会道德,为论坛营造健康有序的活动空间。

4. 论坛管理

(1) 论坛内容管理

① 策划设置话题。为了体现论坛话题讨论的范围和导向性,便于参与话题讨论的网民了解论坛的性质和主题,论坛的管理员和版主通过技术手段和内容策划设置可以讨论的话题,引导网民按照预定的范围和方向参与讨论。

② 话题讨论的引导和控制。引导讨论方向,当论坛发起某个话题的讨论之后,管理员和版主根据策划的要求,随时参加话题讨论,发言时要注意引导讨论方向,让网民的发言不偏离主题。控制讨论范围,论坛的话题讨论处于开放的虚拟环境,参与的网民可以匿名参与,在一定程度上存在放任自流的倾向,管理员和版主的职责就是将与讨论主题无关的内容删除,并限制影响话题讨论的网民的发言行为。

(2) 论坛不良信息的处理

① 改帖。即不允许违规性言语出现在论坛的网页上,可将帖文中不良发言修改后再予以发布。

② 扣帖。一些网站的论坛,在所有帖子发布前都会进行审查。版主或管理员对认为不适合发表的帖子进行扣发是一种常见的管理手段。

③ 删帖。将已经在网页上发布而内容、形式上存在不符合有关规定的帖文,予以删除。

④ 汇编整理不良信息。管理员和版主要定期编辑整理删除不良信息,并分析研究,上报上级有关部门;还要根据分析研究报告,总结规律性倾向用来指导以后的工作,便于引导

和控制论坛的良好秩序。不良信息的技术防范措施主要有关键字过滤，即设定和不良信息内容有关的字段，论坛的管理平台根据关键字标志，自动拦截部分不良信息，既可减轻管理员和版主的压力，也便于对部分内容实行先审查后上传的控制管理。另外，可以设定用户权限和特定IP段阻止不良信息传播。

(3) 论坛成员的沟通

在论坛上，网站管理员、版主和网民组成一个群体，这个群体在网上通过一定的沟通方式来交流。主要的沟通方式包括参与话题讨论、参加聚会活动、网站的建议意见收集与回复等。

(4) 论坛成员的管理

① 管理版主

A. 招聘版主。论坛对于版主的要求是，懂得基本网络技术，具备较高文字水平，了解网络语言和行为模式，善于组织和引导话题讨论，定期组织活动。

B. 版主登记。登记版主的个人基本情况，对所有版主的资料建立规范的数据库管理，随时更新。另外，还要对版主进行动态的考核管理。

C. 策划组织大型话题讨论和活动。论坛管理员要协调和组织版主针对版面性质来定期组织话题讨论和开展活动。

D. 收集和回复网民意见。收集和回复的渠道包括电话、电子邮件、论坛留言和其他在线即时沟通工具。

② 管理网民

A. 解答网民问题。网民的问题包括两类，一类是关于版面功能操作；另一类是关于话题讨论本身。对于这些问题，版主要及时答复，给提问的网民比较满意的答案。

B. 协调网民之间的观点纷争。

C. 倡导网民自律，可以通过发起倡议、鼓励举报监督来推动。

D. 控制网民的网上行为纷争。

能力训练

请利用网络编辑技能实训平台，按照下述要求对题后稿件进行编辑发布。

① 进行稿件修改。

② 进行标题制作。

③ 进行内容提要写作。

操作稿件：

开展6G产业技术前瞻研究对于充分发挥我国超大规模市场优势，在全球科技竞争与合作中构建我国自主的网络基础设施，抢占技术高地、构建产业生态、培育核心企业具有重要意义。然而，不可否认的是，在6G的演进之路上产业有一些难题待破解。

中国工程院院士张平表示，我国6G发展存在四大堵点。一是引领性基础理论欠缺，移动通信未来发展遭遇根本堵点;二是必要支撑环节基础薄弱,移动通信产业直面关键堵点;三是“杀手级”应用平台尚缺,垂直行业应用面临突出堵点;四是开源产业生态尚未完备,未来移动通信可能形成新生堵点。对此,他也给出“解药”:精准研判,深刻认识移动通信发展堵点;以智简为移动通信系统设计核心理念,短期纾解高端芯片“卡脖子”难题,长期实现理论原始创新和新模式生态构建,赋能移动通信可持续发展。

6G过于超前脱离产业生态可能会导致“英雄无用武之地”。邬贺铨表示,准确预测2030—2040年移动通信需求的难度不亚于对新技术的探讨,需求不是越高越好,不能只是服务小众市场,没有大众刚需支撑不了6G的产业。他还提醒,要清醒看到6G的技术研究面临需求不清、频谱受限、双碳压力、成本高企及生态滞后等挑战。

此外,6G发展需要全球的开放合作。多位专家表示,受地缘政治影响,当前研究6G和10年前研究5G标准相比国际形势更严峻,供应链与国际市场遭遇人为割裂,国际标准化面临小圈子的风险,这对6G的开放研究非常不利。邬贺铨呼吁,要坚持和维护6G标准的全球化,秉承开放合作的理念,以更大的诚意开展6G技术与未来产业的国际合作,加大创新力度,为人类社会贡献6G标准与应用。

思政园地

通过网络巡查以及结合网民举报,微信公众号“爱车室”“小妹说车”“晨扬娱乐”先后发布《突发悲剧! 广东佛山发生一起事件,事件起因令街坊深感不安!》等系列文章,微信公众号“东方小情感”以《遍地遗体! 重大事件!》为标题发布不实虚假信息,企图通过惊悚虚假的内容制造公众焦虑,吸引眼球,增加流量。其行为严重违反了《网络信息内容生态治理规定》第六条、第七条相关规定,上述违法违规账号被依法予以关闭。

网络信息内容生态治理规定

国家互联网信息办公室令〔第5号〕

《网络信息内容生态治理规定》已经国家互联网信息办公室室务会议审议通过,现予公布,自2020年3月1日起施行。

第一章　总则

第一条　为了营造良好网络生态,保障公民、法人和其他组织的合法权益,维护国家安全和公共利益,根据《中华人民共和国国家安全法》《中华人民共和国网络安全法》《互联网信息服务管理办法》等法律、行政法规,制定本规定。

第二条　中华人民共和国境内的网络信息内容生态治理活动,适用本规定。

本规定所称网络信息内容生态治理,是指政府、企业、社会、网民等主体,以培育和践行社会主义核心价值观为根本,以网络信息内容为主要治理对象,以建立健全网络综合治理体系、营造清朗的网络空间、建设良好的网络生态为目标，开展的弘扬正能量、处置违法和不良信息等相关活动。

第三条　国家网信部门负责统筹协调全国网络信息内容生态治理和相关监督管理工作，各有关主管部门依据各自职责做好网络信息内容生态治理工作。

地方网信部门负责统筹协调本行政区域内网络信息内容生态治理和相关监督管理工作，地方各有关主管部门依据各自职责做好本行政区域内网络信息内容生态治理工作。

第二章　网络信息内容生产者

第四条　网络信息内容生产者应当遵守法律法规，遵循公序良俗，不得损害国家利益、公共利益和他人合法权益。

第五条　鼓励网络信息内容生产者制作、复制、发布含有下列内容的信息：

（一）宣传习近平新时代中国特色社会主义思想，全面准确生动解读中国特色社会主义道路、理论、制度、文化的；

（二）宣传党的理论路线方针政策和中央重大决策部署的；

（三）展示经济社会发展亮点，反映人民群众伟大奋斗和火热生活的；

（四）弘扬社会主义核心价值观，宣传优秀道德文化和时代精神，充分展现中华民族昂扬向上精神风貌的；

（五）有效回应社会关切，解疑释惑，析事明理，有助于引导群众形成共识的；

（六）有助于提高中华文化国际影响力，向世界展现真实立体全面的中国的；

（七）其他讲品味讲格调讲责任、讴歌真善美、促进团结稳定等的内容。

第六条　网络信息内容生产者不得制作、复制、发布含有下列内容的违法信息：

（一）反对宪法所确定的基本原则的；

（二）危害国家安全，泄露国家秘密，颠覆国家政权，破坏国家统一的；

（三）损害国家荣誉和利益的；

（四）歪曲、丑化、亵渎、否定英雄烈士事迹和精神，以侮辱、诽谤或者其他方式侵害英雄烈士的姓名、肖像、名誉、荣誉的；

（五）宣扬恐怖主义、极端主义或者煽动实施恐怖活动、极端主义活动的；

（六）煽动民族仇恨、民族歧视，破坏民族团结的；

（七）破坏国家宗教政策，宣扬邪教和封建迷信的；

（八）散布谣言，扰乱经济秩序和社会秩序的；

（九）散布淫秽、色情、赌博、暴力、凶杀、恐怖或者教唆犯罪的；

（十）侮辱或者诽谤他人，侵害他人名誉、隐私和其他合法权益的；

（十一）法律、行政法规禁止的其他内容。

第七条　网络信息内容生产者应当采取措施，防范和抵制制作、复制、发布含有下列内容的不良信息：

（一）使用夸张标题，内容与标题严重不符的；

（二）炒作绯闻、丑闻、劣迹等的；

（三）不当评述自然灾害、重大事故等灾难的；

（四）带有性暗示、性挑逗等易使人产生性联想的；

（五）展现血腥、惊悚、残忍等致人身心不适的；

（六）煽动人群歧视、地域歧视等的；

（七）宣扬低俗、庸俗、媚俗内容的；

（八）可能引发未成年人模仿不安全行为和违反社会公德行为、诱导未成年人不良嗜好等的；

（九）其他对网络生态造成不良影响的内容。

第三章　网络信息内容服务平台

第八条　网络信息内容服务平台应当履行信息内容管理主体责任，加强本平台网络信息内容生态治理，培育积极健康、向上向善的网络文化。

第九条　网络信息内容服务平台应当建立网络信息内容生态治理机制，制定本平台网络信息内容生态治理细则，健全用户注册、账号管理、信息发布审核、跟帖评论审核、版面页面生态管理、实时巡查、应急处置和网络谣言、黑色产业链信息处置等制度。

网络信息内容服务平台应当设立网络信息内容生态治理负责人，配备与业务范围和服务规模相适应的专业人员，加强培训考核，提升从业人员素质。

第十条　网络信息内容服务平台不得传播本规定第六条规定的信息，应当防范和抵制传播本规定第七条规定的信息。

网络信息内容服务平台应当加强信息内容的管理，发现本规定第六条、第七条规定的信息的，应当依法立即采取处置措施，保存有关记录，并向有关主管部门报告。

第十一条　鼓励网络信息内容服务平台坚持主流价值导向，优化信息推荐机制，加强版面页面生态管理，在下列重点环节（包括服务类型、位置版块等）积极呈现本规定第五条规定的信息：

（一）互联网新闻信息服务首页首屏、弹窗和重要新闻信息内容页面等；

（二）互联网用户公众账号信息服务精选、热搜等；

（三）博客、微博客信息服务热门推荐、榜单类、弹窗及基于地理位置的信息服务版块等；

（四）互联网信息搜索服务热搜词、热搜图及默认搜索等；

（五）互联网论坛社区服务首页首屏、榜单类、弹窗等

（六）互联网音视频服务首页首屏、发现、精选、榜单类、弹窗等；

（七）互联网网址导航服务、浏览器服务、输入法服务首页首屏、榜单类、皮肤、联想词、弹窗等；

（八）数字阅读、网络游戏、网络动漫服务首页首屏、精选、榜单类、弹窗等；

（九）生活服务、知识服务平台首页首屏、热门推荐、弹窗等；

（十）电子商务平台首页首屏、推荐区等；

（十一）移动应用商店、移动智能终端预置应用软件和内置信息内容服务首屏、推荐区等；

（十二）专门以未成年人为服务对象的网络信息内容专栏、专区和产品等；

（十三）其他处于产品或者服务醒目位置、易引起网络信息内容服务使用者关注的重点环节。

网络信息内容服务平台不得在以上重点环节呈现本规定第七条规定的信息。

第十二条 网络信息内容服务平台采用个性化算法推荐技术推送信息的，应当设置符合本规定第十条、第十一条规定要求的推荐模型，建立健全人工干预和用户自主选择机制。

第十三条 鼓励网络信息内容服务平台开发适合未成年人使用的模式，提供适合未成年人使用的网络产品和服务，便利未成年人获取有益身心健康的信息。

第十四条 网络信息内容服务平台应当加强对本平台设置的广告位和在本平台展示的广告内容的审核巡查，对发布违法广告的，应当依法予以处理。

第十五条 网络信息内容服务平台应当制定并公开管理规则和平台公约，完善用户协议，明确用户相关权利义务，并依法依约履行相应管理职责。

网络信息内容服务平台应当建立用户账号信用管理制度，根据用户账号的信用情况提供相应服务。

第十六条 网络信息内容服务平台应当在显著位置设置便捷的投诉举报入口，公布投诉举报方式，及时受理处置公众投诉举报并反馈处理结果。

第十七条 网络信息内容服务平台应当编制网络信息内容生态治理工作年度报告，年度报告应当包括网络信息内容生态治理工作情况、网络信息内容生态治理负责人履职情况、社会评价情况等内容。

第四章 网络信息内容服务使用者

第十八条 网络信息内容服务使用者应当文明健康使用网络，按照法律法规的要求和用户协议约定，切实履行相应义务，在以发帖、回复、留言、弹幕等形式参与网络活动时，文明互动，理性表达，不得发布本规定第六条规定的信息，防范和抵制本规定第七条规定的信息。

第十九条 网络群组、论坛社区版块建立者和管理者应当履行群组、版块管理责任，依据法律法规、用户协议和平台公约等，规范群组、版块内信息发布等行为。

第二十条 鼓励网络信息内容服务使用者积极参与网络信息内容生态治理，通过投诉、举报等方式对网上违法和不良信息进行监督，共同维护良好网络生态。

第二十一条 网络信息内容服务使用者和网络信息内容生产者、网络信息内容服务平台不得利用网络和相关信息技术实施侮辱、诽谤、威胁、散布谣言以及侵犯他人隐私等违法行为，损害他人合法权益。

第二十二条 网络信息内容服务使用者和网络信息内容生产者、网络信息内容服务平台不得通过发布、删除信息以及其他干预信息呈现的手段侵害他人合法权益或者谋取非法利益。

第二十三条 网络信息内容服务使用者和网络信息内容生产者、网络信息内容服务平台不得利用深度学习、虚拟现实等新技术新应用从事法律、行政法规禁止的活动。

第二十四条　网络信息内容服务使用者和网络信息内容生产者、网络信息内容服务平台不得通过人工方式或者技术手段实施流量造假、流量劫持以及虚假注册账号、非法交易账号、操纵用户账号等行为，破坏网络生态秩序。

第二十五条　网络信息内容服务使用者和网络信息内容生产者、网络信息内容服务平台不得利用党旗、党徽、国旗、国徽、国歌等代表党和国家形象的标识及内容，或者借国家重大活动、重大纪念日和国家机关及其工作人员名义等，违法违规开展网络商业营销活动。

第五章　网络行业组织

第二十六条　鼓励行业组织发挥服务指导和桥梁纽带作用，引导会员单位增强社会责任感，唱响主旋律，弘扬正能量，反对违法信息，防范和抵制不良信息。

第二十七条　鼓励行业组织建立完善行业自律机制，制定网络信息内容生态治理行业规范和自律公约，建立内容审核标准细则，指导会员单位建立健全服务规范、依法提供网络信息内容服务、接受社会监督。

第二十八条　鼓励行业组织开展网络信息内容生态治理教育培训和宣传引导工作，提升会员单位、从业人员治理能力，增强全社会共同参与网络信息内容生态治理意识。

第二十九条　鼓励行业组织推动行业信用评价体系建设，依据章程建立行业评议等评价奖惩机制，加大对会员单位的激励和惩戒力度，强化会员单位的守信意识。

第六章　监督管理

第三十条　各级网信部门会同有关主管部门，建立健全信息共享、会商通报、联合执法、案件督办、信息公开等工作机制，协同开展网络信息内容生态治理工作。

第三十一条　各级网信部门对网络信息内容服务平台履行信息内容管理主体责任情况开展监督检查，对存在问题的平台开展专项督查。

网络信息内容服务平台对网信部门和有关主管部门依法实施的监督检查，应当予以配合。

第三十二条　各级网信部门建立网络信息内容服务平台违法违规行为台账管理制度，并依法依规进行相应处理。

第三十三条　各级网信部门建立政府、企业、社会、网民等主体共同参与的监督评价机制，定期对本行政区域内网络信息内容服务平台生态治理情况进行评估。

第七章　法律责任

第三十四条　网络信息内容生产者违反本规定第六条规定的，网络信息内容服务平台应当依法依约采取警示整改、限制功能、暂停更新、关闭账号等处置措施，及时消除违法信息内容，保存记录并向有关主管部门报告。

第三十五条　网络信息内容服务平台违反本规定第十条、第三十一条第二款规定的，由网信等有关主管部门依据职责，按照《中华人民共和国网络安全法》《互联网信息服务管理办法》等法律、行政法规的规定予以处理。

第三十六条　网络信息内容服务平台违反本规定第十一条第二款规定的，由设区的市级以上网信部门依据职责进行约谈，给予警告，责令限期改正；拒不改正或者情节严重的，责令暂停信息更新，按照有关法律、行政法规的规定予以处理。

第三十七条　网络信息内容服务平台违反本规定第九条、第十二条、第十五条、第十六条、第十七条规定的，由设区的市级以上网信部门依据职责进行约谈，给予警告，责令限期改正；拒不改正或者情节严重的，责令暂停信息更新，按照有关法律、行政法规的规定予以处理。

第三十八条　违反本规定第十四条、第十八条、第十九条、第二十一条、第二十二条、第二十三条、第二十四条、第二十五条规定的，由网信等有关主管部门依据职责，按照有关法律、行政法规的规定予以处理。

第三十九条　网信部门根据法律、行政法规和国家有关规定，会同有关主管部门建立健全网络信息内容服务严重失信联合惩戒机制，对严重违反本规定的网络信息内容服务平台、网络信息内容生产者和网络信息内容使用者依法依规实施限制从事网络信息服务、网上行为限制、行业禁入等惩戒措施。

第四十条　违反本规定，给他人造成损害的，依法承担民事责任；构成犯罪的，依法追究刑事责任；尚不构成犯罪的，由有关主管部门依照有关法律、行政法规的规定予以处罚。

第八章　附则

第四十一条　本规定所称网络信息内容生产者，是指制作、复制、发布网络信息内容的组织或者个人。

本规定所称网络信息内容服务平台，是指提供网络信息内容传播服务的网络信息服务提供者。

本规定所称网络信息内容服务使用者，是指使用网络信息内容服务的组织或者个人。

第四十二条　本规定自2020年3月1日起施行。

课后自测

1. 单选题

(1) 摄像机的位置不动，只做角度的变化，其方向可以是左右或上下运动的方式是(　　)。

A. 移镜头　　B. 跟镜头

C. 摇镜头　　D. 甩镜头

(2) 以下关于镜头组接说法错误的是(　　)。

A. 蒙太奇就是镜头组接

B. 转场也是镜头组接的一种方式

C. 利用空镜头和特技是转场的时候比较常见的方式

D. 镜头组接是一个纯技术工作,与编辑者、拍摄者的思想、理念无关

(3) 以下关于采访的说法,错误的是(　　)。

A. 采访分为显性采访和隐性采访

B. 在隐形采访时不要侵犯公民的隐私权

C. 隐性采访不得泄露国家机密

D. 隐性采访也可以适用于未成年人

(4) 消息中以画龙点睛式的说理议论,提出观点和结论的导语称为(　　)。

A. 叙述式导语　　B. 描写式导语

C. 评论或结论式导语　　D. 设问式导语

(5) 在消息标题中,位于主题之后对主题进行补充或解释的是(　　)。

A. 虚题　　B. 副题　　C. 引题　　D. 实题

(6) 下列的做法中,有利于论题讨论的是(　　)。

A. 提供含糊或抽象的论题

B. 提供已经有明确结论的论题

C. 提供有较强的现实意义的论题

D. 提供的论题层次较高,需要专门的研究

(7) 在调查问卷的问题设计中不合适的做法是(　　)。

A. 内容涵盖广　　B. 调查对象明确

C. 问题设计单一　　D. 题目表述明确清楚

(8) 以下角色属于论坛管理者的是(　　)。

A. 会员　　B. 系统管理员

C. 版主或网站某个专栏的主持人　　D. 网管

(9) 以下关于投票式问卷调查的说法不正确的是(　　)。

A. 备选答案必须完备

B. 添加一个"其他"选项是必要的

C. 可以采用提交以后才能查看别人的调查结果的方式

D. 投票式调查问卷一般只有一道题目,调查范围太窄,不具有统计意义

(10) 对问卷调查进行数据分析时一般不需要考虑(　　)。

A. 调查结果的有效性分析

B. 调查结果的可用性分析

C. 如何选取调查结果的分析软件

D. 被调查者是否明确了调查目的

2. 简答题

(1) 如何确定网络文稿的主题?

(2) 稿件改正包含哪些内容?

项目7 网络专题策划与制作

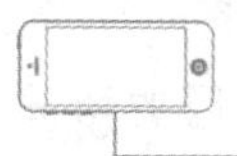

知识目标

- 了解网络专题的概念、分类和特点
- 熟悉网络专题的选题、专题材料的选择和组织
- 掌握网络专题的网络版式设计和导航设计方法
- 掌握网络专题的制作步骤

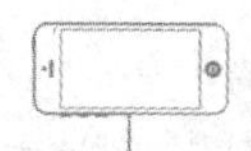

能力目标

- 能够进行网络专题内容策划
- 能够进行网络专题形式策划

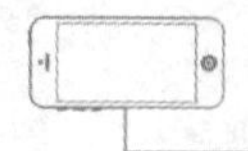

素质目标

- 加强学生的社会主义职业道德与规范修养，培养其爱岗敬业、团结合作的精神
- 培养学生形成积极的人生态度和价值观
- 培养学生的爱国主义感情和社会主义道德品质

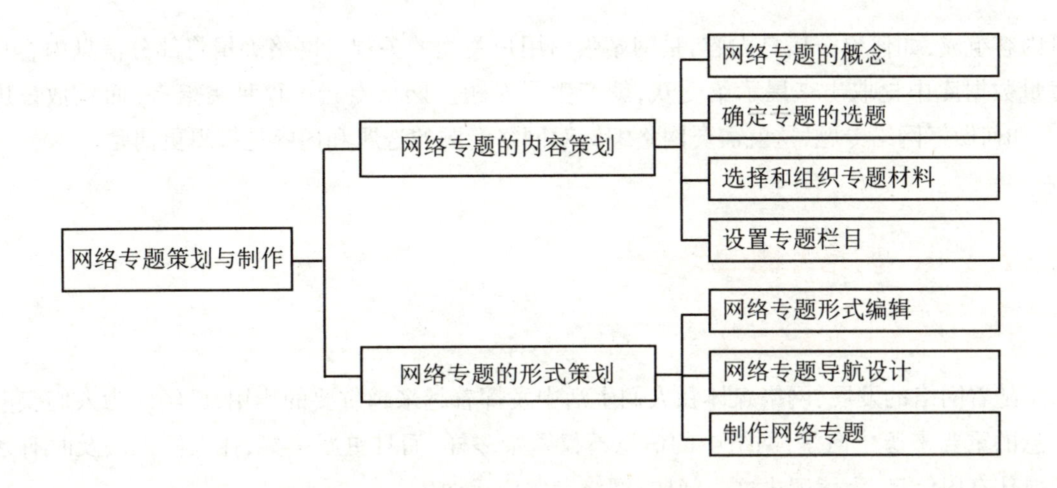

7.1 网络专题的内容策划

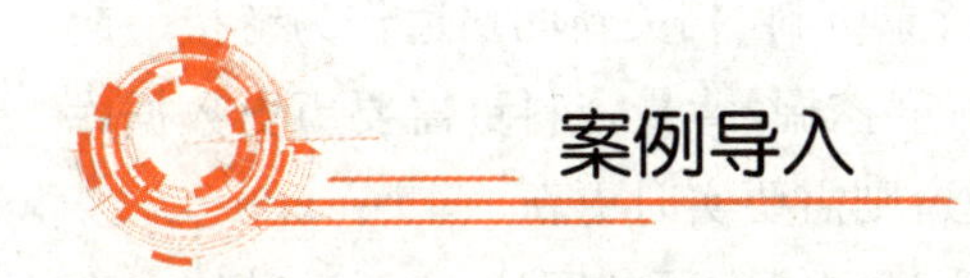

百岁红军的嘱托

2019年是中华人民共和国成立70周年，红军长征出发85周年。为大力弘扬伟大的长征精神，追寻革命先辈足迹，中国军网联合腾讯新闻推出《百岁红军的嘱托》大型系列报道，以全新的视角再现历史，找寻红色印记，传承红色血脉。健在的红军老战士，岁数均在百岁左右，他们曾经一次次历尽艰难险阻，勇往直前；一次次突破生死绝境，涅槃重生。他们作为世纪风云的亲历者、见证者，峥嵘岁月里流动着无数英烈的革命热血，深藏着一支军队的传奇历史，见证着一个国家的复兴壮大。每一位老红军都从坎坷中走来，经历过战争的洗礼，他们爬过雪山走过草地，穿越战火与硝烟，前仆后继，向着胜利的光芒一往无前。历史因铭记而永恒，精神因传承而不灭。今天，让我们走近他们，聚焦他们的面孔，探寻他们的精神世界。今朝国家繁荣富强，正是无数英雄前辈赐予我们这代人的一份厚礼，我们自当牢记英雄嘱托，接过红色火炬，将青春韶华奉献给伟大的祖国。

（资料来源：中国军网．百岁红军的嘱托[EB/OL].(2023-10-23)[2024-05-18].https://www.81.cn/2019zt/node_107225.htm.）

思考与讨论

网络专题制作是网络编辑的一项重要工作，那什么是网络专题？如何进行网络专题制作？网络专题在网络媒体解读新闻事件、引导舆论方面又起了什么作用？

网络专题是伴随着网站的产生、发展和不断完善而适时出现的。任何一个网站都由大量内容组成,如何整合信息内容,是网站吸引用户关注的关键。网络编辑将部分信息内容从海量数据库中提取出来展示给受众,就产生了专题。网络专题不仅种类繁多,而且数量庞大,如何做好网络专题,这就需要网络编辑对网络专题的选题和内容把握得更清楚。

7.1.1 网络专题的概念

1. 网络专题的由来和定义

随着网络的发展,网络媒体在人们生活中发挥着越来越重要的作用,已经成为人们获取信息的重要来源。但是,网络中的信息不仅繁杂多样,而且更新频繁,让人们无法及时有效地抓住有用信息,为了解决这一问题,网络专题应运而生。

最早的网络专题以专题栏目和专题报道两种形式出现。这两种形式的不同之处在于访问的方式不同。专题栏目将相同主题的网络新闻集合在一起,访问者点击专题栏目链接时,出现的是多条新闻标题的列表。这种专题形式不需要网络编辑过多干预,最多编写一个栏目导语。而专题报道则是围绕重大网络新闻,将相关背景资料、相关新闻报道作为链接一起出现在页面中。这种专题形式更注重对网络新闻的深度挖掘,背景资料更需要历史数据库的积累,相关资料则需要从海量数据库中提取,即时报道则需要实时更新。

在国内网络媒体中,新浪、搜狐、网易是最早一批尝试网络专题的网站,之后陆陆续续有其他网站加入市场竞争,网络专题越来越成为网络媒体进行报道和舆论引导的武器,也成为各大网络媒体提高自身影响力的重要手段。网络专题对于网络媒体的重要性,就像《新闻调查》《焦点访谈》等节目对于央视的重要性。

什么是网络专题？网络专题有什么特点？网络专题的意义何在？

网络专题是指在一定的时间和空间内,以集纳的方式围绕某个重大的事件,运用各种题材及背景材料,调用图像、文字、图片、声音、视频等多种表现形式,进行全方位、连续、深入报道和展示事件前因后果的一种集中报道形式。

网络专题通过进行历史、横向和纵向的比较,能多层次、多角度地展示事件的全貌,同时还利用网络报道的延时性对事件继续深入挖掘,使报道得以长久延续,因而它被认为是最具有网络媒体特色、最能发挥网络媒体优势的表现形式,也是网络专题存在的意义。

注意,网络专题和网站专栏是不同的,不可把网络专题和网站专栏混淆。网络专题和网站专栏从集合的性质上看,两者都提供集纳的内容,但集纳的方式不同。网络专题一般是围绕某一主题或某一事件的,集纳的内容既有客观报道,又有分析评论,有时还特别安排同主题的争论性内容以及调查反馈部分。而网站专栏属于网站的常设分类,不针对某一具体事件,集纳的一般都是同类的相关内容,不加入分析评论和争论性内容。

2. 网络专题的特点

网络专题与传统媒体相比,不论是表现形式、内容形式,还是传播形式、报道深度,都有不同的特点。

(1) 形式丰富,具有多媒体性

传统媒体传播信息表现形式相对单一,如电视广播传播信息的表现形式为音频和视频,报纸杂志主要表现形式为文字和图片。而网络专题传播信息表现形式则非常丰富,不仅包括音频、视频、文字、图片,还包括电子书、电子报、电子邮件、网络调查、网络论坛、网友互动、站内搜索等形式,具有多媒体性。

(2) 超文本结构,具有集纳性

网络专题在传播形式上表现为集纳性,运用超文本结构即超链接把多种不同的新闻信息、多种不同的报道手段和报道方式集中起来进行整体传播,以实现传统媒体无法实现的信息传播的量度、深度、强度效果。并且在超文本结构下,用户可以在多页网页之间任意链接,形成一张无边无际的大网,通过这张大网可以不断地把更新的信息加入专题文本中,从而使网络专题的信息量被无限地扩充下去。

(3) 信息海量,具有超容量性

传统媒体由于受版面或时长的限制,传播只能在一个很小的时间和空间内进行,传播的信息量是很有限的。而网络专题以互联网为载体,通过主题网页利用文字、图片、声音、动画、视频等多种方式对相关信息进行系统介绍,对相关主题进行深度挖掘,既能保证传播信息的丰富性和多样性,又能实现网络专题的及时性和深入性。

(4) 网民参与,具有互动性

网络专题以互联网为平台,它呈现了传统媒体无法比拟的互动性。无论是电视广播还是报纸杂志,都是一种“我说你听”的单一传播形式,用户在信息接收过程中处于一种被动的位置。而在网络专题中,互联网不仅能够满足很多用户浏览信息、获取信息的需求,同时还能满足用户发表自己的意见、参与讨论的需求,表现了强烈的互动性。

(5) 信息来源广泛,具有全面性

网络是一个整合信息的平台,网络上的报道有多个信息来源。不同信息来源的报道看待分析事物的角度有很大不同,呈现出的观点也大相径庭。网络专题利用网络的整合优势,收集各种媒体的报道,通过整合加工,并加入相关信息的背景材料,保证了报道的全面性和公平性。所以说,网络专题的目的不是为了给用户提供一个统一的结论,而是尽可能多地提供给用户全面思考的材料,每个人根据自己掌握的材料独立得出自己的结论。

(6) 信息实时更新,具有动态性

网络专题在一定时间和空间内,对事物的报道呈现动态性。既要提供现在进行时的滚动报道,又要提供现在完成时的综合报道;既要提供有关事件的来龙去脉、背景材料的报道,又要提供有关事件的发展分析、前景预测的报道。所以说,网络专题的报道从横向上表现了报道的广度,从纵向上表现了报道的深度,是一个全方位的报道。

(7) 选题多样,具有广泛性

网络专题的选题多样,具有广泛性。传统媒体的报道大都集中在国内外事件、方针政策、典型社会问题等方面,而网络专题的选题不仅涵盖传统媒体的所有题材,还包括传统媒体无法报道的一些话题,如备受关注的"郭美美"事件。这种受市场驱动的选题策略体现了报道的多样性,扩宽了报道的范围。用户根据需求任意选择,享受网络媒体多方面的服务。

(8) 信息集中,检索方便,节省时间

网络专题利用网络将围绕某一主题把分散的各种信息集中起来,并存储在网站的数据库中,用户检索起来非常方便,节省了大量时间。而传统媒体的信息则是非常分散和凌乱的,信息检索很不方便。

注意,网络专题是网络编辑主导的报道方式,是在编辑部内对所获取的信息进行再加工的结果,这种报道方式呈现了比较鲜明的编辑思维和编辑特色,网络编辑的业务水平直接决定了专题的质量。而传统媒体的报道主要是由采访调查记者担任主要角色,缺少一定的构思和设计。

7.1.2 确定专题的选题

网络专题的选题极其重要,好的选题不仅能为网站带来流量,吸引用户,还能提升网站的实力,提高网站被搜索到的概率。可见,一个专题制作的质量好坏,首要条件就是选题,选题是专题的灵魂和宗旨。

1. 专题的选题分类

对于网络专题没有公认的选题标准,目前比较流行的分类方法主要有两种:按照专题的来源和生存周期的不同,分为主题类专题、事件类专题、栏目类专题和挖掘类专题。

(1) 主题类专题

主题类专题一般来源于可预见的主题,主要分为活动主题、人物主题两种,由于前期的可预见性,所以这类专题的宣传性、服务性较强,网络编辑往往是主动策划,在前期通常就进行周密的策划,专题的持续周期由编辑自主策划或由主题自身进程共同决定。

主题类专题的内容涵盖范围非常广,包括时政、国际、军事、教育等众多领域,如"奥运""黄金周""春运""世界杯"等。例如,在中国共产党第二十次全国代表大会召开之前,人民网的中国共产党新闻网于2022年10月15日在主页推出党的二十大报道专区,并开设大型融媒体报道专题。专区和专题适应全媒体时代特点,充分应用多维度、可视化、移动化、交互性的融媒体传播手段,为广大用户提供多视角聚焦大会的窗口。专题截图如图7.1所示。

(2) 事件类专题

事件类专题一般来源于重大突发事件,主要分为自然性重大突发事件和社会性重大突发事件。由于是突发的不可预见的重大事件,这类报道在策划上往往是被动的,一般也不需要下太多的选题功夫,只需依据事件本身的大小和影响范围,决定是否采用专题形式予以报道,专题的持续周期由事件的发展进程决定。

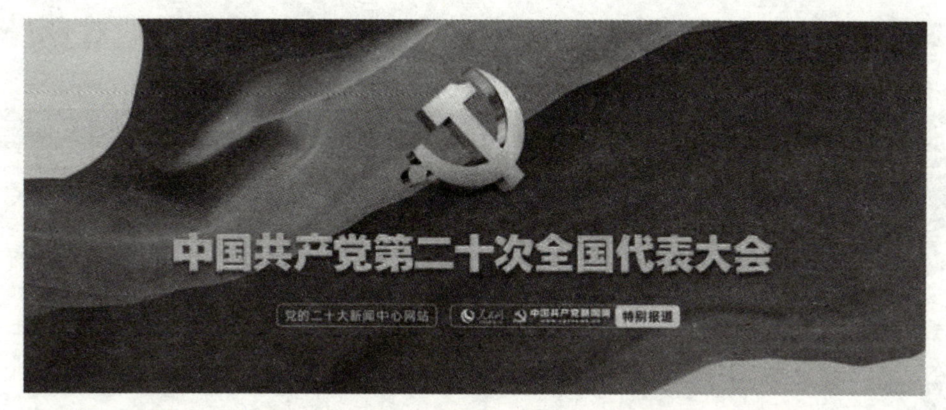

图7.1　人民网2020年中国共产党第二十次全国代表大会专题

（资料来源：人民网 http://cpc.people.com.cn/20th）

事件类专题报道着重于报道主题的延伸性挖掘，需要及时添加、更新事件的新闻事实，追踪整个事件的发展过程，并提供背景材料满足人们需求。例如，2013年腾讯网针对“美国汽车之城底特律破产”制作的网络专题，专题栏目包括美国三大车企回应、破产原因、破产企示、和汽车的关系、专家评论、最新报道等栏目，这些栏目既有关于该事件的及时报道，也有对事件来龙去脉的阐述；既有新闻事实，又有深度分析，方便人们对该事件形成自己的观点。专题截图如图7.2所示。

图7.2　腾讯网2013年“汽车之城底特律申请破产”网络专题

（资料来源：腾讯网 http://auto.qq.com/zt2013/detroit/index.htm.）

（3）栏目类专题

栏目类专题一般来源于不特定的事件、人物，但围绕同一个主题，持续周期往往是长期的，基本等同于网站的固定栏目。这类专题进行报道的时间相当长，最终就会演变为一个专栏，如网易科技专栏。专题截图如图7.3所示。

網易科技 网易首页-新闻-体育-亚运-娱乐-财经-汽车-科技-数码-手机-女人-房产-游戏-读书-论坛-视频-博客 请输入关键词 新闻 搜索

网易科技专栏

@最新推荐 Dailysite 发掘互联网的创新基因

"小咖秀"的故事讲到哪了

[详细]

周航：易到"不够狠 不够坏"

对手疯狂烧钱，迅速成为舆论焦点，市场占有率也很快超过易到。在这种情况下，周航无数次问自己，易到当何以[详细]

图7.3 网易科技专栏

（资料来源：网易 http://tech.163.com/dailysite）

（4）挖掘类专题

挖掘类专题是对某一事件的深度报道，每个部分都是编辑对信息资源"再加工"后的成果，这类专题能让人耳目一新，一般不强调及时性，由编辑、专家学者依据事实，对事件进行深入研究和系统总结，让人们看到新闻背后的新闻，领悟新闻事件的实质。挖掘类专题是含金量最高的网络专题，也是未来网络专题的一个走向。例如新浪网制作的"谷歌人工智能破解围棋比赛"网络专题，专题截图如图7.4所示。

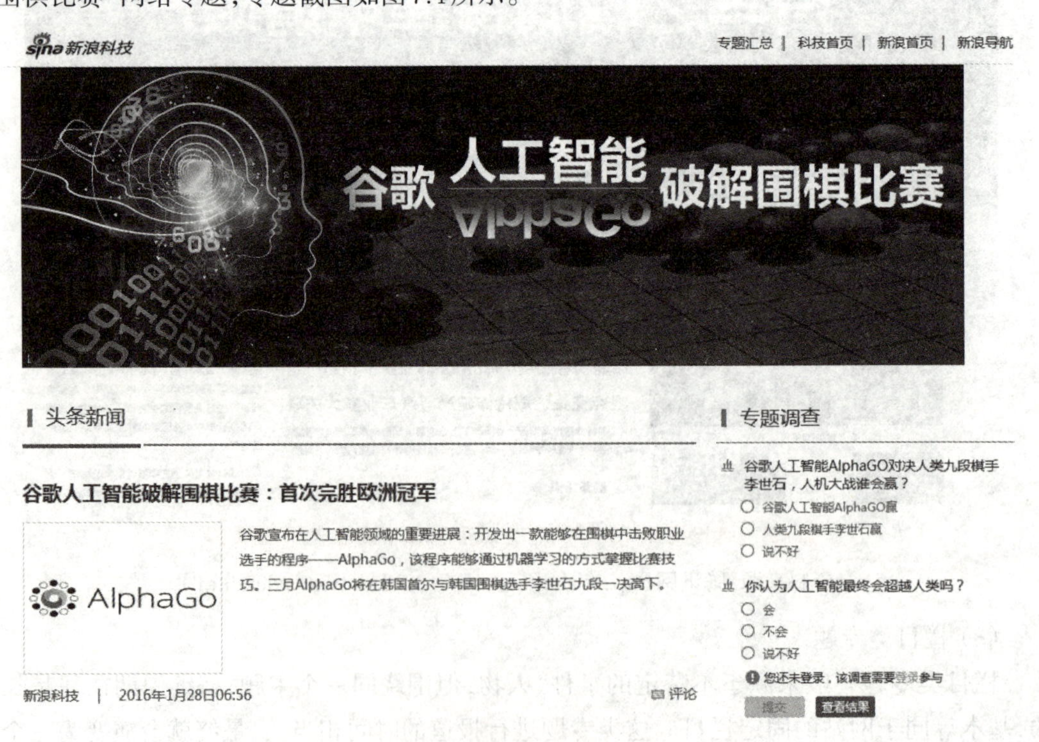

图7.4 "谷歌人工智能破解围棋比赛"网络专题

（资料来源：新浪 http://tech.sina.com.cn/z/AlphaGo/）

按照专题内容的不同，可分为主题类专题、事件类专题和资讯服务类专题。

主题类专题、事件类专题前文已做详细说明，不再重述，这里重点介绍资讯服务类专题。

资讯服务类专题一般围绕某个特定主题，以向人们提供具有指导性的实用信息为主，具有较强的提供服务和传播知识的功能。如投资理财类专题、汽车类专题、旅游类专题等，这类专题比较贴近人们的日常生活，满足人们的实际需求。例如，新浪旅游制作的“一叶知秋看霜叶红于二月花”专题，展示了北京、上海、成都、广州等城市秋叶的特色，看层林尽染，领略秋的韵味。专题截图如图7.5所示。

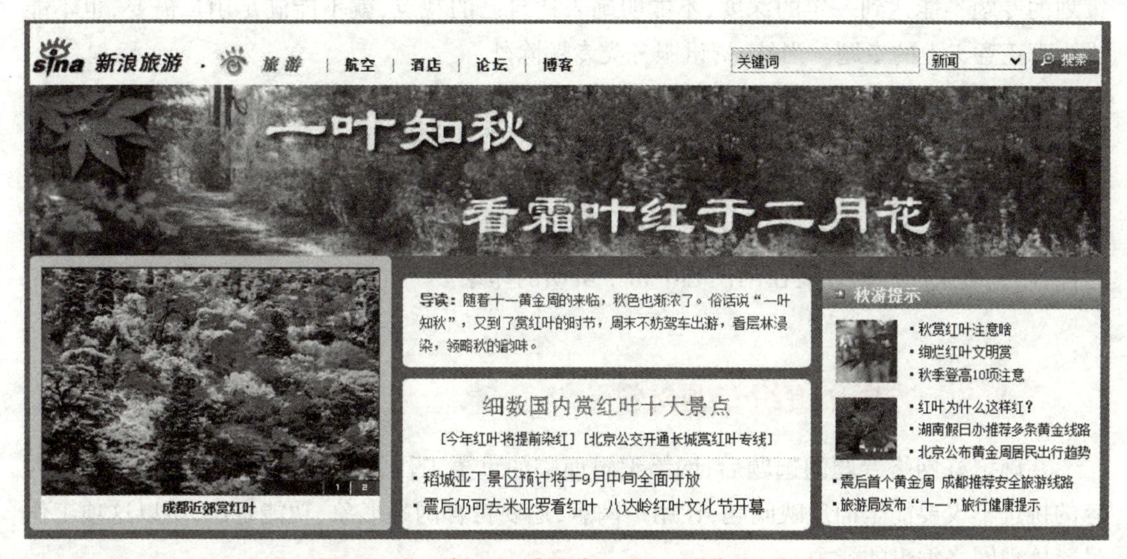

图7.5 “一叶知秋 看霜叶红于二月花”网络专题

（资料来源：新浪旅游 http://travel.sina.com.cn/z/shyzn.html）

2. 专题的选题标准

网络专题成功与否，关键在于选题质量。如果选题选好了，网络专题也就成功了一半。下面从目标用户的需要、社会形式的需要、策划难易程度、专题深度、创新开拓五个方面对专题的选题标准进行说明。

(1) 目标用户的需要

网络媒体面对的是所有用户，但是任何一家网络媒体都不可能满足所有人的需要，只能满足一部分人的需求，同样，网络专题所面对的也只是一部分用户。从用户对象的定位来看，网站不仅要考虑用户年龄、性别、受教育程度等数据特征，还要尽可能考虑用户的心理与行为特征，只有这样才能更为准确地定位目标用户，提供不同层次的多元化信息服务。

(2) 社会形势的需要

不管是传统媒体还是网络媒体，媒体在选题的时候都不能脱离社会的发展，媒体的首要责任是“以正确的舆论引导人”，网络专题的选题更是如此。要重视专题在舆论导向上的正确性，对待一些重要的专题要有正确的导向，增强报道的针对性、贴近性，最大限度地传播社会主流意识形态和主流价值观，凸显网络媒体的魅力。

(3) 策划难易程度

网络作为信息的传播载体，其传播速度的优势非常明显。策划人员在策划选题的同时也要考虑到专题实施制作的可行性。再好的创意，如果实施起来很难，就违背了网络作为信息传播载体传播速度快的优势。

(4) 专题深度

现在做网络专题的网站非常多，竞争激烈。用户已不再满足简单罗列的专题，如果编辑策划的专题不能达到一定的深度，不能明确表达自己的观点，就不能满足用户需要，也不能成为真正意义上的专题。当然，资讯服务类专题除外。

(5) 创新开拓

网络专题必须与时俱进，达到一定的创新度。每一个选题都应该有新的构思，形成鲜明的个性特色，避免和已经出现的专题雷同。一个好的选题策划编辑必须要有自己的个性，有自己的思路、见解和风格，必须具有独特的视角，不能一味模仿、抄袭别人的选题模式，只有这样，制作出来的专题才能在网民心中留下鲜明的印象。

7.1.3 选择和组织专题材料

在确定好网络专题的选题后，网络编辑面临的重要工作就是专题内容的挑选。专题内容的挑选不仅要能全面反映问题，让用户满意，还要符合网站形象、功能定位，所以这项工作最能体现网络编辑的能力。

1. 专题内容的分类

专题内容就是信息资料，一般来说，按照资料的时间来分，可分为新资料和历史资料；按照资料的来源来分，可分为一手资料和二手资料，其中二手资料又有已加工资料、再加工资料之分。下面根据信息资料的不同来源，对一手资料和二手资料等进行分析和阐述。

(1) 一手资料

一手资料也叫原始资料，是指直接经过搜集整理和直接经验所得，没有经过编辑或者记者加工过的资料，这类资料具有原始性、实证性、生动性和可读性的优点。如一些文献资料(指原创的)和实物资料、口述资料都是一手资料。

在网络专题中，一手资料主要包括党和政府的文件、法律法规原文、写实图片、原声记录、现场视频或者记者的所见所闻等。一手资料对于网站专题来说，是原始性作品写作的重要渠道，也是突出其与其他网站有所区别的重要特征之一。

(2) 二手资料

二手资料又称次级资料，是指调查者按照原来的目的收集、整理的各种现成的资料，如年鉴、报告、文件、期刊、文集、数据库、报表等。二手资料比较容易得到，相对来说比较便于搜索，并能很快地获取。它和一手资料相互依存、相互补充。

在网络专题中，二手资料又有已加工资料和再加工资料之分。已加工资料是指经过编辑或记者选择、加工过的信息资料，一般来说主要集中在电视广播、报纸杂志等传统媒体和互联网上已经刊登播发的各种文字、视频和音频资料等。这些资料对于网络专题来说，只需要网络编辑在合法的范围内对其充分运用，就可以充实自己的专题，能节省大量的人力、物力和财力，并且可以建设重要的数据库。但需要注意的是，因这些资料被编辑加工过，故带有网络编辑的主观性和导向性。

再加工资料相对于已加工资料来说，主要是指经过编辑二次以上加工过的信息资料，即在已加工资料的基础上再次进行编辑形成的信息资料。一般来说，网络编辑很难区分加工资料和再加工资料，但对于新闻体裁来说是很容易识别的，如在新闻的信息头上“据××消息或报道”等字样，这类信息一般都是再加工资料。

对于网络专题来说，一方面要多采用一手资料，保证专题的原创性；另一方面又要广泛集纳不同媒体和网站加工过的资料，保证专题的全面性。

2. 专题内容挑选的方式

网络专题内容的挑选方式比传统媒体丰富得多，并且还需要对挑选出来的内容进行组稿，组稿的速度和效果也直接决定着专题是否能让用户满意。一般来说，专题内容的挑选方式主要有以下几种：

(1) 引擎搜索

引擎搜索是目前网络编辑最常使用的搜集材料的手段。它主要运用搜索引擎比如谷歌、百度、雅虎等，把“关键词”输入搜索框，点击“检索”按钮，搜索引擎就会自动找出相关的网站和资料，并把相关性高的网站或资料排在前列。其中关键词是输入搜索框中的文字，也就是编辑要寻找的东西。关键词的内容可以是人名、网站、新闻、事件、软件、游戏、星座、工作等，也可以是任何中文、英文、数字，或中文、英文、数字的混合体。例如，网民可以搜索“2013年博鳌亚洲论坛”“中国式过马路”“马云卸职”“2014年澳大利亚网球公开赛”。关键词可以是词语或词组，也可以是一句话，比如搜索“春运”“旅游攻略大全”“未来的汽车是什么样子的”等。网络编辑可根据专题策划方案的需要，利用搜索引擎软件输入相应的关键词检索，就可以获取专题相关信息，然后对其进行分类整合，形成自己的专题。

(2) 与传统媒体形成战略联盟，做到信息共享

虽然网络媒体在传播信息的速度、覆盖面、容量等方面具有传统媒体无法比拟的优势，但毕竟传统媒体的形成、发展经过了一个较长的历史发展阶段，它也拥有网络媒体没有的优势，如传统媒体拥有庞大的资源网络和采集信息的队伍；由于传统媒体的发展历史比较长，因此它保留着相当宝贵的背景资料，这些都是当今网络媒体所不具备的。因此网络媒体可以与传统媒体结成战略联盟，实现优势互补，对于一些重要的信息实现资源共享。特别是对于一些重大事件发生或重大活动的报道，通过这种方式组稿，既可以减少投入成本，又能够在最短的时间内获取最有效的信息，同时也为宣传对方的内容提供了较好的传播平台。

(3) 向专家、学者或创作者约稿

对于有些专题,编辑通过以上的两种方式可能都不能满意地获取相关的信息资料,在这种情况下,编辑就需要通过各种渠道联系到相关的专家、学者、创作者或权威人士去深入挖掘、创作。网络编辑根据主题将文章整理成篇,形成一个好的专题。组织创作大量的独家专题是网站生存与发展的重要条件之一,这就需要网络编辑一方面要具备良好的专业素质和社会活动能力,要充分运用自己手头的资源,另一方面要对某个行业、某个领域有清醒的认识,知道谁在研究这个行业或领域,谁是这个行业或领域的权威人士,这个行业或领域有什么样的成果等。

3. 专题内容选择的原则

在今天信息过剩甚至泛滥的网络上,网络专题是网络编辑比拼策划眼光、展示编辑实力、进行引导舆论的一种重要手段。网络编辑把哪些事件或话题制作成专题,内容选择的原则尤为重要。一般来说,专题内容的选择有以下几个原则:

(1) 重要性原则

一般来说,专题内容的重要性包含两个层面,一个层面是宏观层面的重要性,比如“2013年‘两会’”“曼德拉追悼会”等。这些事件是对全国或者世界的政治、经济、军事、外交等方面产生重要影响的事件,必然会引起大多数人的关注。这个时候,网站就需要设置相应的专题,高密度、大容量地提供各方面的信息,满足人们的知情权和求知欲。另一个层面是微观层面的重要性,比如“某市道路改造的问题”“蔬菜水果涨价的问题”“学生校车的问题”等。这些事情虽是人们生活中的小事,但由于它们事关千家万户,因此也就有了相当程度的重要性。这样的专题制作出来,当然能吸引用户注意,同时这种专题对地方性网站来说也特别重要,因为它是体现地方特色、培养用户忠诚度的重要手段。

(2) 突发性原则

变动产生新闻。那些突发性的、体现事件剧烈变动的信息总是比渐变性的信息更容易吸引人们的眼球。这样的事件,既有像“棱镜门事件”这样的突发的、空前重要的新闻,也有日常社会生活中的突发事件,比如车祸、火灾、爆炸等。只要报道及时,内容充分,都能在第一时间内迅速锁定众人的注意力,成为人们关注的焦点。

(3) 冲突性原则

冲突性是日常的平淡生活中能够激起人们兴奋的主要原因。专题的冲突性也有两个层面的含义,一个层面是事实本身的冲突性,如“新西兰恒天然奶粉出现质量问题”“日本福岛核污水泄漏”等。这些事件牵涉正在发生或者曾经发生过激烈冲突的双方,有着强烈的冲突色彩和不确定性。另一个层面是价值层面的冲突性,如“无人驾驶车在武汉走红”“中国大妈的黄金梦”,这些事件本身看似普通的民生新闻,但它背后所蕴藏的价值取向的差异,对我国转型期的社会有着特别重要的意义。网络编辑依靠其敏感的意识,意识到这些事件和冲突背后的新闻价值,通过专题吸引人们的目光,营造舆论的热点,同时这些观念的冲突与交流有利于开阔人们的视野、活跃人们的思想,有利于我国社会日益走向文明、宽容与开放。

(4) 人情味原则

人情味是指新闻事件中蕴含着强烈的人情和人性，能够调动起人们内心的种种情感，比如对真善美的向往、对自由的渴求、对生命和真挚情感的珍惜等。新闻中的人情味元素能够超越国家、地理和种族的界限，把全世界的心连在一起。网络编辑要善于感受并捕捉新闻中的人情味因素，并将之在专题里发扬光大，不仅能吸引人们的眼球，还能在更深层次上牵动和凝聚网友的情感，凸显网站的人文关怀。

4. 专题内容选择的注意事项

专题内容选择要围绕专题主题进行，网站编辑对专题内容有充分的选择权利。因此在专题内容选择上还要注意一些相关的事项。

(1) 要选择真实的材料

真实是网络专题的生命。在网络专题中所运用的一手材料和二手材料，无论是人名、地名、时间，还是数字、引语等，都必须真实、准确；各种背景资料也必须有根有据，准确无误。

(2) 要选择有代表性、权威性的材料

网络专题具有数据库的功能，所以选择的专题内容要有代表性、权威性。比如旅游类专题，人们可以通过它了解某地的旅游景点、旅游特色、优秀的旅游线路等，这就是专题内容的代表性或典型性。同时，旅游类专题还会有旅游局有关发展的政策、条文，景区当地政府机关发布的旅游报告，专家、学者、资深游客的旅游文章和论文等，这些材料就体现了专题内容的权威性。权威性是增加专题内容的可信度的重要手段之一。当然，专题材料也会随着时间的推移而变得和实际情况不符合，如旅游景点门票价格的变化等，这些都要及时更新，保证专题的权威性。

(3) 要重点选择未经加工过的一手材料

网络专题的独特性，主要在于它的内容。一般来说，原创性的内容多，独特性就比较突出。网站要充分利用自己的优势，多刊发具有原创性的内容。比如企业网站，可以把新商品信息发布于网上，定期上网发布有关公司的资讯，让企业和客户之间及时保持联系；可以第一时间报道企业原料需求信息，让各方原料经销企业根据自己的实际情况决定是否参与竞标等。这些内容是其他类型的网站所不具备的优势。

(4) 要考虑正反两方面的材料

网络专题与传统媒体的专题不同就是其包容性大。正面的、反面的材料，有利的、不利的材料，优势、劣势材料等，都可以放置在网络专题中。人们可以根据自己的需要，根据专题内容对某一事件、问题作出自己的判断。

5. 专题内容的标题

标题是一篇或一组文本外，用以揭示内容或特点的简明文字。它是专题内容最简明、最有力、最好的体现，是吸引用户第一眼注意力的重要手段。在信息爆炸的互联网时代，摆在用户眼前的免费资讯浩如烟海，人们要看的东西很多，如何能在一扫而过之后，有选择性地进一步点击和阅读，重要的一种办法就是，运用精彩的标题。

(1) 网络标题的构成要素

网络标题就是要用最简练的文字将信息事实中最有新闻价值的那部分内容概括出来，以吸引用户在最短时间内了解专题想要表达的信息和内容。一般来说，网络专题的标题由以下几种元素组成：

① 主标题。主标题是网络专题标题中最主要的部分，它的作用是描述专题中最重要的事实或者说明专题的思想和价值。主标题一般使用最大的字号，来引起用户的注意或者强调本专题的重要性。例如，千龙网制作的主标题为“领航中国”的专题，主标题就是用了大字号的金色字体，来强调专题的重要性。具体如图7.6所示。

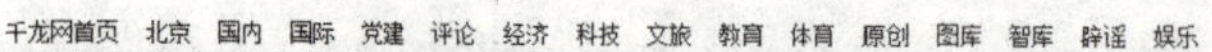

图7.6　主标题

（资料来源：千龙网 https://china.qianlong.com/zt/2022lhzg/）

② 副标题。副标题一般位于主标题的下方或后面，字号要比主标题要小，主要作用是对主标题所描述的内容作进一步解释。当然更多的时候，副标题补充说明主标题由于字数原因没有说明的部分，或者对主标题中新闻事件的重要意义、原因、影响进行强调。具体如图7.7所示。

图7.7　副标题

（资料来源：中国新疆网 http://www.chinaxinjiang.cn/zhuanti/2015/04/）

③ 小标题。若网络专题中所反映的事件比较复杂，由几个方面构成，往往就需要使用

小标题。小标题一般是专题中主干部分的标题,可以帮助补充主标题的新闻事实,延伸内容,同时将新闻事实通过不同角度分要点、分层次地进行叙述,起到全面提示专题要点的作用。

注意,专题中副标题和小标题都位于主标题下方,但两者有所不同,副标题是主标题的补充,主标题概括新闻的核心内容,副标题进一步揭示新闻的本质,是对主标题的辅助和补充。而小标题则是专题主干个体部分的主题,对下列将要叙述的事实予以揭示。

④ 导语。导语通常是位于主标题之后的一段文字,以一段较为具体的文字对标题作出解释、概括、补充说明,或者交代新闻的主要事实、观点、意见或问题等。

⑤ 标题配图。大幅新闻照片配标题是网络专题中比较常出现的形式,一般与主标题放在一起,方式是在标题的下面或者上面放置大幅的图片,以吸引用户的注意力。

(2) 网络标题的制作原则

网络标题的制作可以在内容上千变万化,可以在形式上层出不穷,但标题制作最基本的原则是没有太大变化的。网络标题的制作原则,简单地说有以下几种:

① 信息事实准确。信息事实准确,是专题报道的最基本要求。信息事实的准确主要体现为:在制作标题方面,对信息事实的概括要准确无误,对信息事实发生的时间、地点、任务、事件等的描述要准确,不能因为标题的字数限制,就对重要的信息事实进行忽略甚至篡改;在修辞方面,对信息事件的描述要用词要恰到好处,不能用"确定""的确"等字眼。

② 突出亮点。网站众多新闻中,标题能否吸引人,是能否使用户眼睛一亮的关键。编辑在制作标题时要把该信息中最重要、最新鲜、最吸引人、最有冲击性的和最有趣的内容放在标题上。例如,2014年新浪网制作的反腐专题,就用"中央重拳反腐"这样的标题,一下子吸引了用户的眼球。

③ 用词简洁凝练。标题是对专题主要内容的概括和引导,要求编辑在制定标题时做到用词简洁凝练,用最简单的词语清楚地概括出最重要的信息事实。标题要做到用词简洁凝练,首先必须删繁就简,去除不需要的修饰限制部分,使用约定俗成的简称或别称;其次概括性强,言简意赅,能够用最少量的词语表达丰富的内涵,但必须以信息事实的准确为基础,不能以牺牲信息事实为代价。

④ 使用亲切而生动的语言。专题标题除了准确、简洁之外,亲切而生动的语言,也能在用户浏览信息的同时拉近用户和信息之间的距离。如凤凰网制作的专题"李娜澳网夺冠我和春天有个约会",这则标题把"李娜澳网夺冠"比作"我和春天有个约会",十分生动和形象,也更易于被用户接受和理解。

⑤ 单行标题,虚实兼顾。单行标题有长有短,长的单行标题可由两个断开的短句组成,可以是主题和副题、实题和虚题。网络标题一般采用实题,虚题部分可有可无,是否需要应根据信息事实本身的性质、重要程度来决定。如果需要发挥标题的宣传鼓动作用,提炼信息的本质精神,也可以有虚有实,虚实结合。

7.1.4 设置专题栏目

网络专题内部栏目是构成整个网络专题的骨架,若处理不当,就容易导致专题内容不丰满,甚至产生畸形。好的栏目设置主要从网站的服务重点以及用户需要出发,充分运用编辑的发散型思维,尽可能地在有限的版面上合理地设置栏目。

一般来说,常用的栏目设置主要有以下几种:

1. 编者按语

编者按语主要分为文前按语、文中按语和编后语,其中文前按语地位最重要。所谓编者按语即编辑在文稿前加上的简要评论。编者按语在网络专题中,主要有两种常见的表述方式:一种是评论性的,这种评论方式是表明编辑对此专题的一种态度,是赞成还是反对,是赞扬还是批评等;另一种是说明性的,说明编辑为什么要选择此专题,它的重要意义体现在什么地方,能给用户什么样的启示。

在网络专题的实践中,并不是所有的专题都需要编者按语,而是根据专题内容的实际需要来定。一般来说,在以下情况下需要加编者按语:一是估计到用户对此事件、问题或现象持有疑虑时,比如人民币该不该升值等;二是要对发生的事件、问题、现象进行必要的舆论引导,就可以通过编者按语加以赞扬、肯定或批判与否定;三是有些不良风气、习气或生活习惯需要加以纠正时,需要通过编者按语来说明专题的重要意义等。

2. 要闻栏

要闻栏一般也称"动态栏",是指关于某个事件、问题、现象的最新进展、最新成果、最新发现的动态报道,它是专题栏目设置的核心所在。要闻栏的篇幅不限。对于新闻专题来说,要闻栏可能所在版面篇幅较大;而对于其他普通型专题,要闻栏中可以是一条或几条关键性的要闻,所在的篇幅相对短小。

要闻栏相对于专题的其他栏目来说,是变动、更新频率较快的栏目之一。这是由要闻栏自身的特性——关注的是专题的最新动态决定的。对于那些已经失去时效性的内容,可以逐渐转移到其他栏目中去。这就要求网络编辑要时时刻刻关注着相关专题的最新进展、变动,并且随时更新。这也是网络专题区别于一般传统媒体的地方,可以随时更新内容,并且还可以对一些过时的信息进行剔除。

3. 评论栏

评论栏主要包括权威人物或领导人的论述、重要媒体的评论、专家学者的评论、网友评论等。在专题实施中,也可以把这几项评论分开,设置成不同的栏目。

如果说要闻栏中主要是向用户叙述事件的进展情况,仅限于动态性的消息,那么评论栏中主要就是评论者对事件的发生、进展、问题、现象的产生与发展的思考和基本态度的表达,表明评论者的一种立场和观点。网络编辑通过设置评论栏,一方面引导舆论,另一方面帮助用户认清事件、问题、现象的本质。

一般来说，评论栏目在更新速度上有两种：一种是要求紧跟事件、事态的发展，随时更新评论栏目的内容，比如时事评论，就要求及时、快速；另一种是资料性的评论，更新速度较慢，有的甚至不用更新，比如某位专家对某个问题的论述、评论，或者一些经典的理论论述等。因此，评论栏要根据专题情况适时而动(图7.8)。

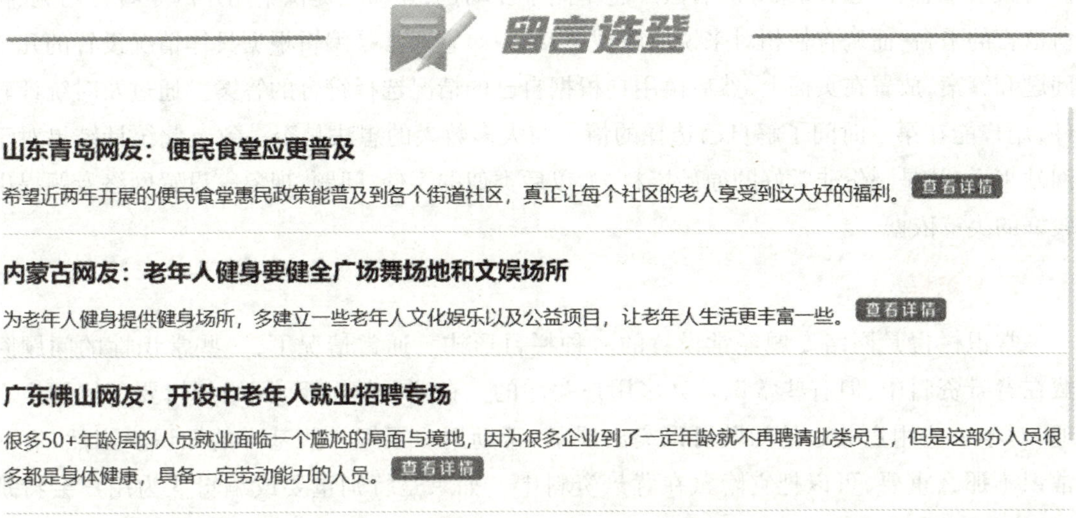

山东青岛网友：便民食堂应更普及

希望近两年开展的便民食堂惠民政策能普及到各个街道社区，真正让每个社区的老人享受到这大好的福利。查看详情

内蒙古网友：老年人健身要健全广场舞场地和文娱场所

为老年人健身提供健身场所，多建立一些老年人文化娱乐以及公益项目，让老年人生活更丰富一些。查看详情

广东佛山网友：开设中老年人就业招聘专场

很多50+年龄层的人员就业面临一个尴尬的局面与境地，因为很多企业到了一定年龄就不再聘请此类员工，但是这部分人员很多都是身体健康，具备一定劳动能力的人员。查看详情

图7.8　人民网网友留言

（资料来源：人民网 http://leaders.people.com.cn/GB/178291/218130/448966/458020/index.html）

4. 背景栏

背景栏也是网络专题中很重要的栏目之一。在背景栏中，网络编辑要更多、更全面地安排相关的背景资料。这些背景资料主要包括解释性背景资料、对比性背景资料和说明性背景资料等。在背景栏的整体设计中，可以考虑以多种文本形式传播，比如纯文字的、图片的、视频的、音频的、动画的等，力求形象、生动，同时能提供给广大用户更多的背景信息。

背景栏与要闻栏相比，更新的频率相对比较慢，有时甚至不需要更新，而是随着时间的推移，内容会不断地增加。因此背景栏对于网络编辑来说，只需要在设计的时候，全面收集资料，然后再定期注意把要闻栏的相关旧内容及时更换到背景栏。

5. 互动栏

由于互联网的开放性、互动性，网络专题要重视与用户的互动，因此有必要开设互动栏。

它的主要内容有刊登网友的评论、留言、疑问、意见和建议，以及为用户服务的内容等。这也是网络媒体与传统媒体的重要区别之一——用户的反馈及时有效。传统媒体很难在第一时间了解用户的想法，而网络媒体则能在第一时间与用户进行对话、沟通，及时调整传播策略。互动栏的设置有较强的针对性，主要是针对本专题的。用户可以延展专题内容甚至能帮助网络编辑挖掘专题深度，能在第一时间为网络编辑提供智力支持。因此网络编辑要充分运用互动栏来提升服务品质，共同把网络专题做得更深入、更全面。

6. 调查栏

调查栏也称读者投票栏。它的设置是为了让网络编辑与用户进行互动、联络，以了解用户对某个事态、问题、现象等的看法。它不同于互动栏，互动栏提供给用户的是各抒己见、畅所欲言的平台，而调查栏相对来说比较规整、统一。它通常是编辑根据具体情况设置的几个问题和答案，放置在页面上，然后由用户根据自己的情况选择符合的答案。通过及时统计软件，用户能在第一时间了解自己选择的情况与大多数人的想法是否一致。此统计结果对于网站来说，就是一份非常好的原始资料，为以后类似的事件、问题、现象等设置网络专题提供较好的决策依据。

7. 常识栏

常识栏也是网络专题经常设置的一种栏目形式。通常情况下，一些常识性的问题隐藏在背景资料中，但有些常识是许多用户关注的。在这种情况下，网络编辑要了解用户心理，对于一些用户关心的问题可以突出展示，帮助用户了解一些基本的知识。当然，有些常识不那么重要，可以把它隐藏在背景资料中。如果是特别重要或编辑认为用户会特别想了解这些知识的，那就需要设置一个栏目。一般来说，这种知识性小栏目的内容不宜太多。

7.2 网络专题的形式策划

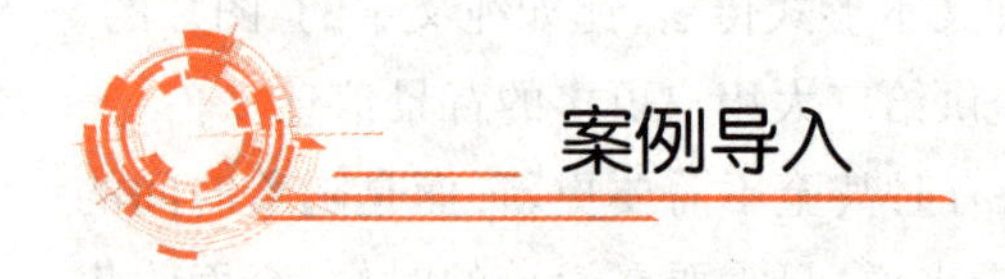

科技向未来

2019年5月，中央纪委国家监委网站推出了《科技向未来》第一期视频节目《黑洞——时空弯曲的超级旋涡》(图7.9)。2019年全年，《科技向未来》栏目共推出7期、14集节目，包括《即将启航！关于火星，你知道多少？》《畅想5G时代》《人工智能来了，我们准备好了吗？》等，分别聚焦人类首张黑洞照片、中国首次火星探测任务、5G商用、人工智能、中国月球探测计划、小行星与细胞低氧，在解答人民群众关心的科技问题的同时，展现了中华人民共和国成立70年以来我国科技事业取得的飞速发展，让群众在拓展知识视野中坚定“四个自信”。

图7.9　中央纪委国家监委网2019年《科技向未来》网络专题

（资料来源：中央纪委国家监委网.科技向未来[EB/OL].[2023-06-10].http://v.ccdi.gov.cn/kjxwlzty/heidong/index.shtml.）

在网络专题的内容基本确定之后，就要考虑专题的形式。网络中有成千上万的专题，这些专题的用户定位以及理念很多都是相似的，如何才能展示网站的特色，引起用户的关注，就需要网络编辑在专题的形式上下功夫，做到让用户赏心悦目，这就是网络专题的形式策划。专题形式的作用就是把专题的内容以合理的方式加以组织和表现，充分考虑到专题的页面结构和版式问题。

7.2.1　网络专题形式编辑

1. 网络版式设计原则

网络版式设计已经受到业界人士的普遍重视，版式已经成为网络媒体争夺用户眼球的重要手段。面对网络专题版式的设计，大致有以下原则需要遵守：

(1) 风格化原则

网站的版式风格是用户区别其他网络媒体的相对固定的特色。风格一旦形成，就不可轻易改变，只可做一些细节上的微调而不宜做颠覆性的改变。风格不仅是网站的标志，更是用户从诸多网站中认出自己的依据。很多用户多年都浏览一个网站，已经成为习惯，如果突然网站发生翻天覆地的改变，用户在心理上是很难接受和适应的。

当今社会，网络媒体日益争夺市场，网络媒体的竞争日益激烈。在成千上万的网站中，如何突出自己，展示自己的特色，版式风格就成为首要因素。版式设计最忌讳的是“千人一面”。但个性突出的目的不是追求形式上的标新立异，而是要根据网站的性质、网站的定位以及用户的喜爱来设计网站的风格。比如人民网的风格相对严肃，原因在于人民网的用户大都是成熟的理性上网者，他们更注重网络提供的新闻、信息；而像新浪网、搜狐网这些通俗化、大众化媒体及其网站则以提供轻松报道和生活服务内容为基本定位,网站的版面冲击力和节奏感更强,整体偏向色彩鲜明、时尚气氛浓郁。

(2) 人性化原则

人性化原则就是指在符合人们的物质需求的基础上,强调精神与情感需求的原则,它强调在网络版式设计时要以人为中心和尺度,要满足人的心理和生理需要以及精神需要,达到人物和谐。人性化原则作为当今网站设计界与运营者孜孜追求的目标,真正体现出对人的尊重和关心,同时也是最前沿的潮流与趋势,是一种人文精神的体现,是社会发展、人类进步、文明高度发达的必然结果。

比如,现在的网络专题节目,它们的版式设计都在不同程度上体现了人性化追求,即每一栏字数减少,字号变大,标题颜色柔和,更符合现代用户的阅读习惯;扩大了字间距使版面更大气;大标题统一字体,色彩更趋于明快;文章的排列改变过去的"交错咬合"式为整版竖通栏式,使版面更整齐。如今,网络专题的版式在讲究风格化的同时,还要讲究人性化,这是网络版式设计的核心理念。

(3) 时尚化原则

一个网络专题制作出来之后是为了让更多的用户来浏览,以达到吸引人们眼球的目的,并不是说制作完成就大功告成了,这就要求网络专题的版式设计要具有一定的时尚性、艺术性、观赏性。这就对版式设计者提出了更高的要求,他们不能就版式论版式,应开阔眼界,触类旁通,关注流行和时尚的相关艺术,增强自己的艺术修养,以及提高对设计规模的理解和把握能力,令版式紧跟时代的步伐。比如,对服装、电影、平面设计的新理念、新技术都要有所了解。另外,还可以和国外的流行的版式设计接轨,网络版式设计者要不断学习,开阔眼界,才能在实践中游刃有余。

(4) 合理化原则

合理化原则是一个传统原则,同时也是一个基本原则。网络媒体发展之初,多是坚持内容第一性,所以当时的版式设计仅仅是把内容简单地进行排版。而随着网络媒体的不断发展,如今的版式合理化则有了新的内涵,它的合理性更多地体现在风格化、人性化和时尚化原则之下的科学化。比如许多网站的导读功能增强、栏目设置相对固定、具体版面分块修饰等。又如一些网站的内容都采用一种字体,改变了以前一个版面上各种字体混杂的局面。

以上四个原则看似简单,但实施起来并非易事,能否把它们有机结合、灵活运用,还需要设计者不断揣摩实践。

2. 网络专题版式的设计

网络专题版式是网络专题形式美的重要体现。人们对专题的第一印象就是专题的版式,如果版式的设计符合用户的审美观,用户才会继续关注专题的内容,所以说网络专题版式设计直接影响着网络专题内容的传播,内容往往滞后于视觉,在注重专题内容传播的时候,要充分考虑专题版式的传播。从现有的专题版式来说,主要有四种:综合式、重点式、对比式、集中式。

(1) 综合式版面

综合式版面是一种常见版面类型。它的主要特点是栏目多,并且内容、体裁和篇幅都不尽相同。这种版面上的信息可吸引不同层次、不同兴趣的用户。如果专题栏目设置较多,涉及面广,没有特别重要的栏目需要强调时,且选出的要闻与其他稿件相比,分量相差不是很大的话,那么版面就可以选择为综合式。图7.10所示为腾讯网的综合式版面。

图7.10 综合式版面

(资料来源:新华网http://www.news.cn/)

(2)重点式版面

重点式版面的主要特征是特别强调版面的某一局部,并运用各种编排手段,使其成为版面上引人注意的重点。当需要特别强调一两个栏目时,可采用这种版面,让栏目处于相对强势的地位。同时标题要做得醒目,采用不同的字体、字号和一些有冲击力的图片或不同的颜色等。图7.11为人民网"经济·科技"专题而设计的重点式版面。

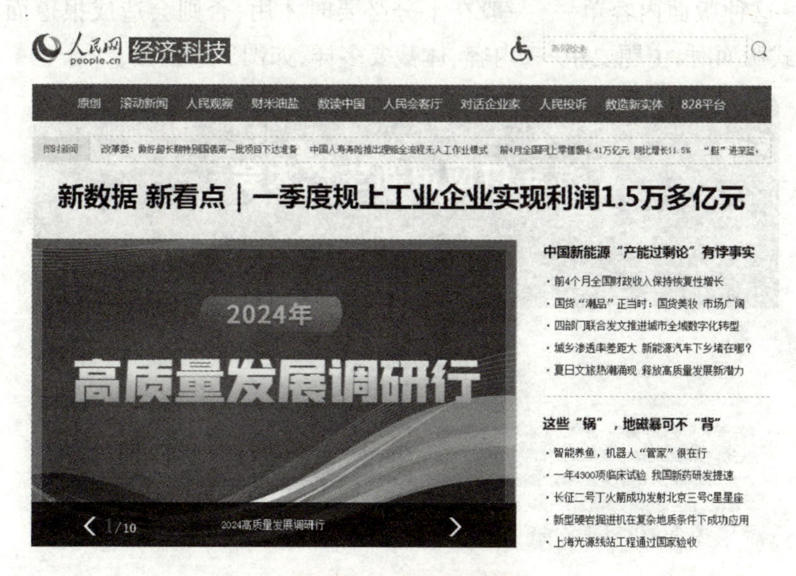

图7.11 重点式版面

(资料来源:人民网https://finance.people. com.cn/)

(3) 对比式版面

对比式版面是指版面上编排了相互对立和矛盾的两个栏目,使版面上形成强烈、鲜明的对比,使矛盾暴露得更加清楚,褒贬更加鲜明。对比式版面的形式主要是两个栏目的强烈对比,如图7.12所示。

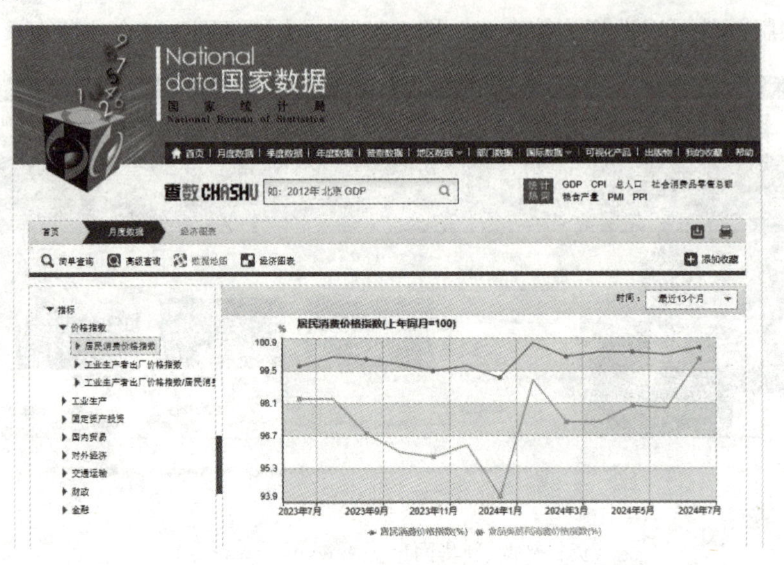

图7.12 对比式版面

(资料来源:国家统计局https://data.stats.gov.cn/ks.htm? cn=A01)

(4) 集中式版面

集中式版面的最大特点是用整个版面或版面的绝大部分刊登同一主题的相关报道。往往针对重大的主题,例如国际、国内重大事件等。这种版面内容集中,具有较大的声势,给人的印象深刻。这种版面内容单一,一般在十分必要时才用,否则会造成报道面的狭窄。注意,运用集中式版面时,主题要单一,内容、体裁要多样,如图7.13所示。

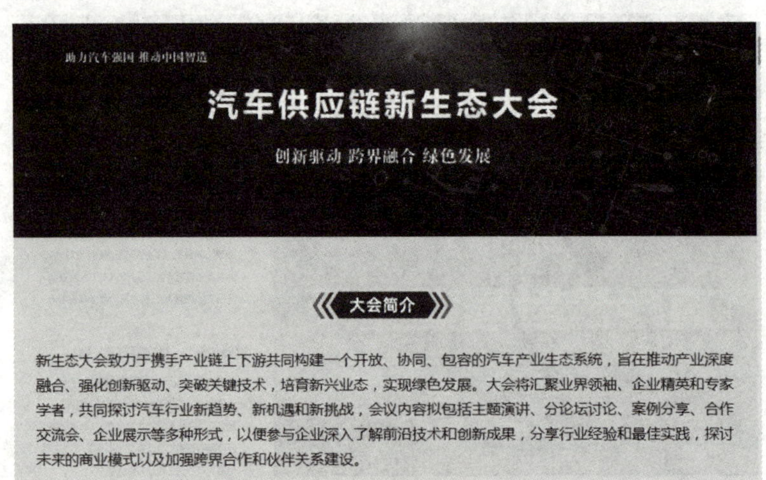

图7.13 集中式版面

(资料来源:中国汽车报http://www.cnautonews.com/stopic20240301xstdh-709.html.)

以上为专题版式的四种主要类型,网络编辑在进行专题策划时要根据专题类型、专题内容、专题主题等选择相应的专题版式,最终的目的是突出主题、强调美感以及视觉冲击力,最大限度地吸引用户的浏览、阅读。

3. 网络专题的结构设计

结构设计是网络专题形式策划的一个重要内容,它一方面是为了版面美观,另一方面是为了更加鲜明地突出专题主题,展现网站特色。网络专题的结构设计,既要根据网络主题需要做好整体布局,注重内部构造,使专题层次分明、上下一致、浑然一体,使结构既有一种统一感,又要新颖别致、富于变化、大胆创新,使结构有一种新奇感。网络专题常用的结构有以下几种:

(1) 简洁型结构

简洁型结构是网络专题的初级结构形式。所谓简洁型结构,即在专题中只有一两个栏目,有的甚至没有栏目设置的结构形式。这种结构主要呈现了以下几个特点:首先是栏目数量少,一般为1~2个栏目,有的是纯文字,有的是纯图片;其次是内部的主要内容比较杂、比较零散,由于栏目少,编辑没有去做细致的分类,许多内容都掺杂在一块。这种结构的专题从未来互联网的发展趋势来看,会慢慢地退出历史舞台。网络专题高级的结构形式是比较受网络用户欢迎的。

(2) 纵向进程结构

纵向进程结构是最常见的一种时效性强的专题结构形式。这种专题结构方式是以事件发生的时间为原点,从尊重事件发展的原貌出发,通过时间轴向前或向后推移来寻找新闻点,或者依据事件的发展态势来顺次拓展,以期引起广大用户的注意。一般来说,纵向进程结构主要运用于事件性新闻专题的报道,重点是对新闻事态进展的关注。这种结构的网络专题,脉络清晰,网络编辑容易策划,用户易于理解,能在很大程度上满足目标用户在第一时间获取信息的需要。对于纵向进程结构的网络专题来说,网络编辑要注意的是尽最大可能紧跟事态、事件的发展进程,保证专题的显要位置的信息都是最新的。例如,凤凰网2014年1月制作的"陕西蒲城大巴车爆炸"专题报道,就是从事件的发展态势来进行栏目设置的。

(3) 横向维度结构

横向维度结构主要是指搜索与专题相近的话题和资料,从专题的不同方面安排结构,这种结构包括对事件背景的收集整理,对事件发展态势的前瞻,以及寻找类似发生的过往事件等。网络编辑在采用这种结构时一定要处理好点与面的关系,做到以点带面、以面托点,相互补充、相互映衬,不能使其成为面面俱到的大杂烩。例如,千龙网2013年制作的"'双11',电商大战震撼来袭"专题报道,除了滚动、图集、视频、评论、电商备战等几大专题外,还设置了分栏目,如"'双11':网售狂欢实体惨淡""'双11'小心被奸商'秒杀'七大陷阱需提防""北京警方发布'双11'网购防骗攻略""'双11':新事物也有新压力""'双11'网购狂欢季达人支招"等栏目,让用户对"双11"有更加清楚的认识。

(4) 多点聚合与单点分解结构

多点聚合是指将多个零散的新闻点或者新闻事件加以整理加工,找寻出共同点,筛选出所需的新闻话题。单点分解则是将某一新闻主题细化分解,对分解出来的新闻点再进行深入报道,挖掘出新闻背后的信息。多点聚合与单点分解多适用于非事件型报道,如形势的分析、政策的解读等。一般来说,这类结构的专题,时效性比较弱、新闻性不强,专题的题目比较抽象,涉及范围比较大。

7.2.2 网络专题导航设计

网络专题的内容繁多而且复杂,为了使用户在浏览网络专题时不至于迷失方向,最好的办法就是为网络专题设计导航系统,并且导航系统可以方便用户回到专题首页以及其他相关内容的页面。网络专题导航系统设计的专业与否直接影响着用户对网络专题的感受,也是网络专题信息是否可以有效地传递给用户的重要影响因素之一。

1. 导航设计原则

(1) 明确性

当用户访问某个网站时,会出于本能地询问三个基本问题:这个时候我在哪?我能回到刚才去过的地方吗?我怎么去某个特定地方?明确性强的导航,可以对这三个问题给出明确的答案。如果回答不好,就说明这个导航设计得不到位。无论采用什么导航策略,其设计都应明确,让用户一目了然。

(2) 便捷性

导航系统应该在显眼的位置,让用户可以简单地跳转到某个特定地方。如果专题的目的是吸引用户来参加一项活动或下载某一种软件,这里的操作键一定要明显,让用户在第一眼看清楚专题内容后就能够在最短时间内找到参与的入口,这样才能够很好地达到网络编辑要的效果。

(3) 动态性

导航信息可以说是一种引导,动态的引导能更好地适应用户需求,解决用户的具体问题。即时、动态地解决用户的问题,是一个优秀导航必须具有的特点。

2. 导航设计结构

用户需要知道他们当前所处的位置,对此,要通过设计导航系统来帮助用户建立空间感。一个完整的导航系统应该包括全局导航、局部导航、辅助导航、上下文导航、友好导航、远程导航等。

(1) 全局导航

全局导航又称主导航,它是出现在专题的每一个页面上一组通用的导航元素,以一致的外观出现在专题的每一页,扮演着对用户最基本的访问方向性指引。所以全局导航需要出现在网站的每一个页面上，不论用户目前在哪里，都可直接连向重要的区域和功能。

(2) 局部导航

局部导航为用户提供一个页面的前驱和后继通路，当用户进入某个栏目中后，该栏目还会分很多小栏目，把这些小栏目列出来，可以方便用户立刻浏览内容，所以局部导航是用户在专题信息空间中到达附近页面的路径，局部导航设计的好坏直接影响到整个导航系统的质量。有些网站会把全站导航和区域导航整合成一致且统一的系统，如下拉菜单。和全站导航一样，在同一个站点中局部导航的表现形式最好一致且统一。

(3) 辅助导航

辅助导航提供了全局导航和局部导航不能快速到达相关内容的快捷路径，用户转移浏览方向不需要从头开始，是确保大型网络专题可用性和可寻性的关键，如网站地图、索引、指南等。

(4) 上下文导航

上下文导航又叫情境式导航，当用户在阅读文本的时候，会有一些内容指向特定的网页、文件、对象。网络编辑应准确地理解用户的需要，在他们需要的时候提供一些链接，这要比用户使用搜索和全局导航更高效，如专题中文章叙述中的文字链接。

(5) 友好导航

友好导航通常是一些用户不会使用的链接，确实需要时又能快速有效地帮助用户，如专题中的联系信息、反馈表单和法律声明等。

(6) 远程导航

远程导航是以独立方式存在的导航。例如网站地图，它简明地展示了网站的整体结构。当大多数用户在网站上找不到自己需要的信息时，一般可以把网站地图作为一种搜索措施。

3. 导航设计技巧

导航结构在网络专题设计中起着决定性的作用，同样导航菜单外观也是关系到整个设计成功与否的关键。导航菜单栏通常通过颜色、排版、形状和一些图片来帮助网络专题创造更好的视觉感受，它是专题设计的关键因素。当然，再好的导航菜单的视觉效果也不能影响到网络专题的实用性。比较理想的导航设计是专题导航的外观既能吸引人，又不会夺走专题内容的焦点。

除了上面的内容外，还有许多导航设计技巧可以应用，下面介绍几种主要的技巧。

① 导航一般要求放在网页最醒目的地方，帮助用户更便捷地在网页上快速地寻找信息，快速地完成对网站各主要内容的浏览。

② 导航的文字要清晰，一般用粗体，并且比正文的字号要大一号。

③ 导航不要用图片按钮，一定要用文字描述，这样做是为了让搜索引擎清楚网络主题，以便在搜索排名中获得更靠前的位置；图片可以用作导航的背景，而链接肯定要用文字。

④ 导航要抓住能传达主要信息的文字作为超链接，这样可以控制超链接的字串长度，避免字串过长或过短，而不利于用户的阅读或单击。

⑤ 超链接的颜色应该与单纯叙述文本的颜色有所区别。

⑥ 不要在短小的网页中使用太多的超链接，过分滥用超链接，会损坏网页文章的流畅性与可读性。

⑦ 暂时不提供超链接到尚未完成的网页。

⑧ 导航栏目不能随意修改，否则会让搜索引擎认为网站不稳定，会导致网站降权。

7.2.3 制作网络专题

网络专题从构思到制作，需要经历多个步骤，一个完整的网络专题实施共有四个阶段：前期准备阶段、制作专题阶段、专题推出阶段和专题结束阶段。具体操作流程包括：确定选题、确定方案、专题制作和审核发布。

1. 前期准备阶段

前期准备阶段的制作流程主要包括确定专题、确定方案、专题策划。

(1) 确定专题

主题的选择是整个专题的灵魂，是网络专题整个活动的思想纽带和思想核心。主题的确立往往建立在网络编辑掌握各种资料和整合各种资源的基础上。一般来说，新近发生的大事、当前社会比较热议的事件、百姓关注的问题都可以作为专题的选题，抑或是由网络编辑去挖掘一个具有新闻价值的专题。

选题既是专题制作的基本功，又是难点。做好一个专题，要严格控制专题选题，更多地把握及挖掘选题，在质量上要有严格的要求，尤其是在角度把握方面，一个好的选题，有时甚至会引导整个媒体的舆论导向。所谓角度，指的是新闻报道中发现事实、挖掘事实、表现事实的着眼点或入手处。对于网络专题来说，角度是使选题增值的一种方式。好的角度可以使好的选题进一步增色，也可以使一些原本平淡、老套的选题变得新颖，让人眼前一亮。

(2) 确定方案

一个网络专题可以从不同的角度来审视，不同的角度有不同的重点，不同的角度会产生不同的方案。一般来说，网络编辑要从多个方案中选择并确定一个方案，具体做法是：每位方案制作者提交方案，负责人汇总后，分发给每位方案制作者，每位方案制作者对所有方案分别进行打分，负责人根据打分情况进行加权处理，选出分值最高的方案，汲取落选方案中的亮点引入其中，最终确定方案。而确定这个方案的标准就是宣传效果的实现和追求价值的最大化。这里所形成的方案往往比较宽泛并有待于进一步细化。必须说明的是，在最初的讨论时期，宽泛的方案有利于网络编辑从多个层次展开采访活动。

(3) 专题策划

当方案确定好之后就需要对专题进行策划。所谓专题策划，就是指对选题进行有创意的设计、指挥和调控。其目的在于充分挖掘客观事物的新闻价值，选择最适当的时机、运用最恰当的方式进行报道,以求达到预期的传播效果。专题策划从实施的角度来说,一般包括四个步骤。

① 策划分析。要做一个专题策划,首先应当认真分析网站的特点,并有效结合当前社会动态以及网络需求趋向,及时有效地把握信息脉搏;其次要对策划对象所在的环境有深入的了解,比如对象的历史、对象的现状、对象发展的新特点、相关的法律等,了解得越详细,信息掌握得越多,越有可能从中挖掘出更有价值的新闻点;最后懂得将有限的信息无限化。信息无限化是指将简单的信息演绎出一个完整的故事形态,充分展现信息内容,延伸信息发展层面。

② 确定目标。对专题策划者来说,确定目标非常重要。专题策划的目标在于明确专题所要面对的社会动态基础以及专题策划的一个思路方向。只有明确目标,才能懂得如何更有针对性地收集资料、提出协助等。对专题策划者来说,主要需要确定的是宣传的范围和宣传的目标人群。这一点很重要,因为宣传目标影响着后续的宣传形式、手段和预算的编制等步骤。比如,如果宣传的范围只是地域性的,那么就不需要策划出轰动全国的新闻事件,编辑只需关注地方就可以了,预算也会比全国性宣传低很多。再比如,宣传是针对旅游者的,那么策划的专题必须能吸引他们的关注,宣传的形式和手段也应针对性选择旅游者的特点。

③ 编制预算。专题报道必须要有财力的支持,但是资金是有限的,这就需要周密的预算安排。策划不同的专题所需要的费用往往会根据具体的策划而有所不同,为此应采用"目标任务法"预算。所谓"目标任务法",就是根据确定的专题策划的目标,估算出每项费用,包括新闻事件采集费用、版式设计费用、人员工资等,这些费用相加的总和就是一次专题策划的总费用。

④ 策划的实施和控制。策划的实施和控制也是专题策划中的一个重要环节,再精妙的策划,也需要强有力的实施,如果没有各部分的配合,专题是不可能获得成功的。在专题的策划中必须有明确的专题工作人员表、制作日程表等,把任务分解成单元,分配到每个部门和每个人员;进行分工和计时,同时还要确立一个有效的配合机制协同作战。分工与计时具体包括:根据编辑工作的不同点,把编辑对象和编辑内容分配到每一个相关人员,提出注意事项。分工的策划最终形成两张表:工作人员表和日程表。工作人员表是把任务分解到人,每个参与者互相监督。日程表主要用于时间的控制,一般以时间进度表的方式来表现,时间的安排要合理。

当整个前期准备阶段完成之后,就要进入制作专题阶段。

2. 制作专题阶段

制作专题阶段主要包括:收集汇总资料,组织资料,设计栏目、版设和导航,审核和发布。

(1) 收集汇总资料

内容是专题的血肉,空洞的专题是没有任何意义的,一个好的专题除了要有好的选题外,必须要有好的内容,内容的选取必须符合选题的要求,不要选择与选题不相关的内容来充当专题的内容。制作专题的时候,遇到的最大困难就是收集和汇总表现内容的资料。在网络专题推出前通过网站推荐或者其他的形式在社会上为自己的专题造势,联系与此专题相关的单位、商家,以及社会上关心此类事件的民众,建立起拥护群体,为丰富专题内容集思广益,也为资料的收集做准备。网络专题的资料,一方面要多采用原始材料,保证专题的原创性;另一方面,要广泛集纳其他媒体和网站加工过的二手资料,保证专题的全面性。

(2) 组织资料

组织资料是对前期收集上来的材料进行分类整理,选出有代表性的、权威性的、符合专题要求的资料,同时对原始材料进行深加工,挖掘出更有价值的信息,通过网络编辑对材料的加工体现专题的舆论导向。

(3) 设计栏目、版设和导航

专题最终要以专题页面的形式表现出来,在设计专题的栏目、版设和导航时,首先要与自己的网站风格保持一致,这样才不会让用户产生突兀、生疏的感觉,其次要能体现专题的原定意图,再次是编辑最好与页面美工设计师一起设计,毕竟专业的美工设计师在技术上和审美观上要比编辑强很多。

(4) 审核和发布

当专题的内容和形式都已经完成之后,就要交由本站专家审核,审核的重点是文章的内容、体裁和风格。当专题通过审核后,即可发布专题。发布专题的方式很多,一般而言可以以FTP上传的方式将专题页面发布到网站的服务器上。同时也可以以发布文章的方式从网站文章发布系统发布专题,并对其他位置进行关联,让这个专题出现在理想和适合的位置。

3. 专题推出阶段

专题推出之后就要对专题所表现的新闻热点进行及时的跟踪报道,尤其是对事件的关键人物等进行视频采访等,充分突出网络专题的优势。

在专题推出的过程中,网络编辑可以对此事件进行不断地旁敲侧击,不断地找出与此相关的新闻线索,对这类事件进行归纳总结,形成一系列的响应话题,同时可以在专题中开设独立的版块,如评论栏、投票栏等,充分发挥网络强大的互动性,让更多的用户参与到网络专题的讨论中来;还可以联系相关的专家或者学者发表评论,以此来增加网络专题的科学性和权威性,形成一种专家效应。只有这样才能达到良好的宣传效果,才能在民众中赢得好评,形成共鸣,才能使更多的用户参与其中。

4. 专题结束阶段

在专题结束阶段,最主要的工作就是利用论坛和博客进行互动,通过互动将专题的效果推向一个新的高潮。网络社区在如今的网络中有着非常高的人气,充分利用资源对专题是否成功有着很大的影响。一个网站的影响力要看它的网络社区的参与人数,而一个专题的影响力要看网络社区中讨论的人数。当然,社区中的讨论要及时进行引导,不能对社会造成负面影响。当专题页面上的内容结束时，论坛上的版块依然可以继续保留，让用户继续发表观点，引发后来人的思考，以保持专题的热度。

注意，事实上，很多网站的编辑包括门户网站的编辑都没有注意到专题维护的重要性。专题也是需要维护的，而且大有必要。专题维护在于检查专题内的图片是否缺失，专题中的链接是否失效，专题页面是否还能访问，以及在专题中增加新内容等过程。一个好的专题，当它的上线时间达到一定长度后，搜索引擎会对其格外重视。因此，从搜索引擎过来的用户会取代从自己网站上过来的用户。此时，编辑就有必要向这个专题中加入新的内容，推广最新做的专题或最新上线的栏目等，形成一个链接网，让用户尽可能多地点击链接。

5. 网络专题的发展

虽然网络专题发展的历史不长，但已渐渐形成自己的套路，而且正在表现出许多新的发展趋势。多媒体技术（如音频、视频、Flash动画等）的运用以及和传统媒体融合是影响网络专题发展的两大因素。多媒体技术的应用一直影响着网络媒体的表现形式，对网络专题也不例外。

网络专题中大量多媒体技术的应用，既增加了网络专题的特色，又吸引用户强烈关注。同时网络专题的互动性越来越强，很多网络专题允许访问者通过网上投票发表自己对该事件的态度，并将统计的民意结果实时公布。

网络专题除了在多媒体技术方面加强表现外，也越来越注重和传统媒体的融合，注重向传统媒体学习，尤其是向电视媒体学习，加强内容的挖掘。很多网络专题已经脱离了早期堆砌素材的原始模式，更多地进行高层次的信息再加工。这种加工要求网络编辑对原始信息的深加工，要分门别类，面面俱到，深入精细，要有透彻专业的眼光。如今，网络专题的竞争越来越激烈，要想在众多媒体制作的网络专题中脱颖而出，必须从以下三方面入手：

一是变“被动”为“主动”。如今的网络专题大多是被动的展示，等待关注，缺乏对用户的拉力。这种现象的出现最主要的原因是：缺乏对专题入口和专题整体规划性和与用户的融合性，缺乏对大环境和用户的研究。改变这种情况最行之有效的方法就是使专题在充分实现信息传递的基础上，增加其可看性，让用户充满兴趣地主动关注。

二是变“死专题”为“活专题”。目前的网络专题大多停留在自说自话、守株待兔式的死专题形态。然而，专题是一个长期系统工程，专题只有具备了活性才能得到更佳的效果。所谓专题的活性是指专题本身的活性和围绕专题的延伸传播。通过对网络专题的系统规划，使之成为活专题，放大传播效果。

三是变“文字”为“图片”。网络进入读图时代，网络专题要改变之前单一的文字报道形式，图片已经成为专题的一个重要元素。专题需要大量的图片，这些图片应该清晰，能准确说明问题，有代表意义。同时图片还应积极补充，不断更新。为了美化版面，有时需要对图片进行进一步编辑，以求达到最佳效果。

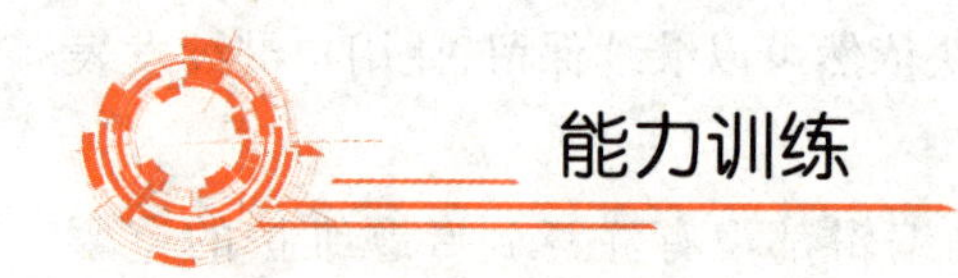

能力训练

任务1 网络专题内容策划

选择某一主题或事件进行网络专题内容策划。

实例解析

网络专题内容策划主要包括专题的选择和内容的采集。一个好的专题，首先选题要好。所谓选题就是网络编辑要表达什么样的主题，没有主题的专题最多也就是几篇文章拼凑起来的文章列表，是没有任何意义的。主流媒体在选择专题主题的时候，往往要经过激烈讨论，从多方面剖析什么样的主题最符合用户的需求和自身的需要，合理科学地确定正确的选题，专题等于成功了一半。

确定好选题后，内容的采集就成为关键。一个好的专题，除了要有好的选题外，还必须有好的内容，内容是用来表达选题的，内容的选取必须符合选题的要求。中小网站制作专题的时候，遇到的最大困难就是内容的采集，因为信息来源少，而且自身资源也不够深厚，所以采集的内容非常有限，也就不能很好地展示主题。

操作步骤

(1) 结合近期社会热点新闻，确定专题的选题；

(2) 根据专题选题，策划专题的角度；

(3) 根据专题选题及角度，策划专题的栏目；

(4) 根据专题栏目需要，利用信息采集的各种途径组织专题内容；

(5) 撰写专题的策划方案。

任务2 网络专题形式策划

对任务1进行网络专题形式策划。

实例解析

网络专题形式策划主要是根据专题的选题情况及专题内容，进行专题版式和结构的设计。通过网络专题形式策划能够将专题内容以合理的方式加以组织和表现，并能够利用所学技术制作选定的专题版式和栏目，完成专题网页的设计与制作。

网络专题版式是网络专题形式美的重要体现，只有版式设计符合用户的审美观，用户才会继续热情关注专题的内容。在注重专题内容传播的时候，要充分考虑专题版面。结构设计是网络专题形式策划的另一个重要内容，网络专题的结构设计是根据主题的需要设计整体布局，注重内部结构，使专题层次分明，上下一致，具有统一感；同时又要新颖别致，富于变化，大胆创新，具有新奇感。

网络专题形式策划最终要以专题页面的形式表现出来，页面的制作也是专题形式策划的一个重要环节。专题的页面制作要符合选题的要求，网络编辑对专题的表现和页面布局要胸有成竹，这样才可以让专题最终符合自己的愿望。在进行专题页面制作的时候最好与页面美工设计师一起制作，因为他们无论是在技术上还是在审美观上都更具专业性，也能更快制作出符合自己要求的专题。

操作步骤

(1) 确定专题的结构；

(2) 确定专题版式布局；

(3) 合理编排栏目及内容；

(4) 设计并制作专题网页。

"颜值检测"有风险　个人信息要留心

李某是某网络科技有限公司软件开发人员。2020年6月至9月，李某制作了一款可以窃取安装者手机内照片的软件。当手机用户下载安装该软件并打开使用时，软件就会自动获取手机相册的照片并且上传到李某搭建的服务器后台。

李某将该软件发布在暗网某论坛售卖，后李某为炫耀技术、满足虚荣心，又将该软件伪装成"颜值检测"软件，发布在某论坛供网友免费下载安装，以此方式窃取安装者手机相册照片1751张。其中，含有人脸信息、姓名、身份证号码、联系方式、家庭住址等100余条公民个人信息。此外，李某还存在非法获取并在QQ群内提供大量公民个人信息等行为，信息数量符合"情节特别严重"的相关规定。

2021年3月9日，公安机关将李某抓获。后检察机关以李某涉嫌侵犯公民个人信息罪提起公诉。法院审理认为，李某具有坦白情节，且自愿认罪认罚，对其依法从宽处理，以侵犯公民个人信息罪判处李某有期徒刑三年，缓刑三年，并处罚金。

案例启示

人脸信息是具有不可更改性和唯一性的生物识别信息。人脸识别技术给生活带来便利的同时，也容易被犯罪分子窃取利用或者制作合成，他们通过破解人脸识别验证程序，侵害公民隐私、名誉和财产。生活中，要谨慎下载使用"颜值检测"等"趣味"软件，防范个人信息泄露，避免合法权益受损。

迅速发展的信息网络，在给人民群众带来生活便利的同时，也易被犯罪分子利用，他们采用各种手段非法获取公民个人信息，使人民群众遭受滋扰，危害人民群众的人身、财产安全，严重的信息泄露甚至还会危害国家安全。检察机关提醒，下载不明网站链接，使用所谓"颜值检测"软件，随意丢弃含有个人信息的快递包装等，都有可能造成个人信息泄露。对此，要提高自我保护意识和安全防范意识，避免造成人身、财产损失。

（资料来源：张璁."颜值检测"有风险 个人信息要留心[N]. 人民日报，2022-12-22(19).）

课后自测

1. 单项选择题

(1) 通常网站通过(　　)来显示其网站的整体结构,网络编辑可以通过它了解网站的全面构成情况。

A. 网站设计　　B. 网站规划　　C. 网站分类　　D. 网站地图

(2) 北京时间2014年2月8日0时14分索契冬奥会开幕式正式开始。如果以索契冬奥会为主题制作网络专题,请问,它属于下列哪类专题?(　　)。

A. 主题类专题　　B. 事件类专题　　C. 栏目类专题　　D. 挖掘类专题

(3) 以下有关网络专题的选题描述不正确的是(　　)。

A. 网络专题制作的好坏,首要条件就是选题,选题是专题的灵魂和宗旨

B. 网络专题的选题可以大到国际热点问题、重大的天灾人祸,也可以小到大众生活的小事

C. 网络专题的选题要满足网络媒体所有人的需要,而不能只满足一部分人的需要

D. 网络专题的选题必须与时俱进,不能脱离社会的发展

(4) 网络编辑在制作标题的过程中需要做的一个最基本的判断是(　　)。

A. 选用生动、富有个性的词汇

B. 对稿件中出现的事实进行分析、提炼,决定将什么样的事实放在标题中

C. 巧用好标题的修辞手法

D. 决定是采用复合型标题还是采用单一型标题

(5) 网络稿件的来源是多元化的,不同来源的稿件质量可能不一样,有些来源的稿件甚至是不能在网站上发表的。对稿件来源作出判断是处理稿件的基本出发点,也是判断稿件价值的一个因素。关于网络稿件的来源,下列选项中,错误的是(　　)。

A. 本网站原创稿件　　B. 转载国内传统媒体稿件

C. 转载国内其他网站稿件　　D. 任何稿件

(6) 网络专题编辑组稿不同于传统媒体编辑组稿,专题内容挑选的手段比以前丰富,组稿的速度也越来越快,下面哪种是目前网站编辑最常用的收集材料的手段?(　　)。

A. 引擎搜索

B. 与传统媒体形成战略联盟,信息共享

C. 向专家、学者、权威人士约稿

D. 利用传统媒体庞大的资源和记者队伍进行组稿

(7) 目标索引用户可以不用进行关键词查询,仅靠(　　),便可找到需要的信息。

A. 图片　　B. 网站导航　　C. 分类目录　　D. 历史纪录

(8) 它是出现在专题的每一个页面上一组通用的导航元素,它以一致的外观出现在专

题的每一页，扮演着对用户最基本的访问方向性指引，不论用户目前在哪里，都可直接连向重要的区域和功能。这种导航是下面的哪种导航？（　　）。

A．全局导航　　B．局部导航　　C．辅助导航　　D．上下文导航

2. 多项选择题

(1) 网络专题制作的分类包括哪些？（　　）。

A．主题类专题　　B．事件类专题　　C．栏目类专题　　D．挖掘类专题

(2) 网络专题的特点有哪些？（　　）。

A．形式丰富，具有多媒体性　　B．超文本结构，超容量性

C．信息实时更新，具有动态性　　D．双向交互性

(3) 网络专题的选题标题有哪些？（　　）。

A．目标受众的需要　　B．适应社会形势的需要

C．策划难度程度　　D．创新开拓

(4) 网络专题的版面有哪几类？（　　）。

A．综合式　　B．重点式　　C．对比式　　D．集中式

(5) 网络专题的结构设计有哪些？（　　）。

A．简洁型结构　　B．纵向进程结构

C．横向维度结构　　D．多点聚合与单点分解

(6) 网络版式设计要遵守哪些原则？（　　）。

A．风格化原则　　B．人性化原则　　C．时尚化原则　　D．互动化原则

(7) 下面关于网络标题制作法则描述正确的是（　　）。

A．网络标题应以明示内容为第一要旨，即信息事实准确

B．让标题亮起来，把最有冲击性的内容放在标题上，内容与标题无关乎联系不大也没关系

C．网络标题是对专题主要内容的概括和引导，要求用语简洁凝练

D．网络标题可以使用亲切而生动的语言拉近用户和信息之间的距离

(8) 网络专题的制作主要包括哪些阶段？（　　）。

A．前期准备阶段　　B．制作专题阶段

C．专题推出阶段　　D．专题结束阶段

项目8 网络时评

知识目标

- 掌握传统时评和网络时评的概念及特点
- 理解网络时评的社会意义
- 了解 BBS 时评的传播形式及特点
- 了解博客时评的传播形式及特点
- 了解短视频时评的传播形式及特点

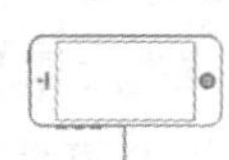

能力目标

- 能够编辑和写作一般的网络时评
- 能够完成简单的网络时评策划工作
- 能够利用论坛编辑、写作时评
- 能够利用博客编辑、写作时评
- 能够创作、编辑短视频时评文案

素质目标

- 培养学生严谨求实、客观公正、尊重他人、文明礼貌、自律自省的网评职业素养
- 新媒体日新月异的变化和创新，不断激励学生保持学习和言论负责的态度，关注社会热点问题，了解各种观点和信息，以便更好地为受众提供有价值的评论

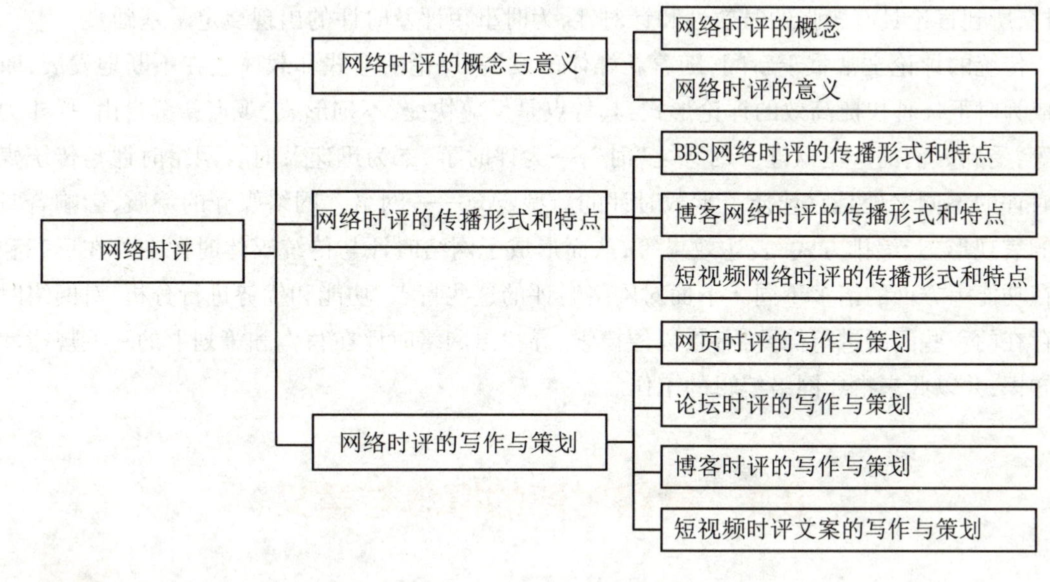

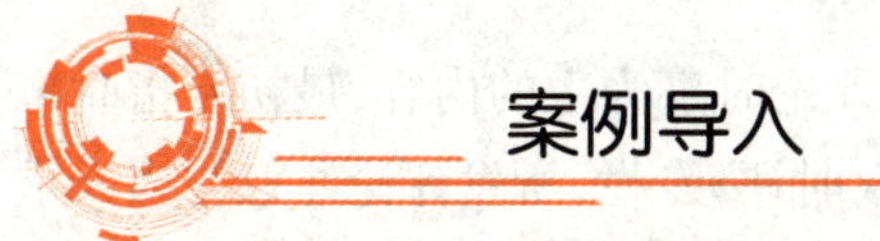

深化现代职业教育体系建设改革

在上海，职业院校与区级政府合作建立“双元制”特色产业学院，整合职业教育资源；在安徽，职业院校与制造企业签订校企合作订单协议书，推动校企合作、产教融合；在山东青岛，企业发挥主体作用，接收职业院校或高等学校学生实习实训……近年来，多地整合职业教育资源，为区域经济高质量发展培养高素质技术技能人才。

优化课程供给，促进职业教育的“专业群”与区域经济的“产业群”无缝对接，让职业教育成为“有学头、有盼头、有奔头”的教育。近日，中共中央办公厅、国务院办公厅印发《关于深化现代职业教育体系建设改革的意见》，要求“深化职业教育供给侧结构性改革”“培养更多高素质技术技能人才、能工巧匠、大国工匠”，并从战略任务、重点工作、组织实施等方面为持续推进现代职业教育体系建设改革描绘了蓝图。

评析

各传统媒体纷纷设立网络版面，网络时评更是以其灵活的形式、广泛的参与性、即时的互动性，迅速发展起来。本例曾引起社会各界热烈讨论，跟帖评论达数百条。

（资料来源：康岩.深化现代职业教育体系建设改革[N].人民日报，2023-01-03(5).）

中国的新闻评论发展已久，在内容和形式上经过了多次的变化，早期的封建社会，信息的传播和言论的自由受到皇权的限制，评论的形式多以论说文体出现。到了中国近代，由于革命的浪潮逐渐兴起，兴办报纸成为当时的潮流，有志之士冲破思想的束缚，团结民众，发表对时局的言论，从而开启了报刊政论时期。1898年梁启超创办《清议报》，开设了《国闻短论》

专栏，所刊言论具有较强的时效性和针对性，为时事短评及时评的出现奠定了基础。

传统的评论常常重于新闻，随着新媒体的发展，评论的形式和载体也在不断地发展，时评成为时下一种快捷高效的评论形式，其特点是反应快捷、不拘形式、观点新鲜自由、战斗力强等，受到人们的广泛欢迎。时评之"时"，一为评时事，二为迅速及时。网络时评与传统媒介时评的不同之处是它选择了承载时评的新型媒介——网络。网络媒介的特质，影响着时评的表现形态、编排方式、表达效果等，从而形成了网络时评与传统媒体时评在外在形态和内在功能等方面的诸多不同。下面对网络时评的这些特点、功能和优势进行分析，对网络时评存在的一些问题进行简要探讨，以便摸索、寻找出网络时评在写作和策划上的一些规律性的知识，并以此来指导网络编辑的工作。

8.1　网络时评的概念与意义

19世纪末至20世纪初，报刊时评开始出现，它是以评论时事为主的内容，最初专指时事短评。1904年创刊的《时报》(主办人狄葆贤)，专门设置《时评》专栏，所发评论注意与当天重大新闻相配合，篇幅短小，时效性强，一事一议，大致相当于现在报上的"短评"或"编后"，时评成为《时报》的一大特点。时评更注意新闻性，特别是时效性，因此更接近于今天的新闻评论，它是对时事发表评论的文体，以快捷、深刻、尖锐等特点帮助受众及时解读新闻背后的意义，具有聚焦、"消化新闻"、宣泄公众情绪、调节社会舆论等作用，历来为传统新闻媒体所重视。新闻媒体在网络媒体这个广阔的平台上，信息传送的渠道更多，传递的速度更快，时评有更充分的反馈和更广阔的交流空间。可以说"现代网络"极其体贴地迎合了"传统时评"，双方实现了完美的契合，这种契合更延伸了传统新闻时评的外延。网络时评拉近了时事与百姓之间的距离，给了普通百姓一定的话语权，变得更加平民化、大众化，这实际上可以说网络时评的发展不单单是一种民主进程的体现，也是一种民主发展的促进。

8.1.1　网络时评的概念

1. 网络时评概述

在新媒体背景下，大众对于新闻的评论可以方便快捷地发布在新闻平台上，新闻评论的倾向性时时影响着舆论导向，其作为社会的"喉舌"，反映着民众的需求与主张，从而可以反映出一个国家、一个社会的风气和价值导向。网络时评就是在这样一个背景下诞生的，虽然很多新闻传播学者对网络时评的定义存在很多争议，有人从维护新闻评论体裁特征的角度出发，认为只有那些在网络媒体上发表得较为完整的、表达了一定意见的"成文"的文章才称得上是真正意义上的网络评论，至于那些讨论区里的你一言我一语的讨论，即便有一定的主题，也算不上是网络评论。也有人从发展的角度看待新闻评论体裁，认为新闻评论体裁诞生于报刊，在报刊之后每诞生一种新的媒体，新闻评论体裁就会有新的媒体传播方式与之相结合，并在实践中逐步形成有别于其他媒体评论的具体表现形态和个性特点。与传统媒体一样，网络新闻媒体除了发布新闻、提供信息服务外，同样应该及时对重要事件发表意见和看法，这些意见和看法就可以叫作网络时评。只要其"新闻性""政治性"的特征还在，"不成文"的讨论就应当和"成文"的文章一样，被纳入网络评论的范畴。

2. 时评的概念

要搞清楚什么是网络时评，就必须先弄清楚时评是什么？顾名思义，时评就是"因时而评"，"合事而著"，属于新闻评论范畴。它是传播者借助大众传播工具或载体针对现实生活中的新闻事实、现象、问题，在第一时间直接发表意见、阐述观点、表明态度和看法的一种有理性、有思想、有知识的论说形式。评论和新闻，一虚一实，如同鸟之比翼，构成传媒的两大文体。以与新闻结缘为前提，但凡各类具有新闻价值的论说文，不拘长短，不论署名与否，均可称为时评。时评的目的不在于穿越深远的历史，而是通过对社会的监测、批判，适时地促成社会现实的小步前进。虽然时评中也有激励精神、催人奋进 的"号角"，但更多的则是针砭时弊、入木三分的"匕首"。时评契合了现代人对价值理想的思考与追求——对现实社会的理性批判，这是时评的价值所在 。

3. 网络时评相关概念

一般认为，网络时评是指在网络媒体上就某一新近发生的新闻事实或事件，迅速、及时地进行评述，阐明道理，提出解决问题的方法和意见的文体。网络时评包含文字、声音、视频、图片或者几者相结合等多种表达形式，目前以文字评论居多。

(1) 网络时评与传统时评的区别

网络时评是一种新的评论形式，被深深地打上了互联网的烙印。它是时代的产物，是新时代的召唤，处于新闻评论和互联网的交汇点并在传统评论内容和形态基础上，升华出旗帜鲜明的评论形式，具有语言尖锐、反应快速以及传播迅速的特点。当今社会呈现多样化趋势，即时新闻已经不能满足受众的需要，新闻正向专题化、评论化方向发展。互联网强大的实时交互功能，使受众不再只是被动地观看电视、报刊等传统媒体，而是可以积极而及时地参与讨论。每一个人都可以既是信息的获取者，也是评论的提供者。受众可以把自己知道的信息或发表的意见传播给别人，或者针对别人的信息来发表自己的见解。很多新闻网站在主要新闻后面经常加上"添加评论"等字样，以鼓励网民对新闻的互动参与。

网络评论与网上交流是平等自由的。在传统媒体关系中，由评论传播者完全掌握话语权，对受众拥有绝对权威，高高在上，新闻评论具有居高临下的优越感。今天的互联网在信息传送上，为普通人提供了平等交流、不受空间限制的物质条件，真正实现了信息传播的对称性。评论者要求以一种平视的目光、多角度的方向关注生活，着力从受众的意识、情趣和情感世界寻找、认识和衡量新闻价值。在网络传播体系中，普通老百姓也可以获得一定的话语权。

写好网络评论需要注意五点。一是网络话题必须是网络热点，一个事件发生后，通过网络传播，迅速成为网络舆论关注的焦点，比如“唐山打人事件”发生后，各地的网络新闻纷纷转载，广大网民发表评论。二是语言要接地气，网络评论语言要学会用“沾着泥土、带着露珠”的话语叩开网民的心扉，把话说到网民的心坎上，只有这样，观点才可以传得出、传得开、传得远。三是要回到网民的关切和疑问，时评要找到热点问题的靶心，找到兴奋点，摸清楚网民赞成什么、关注什么、反对什么，有的放矢。四是要虚心接受网民的检验，时评的观点是否具有针对性、是否具有价值，要看网民的关注率、点击率、点赞数以及转载率，没有受众的网评是没有价值的评论。五是网评的作用体现在打通网络的两个舆论场，有时效的网络时评就是民众的一双慧眼，帮助他们透过现象看本质，通俗来说，就是宣扬正能量的观点，削弱负能量的观点。所以，网络时评理应进行正确的舆论导向，符合正确的道德观和价值观。在对社会产生影响的同时，也必须承担社会责任，有责任引导网民正确认识新闻事件，正确参与社会热点问题的讨论。

(2) 网络时评的定义

通过前文大家知道了传统新闻时评的概念，了解了网络时评相对传统时评所独具的特点，那么究竟什么是网络时评呢？

网络时评就是传播者借助互联网这个广阔的交流平台，并利用其特性针对现实生活中的新闻事实、现象、问题，发表意见、阐述观点、表明态度和观点，展开具有互动性、多样性、平等自由等特性的一种有理性的论说形式。

网络评论作为一种议论文体，与传统媒体的评论并无本质上的区分。但互联网对用户的影响是如此之大，使网评已经不再是传统媒体概念中的新闻评论。只有充分地认识网络评论的概念和特点，才能有效地把握网络评论；只有正确地反映网上舆论，才能有效地引导网上舆论。

正反观点评论“妈妈带男童进入女厕引争议”

正方：男童由于年龄尚小，且在公共场合，孩子具有贪玩心理，万一在家长上厕所的时间段，孩子走失，或者遇到危险都是难以避免的，要彻底解决此类问题，还是要从公共场合厕所的设置解决，有专家呼吁建立第三卫生间，或者增设儿童卫生间，实为一种可行的办法。

反方：孩子超过三岁，就具有性别意识，对异性会产生好奇，如果家长频繁带孩子进入异性厕所等公共空间，会影响孩子以后的性别观念。同时家长要教育孩子树立正确的性别意识和边界意识，这也是一种尊重他人隐私的表现。

这个话题有很好的讨论基础，观点对立的网民都可以找到论据来支持自己的观点，形成很好的互动和平等交流的氛围。这种并列呈现正反观点的评论形式，体现了网络时评形式的灵活性和内容的多样性，并充分激发了受众强烈的参与意识，在积极的互动交流中，能正确地引导社会舆论，逼近事实和真理。

8.1.2 网络时评的意义

基于互联网互动性之上的网络新闻时评，已经是当前新闻网站的关注点和生长点。仅仅依靠即时新闻已经不能满足网民的需要，新闻正向专题化、评论化方向发展。人民网的“强国论坛”和“人民时评”、新华网的“发展论坛”和“焦点网谈”等在新闻媒体中已具有很大的影响力。网络时评中最具互联网特征的无疑是网民的交互性评论，这是新闻网站吸引网民的新颖形式，也是与传统媒体相比的核心竞争力之一。

(1) 网络时评的出现具有划时代的重要意义

网络时评为现实社会提供了前所未有的舆论多元的空间。其强大的互动性，吸引了天南地北的网友广泛参与，在重大社会事件发生时迅速形成舆论。网络新闻时评可以被看作一种互动式评论。许多网站都开设了“我要评论”新闻栏目且人气很旺。这种实时交流的新闻栏目能够快速反映民意，显示着网上舆论急速更新的趋势，让网民有可能亲身参与到讨论中来，表达自己的意见，激发其关注社会发展的热情。

网络时评更多地关注来自媒体以外的声音，是网民反馈的良好途径，使新闻活动不再是媒体的独角戏，而成为人民群众和媒体互动共存的社会现象，反映了现代新闻传播活动的历史进步，是对作者话语权的解放，使时评写作进入了一个全新的时代。

(2) 网络时评对社会文化发展具有推动作用

网络时评的交互性和超文本多样性导致书写和阅读方式产生变革，全民参与的形式，对提高民族文化素养具有积极意义。

网络时评的优势，还在于突破传统媒体的技术限制，让评论内容图文并茂、视听共赏。正是有了图片、音频和视频，才使网评世界更加绚丽。充分发挥多媒体优势，以便形成既“活”而又“动”的评论专题。网络时评受众追求的主动、平等的新闻信息传播，在互联网络上比传统媒体更容易得到满足。这一切使得更多的人积极关注、参与时评的热情高涨，在构建一个网民各抒己见、集思广益的交流平台的过程中，对社会舆论价值方向的正确引导，对提高网民文化素养、提升其明辨是非的判断力和完善其价值观都具有积极意义。

(3) 网络时评对社会热点持续关注

网络时评的高集纳度使网络时评拥有跨时空、超文本、大容量、强互动的魅力，推动了新闻评论向专栏集纳化方向发展，对新闻热点问题的报道评论更加集中、深入和广阔，也更有效地对社会弊端和丑恶现象起到了监督作用。

网络时评以尽可能快的速度跟进事件的发生发展，通过网民的互动对新闻评论进行整体推进。网络具有最广泛的参与度和较为公开透明的环境，以及信息资源共享的优势，这些都有利于发掘新闻事件的真相，并对敏感问题给予广泛、持久的关注和监督。

时评是一种社会利器，理应捍卫正义，鞭笞邪恶，对社会起监督作用。而网络时评可以让广大群众畅所欲言，对丑恶腐败现象和社会弊端的揭露和抵制尤其有效。

(4) 网络时评目前存在的问题

网络时评的高度开放和参与度,也带来了新的内容不确定性。网民评论的自发性、随意性和爆发性的特点,也使得网络时评需要规范引导和加强监督管理。同样对有“问题的”网络时评也要经分析后区别对待,应根据实际情况采取不同的管理措施。目前对网络舆论,主要有以下三个层面的引导策略:① 加强网络传播的法律法规建设,这是一种硬性控制手段;② 加强网络道德规范建设,虽然这只是一种软性的控制手段,但也相当有效,能够防患于未然;③ 通过技术手段限制违法信息的传播。

8.2 网络时评的传播形式和特点

案例导入

事件背景:某地发生一起严重的食品安全事件,涉及多家食品生产企业。事件引起了广泛关注和讨论。

网络时评传播形式:社交媒体平台(如微博、微信等)上的评论、转发、点赞等互动行为;网络论坛、贴吧等平台上的讨论帖、问答帖等。

网络时评特点:实时性强,传播速度快,覆盖面广,容易引发热议和关注;互动性强,讨论深入,观点多样,容易形成舆论场。

网络时评内容分析:

(1) 对食品安全事件的谴责和批评:许多网友对涉事企业表示愤慨,认为其严重损害了国家的食品安全和消费者的利益,要求严惩相关责任人。

(2) 对职能部门监管不力的质疑:部分网友认为,此次食品安全事件暴露出食品安全方面存在的问题,要求政府加强监管力度,保障食品安全。

(3) 对食品安全问题的关注和担忧:许多网友表示,此次事件让他们对食品安全产生了担忧,希望有关部门能够采取措施,确保类似事件不再发生。

(4) 对食品安全知识的普及和宣传:部分网友借此机会,呼吁大家关注食品安全问题,提高自身的食品安全意识,学会辨别不合格食品。

影响分析:此次网络时评传播引发了广泛关注和讨论,使得食品安全问题成为社会热点话题。同时,也促使政府部门加强对食品安全的监管力度,提高食品安全水平。此外,网络时评还起到了普及食品安全知识、提高公众食品安全意识的作用。

网络时代的到来,使得原本竞争激烈的传媒业竞争更加白热化。许多门户网站都把评论作为其重要的传媒产品之一。人民网、光明网等国家级的大型网站都开辟专门的评论栏目让网民发表网络评论,如人民网的“人民时评”、光明网的“光明观察”等。以供给新闻为主的网站,如新浪网也有自己的评论专员。同时,网络时评是人们表达观点、交流意见的重要方式,为人们提供了发表自己看法的场所,这与网络传播本身的匿名性、开放性和交互性是分不开的。

网络时评的传播形式多种多样,按照不同的分类标准可划分成不同的种类。例如,按照其表达的符号来分,可以分为网络文字评论、网络多媒体评论、漫画评论等多种形态。同时,网络时评的传播形式还可以分为网站评论、电子论坛(BBS)形态和博客(BLOG)形式,它们彼此都有不同的特点。

8.2.1 BBS网络时评的传播形式和特点

1. BBS概述

BBS的英文全称是 Bulletin Board System,翻译为中文就是“电子公告板”。BBS最早是用来公布股市价格等信息的,当时BBS连文件传输的功能都没有,而且只能在苹果计算机上运行。早期的 BBS 与一般街头和校园内的公告板性质相同,只不过是通过计算机来传播或获取消息而已。一直到个人计算机开始普及之后,有些人尝试将苹果计算机上的BBS 转移到个人计算机上,BBS才开始渐渐普及开来。近些年来,由于计算机爱好者们的努力,BBS的功能得到了很大的扩充。目前,通过BBS系统可随时取得各种最新的信息,也可以通过BBS系统来和别人讨论各种有趣的话题,还可以利用BBS系统来发布一些“征友”“廉价转让”“招聘人才”及“求职应聘”等启事,更可以召集亲朋好友到聊天室内高谈阔论。

2. BBS网络时评的传播形式

这里所说的BBS就是我们通常所说的社区BBS论坛,例如天涯论坛、西祠胡同就属于这一类。这类网站本身就是一个大的电子论坛,然后在其下又分成许多小板块,在小的板块之下再设话题。

网络时评在BBS上的传播形式主要有以下几种:

(1) 主题式。每个话题一般都会有一个主帖,而评论就发表在主帖的后面。这是自由跟帖式时评。

(2) 访谈式。例如×××做客新浪,××访谈等。由媒体出面,邀请某方面的专家、学者,针对当前社会中出现的某一问题或者现象,来回答网友的疑问。

(3) 辩论式。辩论式就是由论坛方组织,针对当下的某个富有争议性的问题,设正、反两方或者正、反、中立三方,然后网友在后面自由跟帖进行辩论。

网络时评充分发挥网民的自主性,网络媒体相对于传统媒体的交互性和开放性就体现在这些方面。因此,这种形态的网络时评能够集聚多方的意见,其信息容量相当大,同时由于其自主参与性和互动性,能够以此吸引网友的参与,网络媒体的魅力因此而显现。但是,另一方面我们也应当看到,由于网民素质的良莠不一,同时对这种论坛的监管又不能太过于苛刻，因此，网络时评的水平也就参差不齐。同时，还会有一些“口水帖”之类的内容，纯粹是网民发泄心中情绪的文字。

3. BBS网络时评的特点

BBS网络时评具有如下特点：

(1) 连续动态性

网络时评是一种连续动态的评论。传统新闻评论一般是静态的评论，在时间和空间上具有一定的间隔性。网络新闻评论是网络媒体在互联网上为网民提供的就新闻和社会问题发表、交换意见的场所，在相互传递和交换信息的过程中形成了一种无形的用户交流网。网络时评强大的互动性，吸引了大量的网民参与评论，从而就某一问题形成连续的、动态的评论，使评论的时效性大大增强。全天候的滚动新闻是网络媒体独有的新闻形式，在网络上，新闻文本的时间已经细化到了几分几秒。网络时评借助着网络传播的即时性实现了无时不评。

(2) 交互性

网络是一种双向交互的媒介，BBS更是体现了这种特点，受众通过网络就能直接与传播者进行交流。从这个意义上说，受众既是接受者，也是传播者，这从根本上改变了传统的大众传播模式中普通受众只能被动接受，而不可能发布信息和意见这一状况。在这种交互性的特点下，受众通过媒体了解了新闻，媒体通过受众了解了民众对新闻事件的看法及民众的思想动态等。这样，受众和媒体之间的互动就基本实现了。

受众都能接收和发布信息，他们内部之间也存在着互动，这一点在聊天室和论坛里体现得最为突出。在聊天室，网民可以与室内任一网民就任一问题进行交谈。在BBS里，网民既可以选择自己感兴趣的专区发表意见，还可对别人的意见发表自己的看法。

在交互性上，报纸、广播或电视等传统媒体都无法和网络相比。

(3) 意见表达的多元性

网络将最先进的计算机技术作为后台支持，它提倡多元的思考，为公众的言论自由和表达自由提供了前所未有的空间，为现实社会提供了舆论多元的空间。当然提倡多元化的思考并非让新闻媒介放弃自己的主体价值判断，而是要综合各方面意见，在把握事实的基础上，作出与时代精神相符合的、与时代同步的价值判断。例如，当某些社会事件发生后，便引起部分公众的强烈情绪，不仅在网络上出现了一些过激的非理性言论，同时许多城市也出现了一些等过激行为。在这种情况下，许多保持理性的网民立即在BBS中发帖，纷纷呼吁人们的理性行为，论坛中理性网民的发言引导了大众行为。

(4) 开放性

网络受众追求开放的新闻信息传播的要求在网络媒体上比传统媒体更容易得到满足。网民们开放的心态、平和的态度是网络时评实现传播和交流的基础。网络时评的开放性还体现在网民对新闻热点事件的超时空关注上。在这里没有空间距离，没有时间间隔，也没有人为障碍，网民可即时对同一社会热点共同论说。

(5) 参与性

最具互联网特征的网民评论，是一切传统媒体所望尘莫及的。今天的网民对于网络新闻不只是满足于消费，而且表现为强烈的参与。它为现实社会提供了前所未有的舆论多元的空间，其强大的互动性，吸引了天南地北的网友广泛参与，在重大社会事件发生时迅速形成舆论，体现出大众参与的特点。

(6) 随意性

以网民为主体的网络时评与传统媒体时评相比，带来了新的内容的不确定性。应进行正确的舆论导向，使网络时评符合正确的道德观和价值观。由于互联网的开放平等、即时交互等网络特性，导致“无害的”网络时评的外延远比“有益的”网络时评概念来得宽泛。它们的客观存在对互联网的发展是有意义的，对丰富网民的文化生活也有促进作用。网络时评反映社会的多元而驳杂，导致有些网络时评总体上是有益的，但是评论的枝节上有不正确之处。此外，网络时评中不可否认存在着部分有害信息，而有害评论比有害新闻有更强的煽动性和更大的破坏性。

(7) 集纳性

网络时评拥有跨时空、超文本、大容量、强互动的魅力，与传统媒体时评相比成为一个全新概念。随着人们对新闻时评认识的日趋成熟，仅仅依靠单条新闻时评往往不能满足网民的需要，新闻时评正向专栏集纳化方向发展。它要求随着新闻事件向纵深发展，不断向专题评论充实最新、最快的信息，争取以尽可能快的速度跟进事件的发生、发展，同时将与新闻事件相关的横向报道和背景资料等容纳在专题新闻评论中。

8.2.2 博客网络时评的传播形式和特点

1. 博客概述

“博客”一词是从英文单词 Blog 翻译而来的。Blog是Weblog的简称，而Weblog则是由Web和Log两个英文单词组合而成的。Weblog就是在网络上发布和阅读的流水记录，通常被称为“网络日志”，简称“网志”。

博客通常由简短且经常更新的帖子构成，这些帖子一般是按照年份和日期倒序排列的。而作为博客的内容，它可以是用户纯粹个人的想法和心得，包括用户对时政新闻、国家大事的个人看法，或者用户对一日三餐、服饰打扮的精心分享等，也可以是在基于某一主题的情况下或在某一共同领域内由一群人集体创作的内容。它并不等同于“网络日记”。网络日记是带有很明显的私人性质的，而博客则是私人性和公共性内容的有效结合，它是对网络信息进行收集、排列和整理，并通过链接使零散的信息汇集，以提供“增值”信息的中介服务类型。它绝不仅仅是纯粹个人思想的表达和日常琐事的记录，它所提供的内容可以用来进行交流和为他人提供帮助，是可以包容整个互联网的，具有极高的共享精神和价值。简言之，博客就是以网络作为载体，用户简易、迅速、便捷地发布自己的心得，及时、有效、轻松地与他人进行交流，再集丰富多彩的个性化展示于一体的综合性平台。

2. 博客网络时评的传播形式

博客、BBS、即时通信、个人网页等主要网络信息传播形式有各自的特点，也有一些相似之处。我们通过将博客与其他网络传播方式进行比较，就能够发现博客是网络交流手段的一种新的突破。研究博客的传播路径和特点，成为当前互联网必须注意的问题。博客传播是如何发生的？它的传播模式主要有几种主要形式？以下将对几种主要博客传播形式进行分析：

(1) 博客网主页推荐传播形式

互联网传统新闻时评主网页版式，是一个汇集编辑整合起来的信息阅读浏览窗口。它的特点是密集而重点突出，显而易见，起到导航作用。博客网主页继承了这个特点，将分散式的个人博客主页进行编辑式整合，让大众化创造的资源获得了一次集体化的呈现，虽然并不是全部博客内容，但却为每一个博客预留了一个顺序呈现的窗口，并带着自我更新的秩序和速度。自然排序的力量，凸显了个性鲜明和优秀的博客，从而决定了博客传播的快速扩张力。新浪、网易、搜狐、博客网、和讯都采取这种传统方式推介博客快速传播，这种传播带着主流文化和传统认同的推荐力量，将原本处于边缘化状态的博客迅速带入主流文化浪潮，同时也影响了新闻阅读的方式。

(2) 个人网页链接式传播

友情链接和互联网资源在博客里随处可见，那些已经链接的博客和网站都成为博客传播的区域，这种方式拓展了个人博客传播的范围和可能涉及的领域，并可能是未来博客传播的主要形式之一。用户可以经过一个著名的博客，跳跃式地看到许多与它相关的博客。进入一个博客就进入了一个链接世界，再加上有些文章在写作中利用了超链接方式，使博客文本扩张了自己的文章内容。文本内链接与友情链接的方式，是博客目前主要的传播形式。用户踏入链接的博客网络世界，就踏上了一片互联网沃土。

(3) 人际交流互动式传播

有些博客纯粹是私人朋友们聚集的地方，这个私密网络互动的圈子，就是一个可以自由交流聚集的平台。他们经常进行不同形式的交流，谢绝其他人进入圈子；同时，他们的文章也谢绝他人评论，开放性与封闭性相结合，灵活地表达了博客交流过程中隐蔽性与开放性的矛盾与问题。在这里，人们的交流是完全被对方保护和同意接受的，是一种文化和亲情，或者说是信仰的认同。私密性博客传播会让博客个性化更加凸显，在一定程度和范围内满足了人们窥视他人的欲望，又引发了熟悉群体更加活跃的交流和更多样化的互动。

(4) 社区圈子联邦式传播

具有不同文化价值认同的网络人群会通过博客建立自己的网络社会，例如网易博客部落圈子就是由一个个不同博客群落组成的。用户之间爱好相同，或者说信仰和价值观一样或相近，这是一种开放式的博客传播形态。在网络社会中，不同的博客群体自觉地结为一体，并且与其他群体进行广泛的传播互动。在这里，一些圈子中的主要组织者积极发挥作用,他们团结不同社区的博客进行共同交流互动。许多博客圈子就如同网络加盟共和国,实行着自己认可的原则和思想,对不同博客群体进行相互认同。虽然,不同的博客处于不同的圈子里,但却和谐地生存于整个网络社区之中,他们之间的交流传播是和谐生态网络追求的目标。

(5) 纸媒新闻出版式传播

新浪推出博客服务以来,纸媒报道和新闻出版博客的传播构成一道风景,新浪用专门版面转载纸媒出版物对博客的系统报道,这种使博客走出网络向现实社会靠近的做法,是利用传统媒介来传播博客的主要手段之一。用传统宣传方式来推荐博客浪潮,是主流社会文化对博客的一种认同。只有经由纸媒的宣传,才能更快地推进博客大众化的进程。博客网曾以图书形式传播博客概念,也是借用传统的方式推荐博客的做法,它们先后推出博客书籍、博客杂志或博客电子网刊以造成影响。总之,从网络中走出来寻找现实肯定博客的道路,就是借助纸媒获得对博客传播的一种强有力的推动,它影响着网民对于博客的快速认识,也将博客文章从电子虚假的文本转换成现实可读的出版物。这是虚拟与现实共同传播的一种形式,今后还将得到更快的发展。

3. 博客网络时评的特点

博客上的网络时评更具开放性和建设性,它能根据博客作者个人的喜好进行更新,追求简洁明快的风格,集中体现传播者的主体情绪、意见、智慧和思想。博客时评作为一种新的文化现象,使得网络时评步入一个更高的个性化阶段。

(1) 集合性

博客的成功就在于集众多个人网页于一体,将分散的信息组合在一起,通过一个站点将旗下各个博客页面的最新信息通过链接的形式收集起来,形成对外统一的信息传播界面(网站门户)。再利用博客个体对站点内容的不断更新形成大规模的信息流动,最终形成一个信息流量大、思想丰富的信息阀门。

(2) 开放性

博客是一种“零门槛”的网上个人写作、出版的方式,博客对作者是完全开放的,只要用户手边有台计算机且会简单的计算机操作或有智能手机,就能成为一名博客作者。博客对读者同样是完全开放的,这种全新的网上个人出版方式让传统的“把关人”角色不复存在,博客集信息的接受者、发布者与传播者于一身,各种思想均可在此充分地分流、整合。

(3) 交互性

在博客中可以迅速地产生传播效果,并逐步衍生出以兴趣、话题归类的群体传播链。与传统的单向媒体完全不同,博客的读者和编者可以实现真正意义上的实时互动,甚至读者和编者的身份也模糊了,两者之间已成为真正意义上的对话者。博客与读者的交流是博客生命力之所在。当用户的一篇文章、一个思路获得诸多反馈时,就会明白博客除了给读者奉献知识外,同时也从读者那里获取了更多的智慧。

(4) 即时性

网络媒体在新闻时效上的特点就是它的全时性,可以实现和新闻事件的同步。在网络上,庞大的博客群即时更新博客的写作方式很好地满足了网络的时效性。博客成为人们每天的“必修课”,经常更新是博客文体区别于其他个人文章、著作的主要特征。

(5) 个人性

每个人都有独立表达和交流的需求,而博客则充分地满足了人这一需求,并且,人们可以在自己的博客上“当家做主”。博客作者可以把自己在现实生活中的压抑和快乐、对自己关注的外界事件在网络世界里进行自由的、个性化的记叙和评述,通过这种方式实现自我价值和自己与社会之间的信息互换,这实际上是一种“使用与满足”。

8.2.3 短视频网络时评的传播形式和特点

1. 短视频新闻时评的传播形式

(1) 体验式新闻时评直播

当前,移动短视频直播已经成为互联网行业的发展风口,通过直播形态进行新闻报道和评论,能够实现受众的体验式新闻时评,从而让人获得身临其境的阅读感受。新闻视频直播一般用于有策划的大型新闻事件,短视频时评则可以用于社会热点话题的讨论。其最显著的特点在于实时性与交互性,能够随时随地为受众提供新闻影像,视频创作者不会受到时间地点限制,通过视频直播设备便能够获取新闻视频并进行时评,而且能够实现全天候不间断直播,传递时评内容。这种制作形态能够连续地展现事件的发展进程,并全面地还原新闻现场,接受观众进行质询和评论,避免出现断章取义的情况,既能够让受众感受到新闻事件发生现场的氛围,又能够融合受众的体验采访完成整体直播新闻的制作。

(2) 参与式新闻时评传播

传统时代的新闻传播只有“信息提供—信息接收”的形式,而自从新媒体出现后,新闻受众参与到新闻报道中的情况越来越多,并且已经成为发展趋势,这对于更好地采纳网友意见和建议,提升短视频新闻质量起到了重要的促进作用。例如在两会期间,无论是两会代表还是网友,都可以通过社交平台参与议政,媒体平台下的网友留言成为开放性的舆论场,尤其是对于社会热门话题及重要的民生话题讨论起到了积极的效果,也促使越来越多的网友放弃沉默,积极参与到议政中,获得真正的参与感。通过制作参与式的短视频新闻形态,能够与受众获得更多的交流,从而制作出更具互动性的短视频新闻,大大提升新闻传播热度。

(3) 记录式Vlog视角

Vlog的产生本身是用于记录制作者生活的视频日记,具有强烈的个人特色,这种短视频能够在很大程度上激发受众对于美好生活的向往,并且与创作者之间产生共鸣。目前,“Vlog+新闻”的形式也逐渐兴起,此种形态本质上是通过短视频方式进行新闻传播,但与短视频新闻相比,此种形态具有鲜明、独特的特点。在应用Vlog进行新闻报道时,能够激发受众的猎奇心理，新闻报道者在视频中不是局限于向受众呈现新闻事实，而是以自身为中心，与将要报道的新闻联系起来，进行信息整合，通过全新的视角为受众提供新闻报道。此种新闻传播形态消除了新闻报道者与受众之间的距离感，并且兼具记录、直播、互动等多种属性，大大满足了受众的多样化需求。

2. 短视频新闻时评的特点

在当前媒介融合的大背景下，传统媒体需要转型发展必须新旧融合。短视频作为2018年兴起的风头最盛的媒体形态，已成为传统媒体进行媒介融合的主要阵地之一。而“短视频＋新闻评论”的形式，是媒介融合的必然要求，其作为新形态的评论方式，也有其自己的优势。

（1）移动短视频平台和社交平台活跃受众更多

短视频新闻时评的主要分发平台是在移动社交平台和短视频平台，如微博、微信公众号、抖音等，相对于传统报纸和电视的活跃用户更多。第52次《中国互联网发展状况统计报告》显示，截至2023年6月，我国网民使用手机上覆盖面更广。

（2）能够更好地发挥受众的近用权

传统电视时评和报纸时评基本上都是单向观点输出，难以得到受众反馈和交流。后来虽然有一些视频网站将其进行转发，但大多也是换汤不换药。通过将短视频新闻时评在这些移动端平台进行分发，能够使其受众参照这些内容和形式进行传播。而短视频新闻时评和电视新闻时评、报纸新闻时评不同的是：第一，移动社交媒体平台和短视频平台能够提供给受众“评论区”，可以让其在评论区中自由地发表观点，和媒体互动；第二，按照平台的特点和受众的特征设计出的短视频新闻时评产品，具有趣味性和互动性，受众不仅“能够”也“乐于”发表自己的看法，更好地发挥受众的近用权。

（3）能够提高舆论引导效果

“短视频＋新闻时评”不仅使观众喜闻乐见，更能提高传统新闻时评的舆论引导效果。如中央广播电视总台《新闻联播》在《国际锐评》中发表对某国强硬派人士的驳论，主持人康辉的一句话“这一观点，荒唐得令人喷饭”在网络上走红，配发了这个短视频新闻时评的微博点赞量达到33.5万，并登上当日热搜。不少网友表示“某国的观点真是荒唐，给新闻联播点赞”等，引起较好的舆论引导效果。

（4）利于新旧媒体融合，提高媒体“四力”

麦克卢汉指出：“媒介是社会发展的基本动力，也是区分不同社会形态的标志，每一种新媒介的产生与运用，都宣告我们进入了一个新时代。”短视频新闻时评是新旧媒介融合的产物，随着智能媒体时代的推进，其在发展过程中已逐步加入了新的元素，如《重庆日报》报业集团的《“小屏论”话两会》，利用大数据、3D模型等技术将两会内容进行可视化加工；《光明日报》全新新媒体栏目《光明政论·小明说两会》上线，AI技术的应用让人耳目一新。虚拟主播“小明”利用人工智能技术自动生成“小明”播报形象、制作滚动字幕以及虚拟演播室，实现了新闻时评播报的全流程、全自动服务。短视频新闻时评有力地推动了媒介融合的进程，也更加提高了主流媒体的传播力、引导力、影响力和公信力。

8.3 网络时评的写作与策划

案例导入

事件背景：某地发生一起严重的交通拥堵事件，导致市民出行受到严重影响。事件引起了广泛关注和讨论。

网络时评写作与策划目标：通过撰写一篇具有观点、深度和影响力的网络时评，引导公众关注交通拥堵问题，提出解决方案，为政府决策提供参考。

网络时评写作与策划步骤：

(1) 选题：选择交通拥堵问题作为时评主题，分析其背后的原因、影响及解决措施。

(2) 资料收集：收集有关交通拥堵的数据、案例、政策等信息，为时评提供充分的论据支持。

(3) 构思与提纲：根据资料分析，确定时评的观点和论述方向，制定详细的提纲。

(4) 撰写正文：按照提纲，撰写时评正文，注意行文逻辑、语言表达和论据支持。

(5) 审稿与修改：完成初稿后，进行审稿和修改，确保时评内容准确、完整、有说服力。

(6) 发布与推广：将时评发布在适合的网络平台，如社交媒体、自媒体等，进行推广和互动。

网络时评写作与策划要点：

(1) 选题要具有时效性、关注度和社会价值，能够引起公众的关注和讨论。

(2) 观点要鲜明、独特，能够引导舆论的方向。

(3) 论述要有深度和广度，结合数据、案例、政策等论据进行论证。

(4) 行文要逻辑清晰、语言简练，易于阅读和传播。

(5) 注重互动与反馈，及时回应网友的评论和提问，提高时评的影响力。

网络时评是时评创作者思想、观点的体现和表达。网络时评的撰写和策划的水平和发展，关系到网民对网站印象的形成，关系到网站长期忠实受众群的形成。好的网络时评策划和写作方式可以大大激发受众的兴趣，聚拢人气，形成热议的氛围，完成时评更广泛、更有效地传递、扩大影响，也有利于时评的观点、立场得到更多的支持和认同，实现时评创作者的初衷。

8.3.1 网页时评的写作与策划

网页时评是传统媒体时评的延伸，它在较大程度上保持了传统媒体新闻时评的特点，这些时评有的由网络媒体的编辑撰写，有的由专栏作家撰写，有的由网友撰写，也有的是转发传统媒体的评论。网络媒体在这里扮演布告栏的角色，充当传播媒介，只为作者提供一个发表其评论作品的地方，其作品是作者事先创作好的成型的文章。在评论页的首页，像书的目录一样，一般都列出了时评的题目，网民可通过时评题目的链接来阅读时评文章。

1. 网页时评的写作

网页时评一般都需经过严格的把关、审核和编辑修改，具有较高的质量要求，有一定的代表性。如何才能撰写出符合要求的网页时评呢？

(1) 选好题材

选材就是在收集资料信息后，通过研究找到合适的题材。

取材是写时评文章的第一步。取材其实很简单，网络编辑每天从各个报纸、新闻网站上浏览信息，整理当天发生了什么重要的或者备受关注的新闻，然后分析这些新闻的背后是否有可以挖掘的信息。比如，最近发生的一些社会性事件，还有当地的报纸上刊登的地方性新闻、在生活中遇到的各类看似正常或本来就不正常的现象。这些新闻事件和现象背后一定有其深层次的原因和相关的因素值得去挖掘。这就是写作的取材。

(2) 选好标题

标题是时评的眼睛，好的标题对于一篇时评的作用不亚于所谓的“画龙点睛”中眼睛的作用。网络时评靠的就是吸引眼球，能吸引用户阅读，其内容才有可能实现传播目的。标题设置的成败直接决定了时评的点击率，换句话说，标题直接决定了时评是否能实现它的传播效果。

(3) 选好引论

选择好的引论就是选择好的评论的由头、观点。要根据写作材料形成自己的观点，在立论时找到一个好的新闻由头，这样能引起受众的兴趣，提高阅读率。比如，由“真假华南虎”事件可以来拷问社会诚信度问题，从技术或者情感角度去支持某一方，讨论真假华南虎问题带来的社会正面影响、负面影响，等等。

(4) 组织好行文

行文组织要结构合理，组织有序，逻辑严谨。立意再深远，观点再正确，评论再精彩，也必须以评论自身的结构组织、行文来依托。评论结构安排是否合理，逻辑是否严谨，行文是否组织好了，决定了评论能否经得住推敲，能否入木三分。

2. 网页时评的策划

策划，其基本含义是“计划、打算”。网页时评作为提供给受众信息，让受众理解、接受它所承载的信息的媒介，好的组织规划更利于让受众接受这种理解信息的方式，达到帮助受众、赢得受众的目的。网页时评的策划包括选题、评论方式方法和手段的选择运用以及观点呈现的方式。

(1) 网页时评的选题

网页时评的选题指的是评论的对象和论题讨论的范围以及深入的程度。从实际工作生活中去寻找选题,把群众关心的问题、群众迫切需要解决的问题,列入评论“选题策划”中是一种好的途径。同时,网络媒体自身的特点使其受众面更广、主动性更强、互动性更强,让及时的反馈也成为可能。总的来说,网页时评的选题主要分两类。

① 热点选题。网络媒体的时效性和受众的交互性、参与性是传统媒体不可比拟的。因此,网络媒体将这两点很好地结合起来,在社会新闻动态问题、热点问题的选题上将比传统媒体能发挥更大的优势。同时,更应该在时评本身多下功夫,提高时评的质量,以质取胜。

② 冰点选题。所谓冰点选题就是在一段时期内,不是热点,被媒体忽视,但又与人们的生活息息相关的问题。这类选题因为较少被关注,一旦选好了题目,投受众所好,冰点选题将成为热点选题。

(2) 评论的方式

在网络传媒中,传播者与接收者的角色重合,网民的交流、受众与传播者的交流、受众之间的交流成为网络时评中的重要环节,这种评论交流的方式也就显得格外重要。选择合适的评论方式,可以提高受众的参与度,增强论题的影响力,对于网页时评自身的成长建设有着深刻的意义。

① 跟帖评论式。现在很多网站的时评网页在其评论的后面,都会为受众发表评论设立栏目。例如“我来说几句”“添加评论”“我有话要说”,等等。这些都是供受众发表对新闻事件看法的地方。一般而言,新闻、话题所引起的轰动效应越大,其争议性越大,跟帖者就越多,可能在跟帖里展开激烈的讨论,发表各自的意见。

② 嘉宾访谈式。一般是邀请专家、领导或者新闻事件的当事人、相关人与网友围绕某一主题,进行交流,展开讨论。在这种交流方式中,网友可以向嘉宾提问,后者提供解答,也可以展开相互的讨论。这种方式可以帮助受众理解新的社会事件、社会现象或者更接近事实真相,消除错误认识和误解,有利于受众理性认知的形成。

③ 辩论式。在这种方式中,网民往往被分成正反两个阵营,有时候也有中立的一方。网民可以对事件展开充分的辩论,在激烈的辩论中,让观点更加清晰。这种交流有利于舆论的形成,深化对各种问题的认识。

(3) 观点的呈现方式以及涉及的范围控制

以什么样的方式框架来呈现观点、观点的平衡性、涉及范围的控制直接影响到受众对时评观点的接受及其自身看法的形成。要注意网络时评中集体的盲动和无意识将形成盲目一边倒的现象。在自由式跟帖中,由于网民素质高低不一,帖子质量也良莠不齐,这就需要引导和管理审核。新闻网页时评的观点也代表了该网站对某一新闻事件的基本态度,所以优化观点,控制涉及的范围尺度就显得尤为重要。

8.3.2　论坛时评的写作与策划

论坛本身就是一种网络传播平台，与其他网络传播方式有很多共同的特点。论坛时评的写作也与其他的网络时评写作有很多相似的地方，网络时评写作的一般规律同样也适用于论坛的时评写作。同时论坛时评也具有一些自身固有的特点，具有更大的开放性，更广泛的参与度，更多样化、随意性的表达方式。下文主要介绍论坛时评写作与其他网络时评写作的不同之处。

1. 论坛时评的写作

论坛具有高度的开放性，参与者众多，其素质高低不一。用户在写论坛时评时首先要注意网络道德，遵纪守法，文责自负。表达的观点既要旗帜鲜明，又要留有余地，切忌绝对化、措辞激烈的言论。同时还要选好标题，提高行文质量，这样才能完成一篇优秀的论坛时评的写作。

(1) 文责自负，遵守网络道德

用户的隐秘特性，容易导致不负责任的现象发生。不能在论坛时评写作中涉及、传播不当信息，比如传播恐怖、暴力、色情、欺诈、迷信的内容，诋毁和诽谤他人，发表有损国家民族尊严的言论，涉及知识产权侵权，这些可能发生的情况极易引起网民之间的互相恶意攻击，破坏网络文明环境。“网络文明，人人有责。净化网络环境，做一个文明网民，应该从我做起！”这是人们在网络论坛发表言论的基本原则。

(2) 选好标题

活泼生动、鲜明有趣、标新立异的标题能吸引人点击阅读。论坛中主题帖众多，一般来说，一个网民不可能每个帖子都打开浏览，只会选择一些标题能够吸引自己的帖子来阅读。所以在论坛时评写作中，标题的选择显得尤为重要。有人甚至为了吸引眼球，选择一些夸大其词，甚至子虚乌有的、与内容完全脱离联系的标题，网上称之为“标题党”。这种方式当然不值得提倡，但也从一个侧面反映出在论坛写作中标题的重要性。网络编辑写论坛时评时，不能选择那些夸大、虚假的标题，但是适当的夸张和提炼还是可行的。

(3) 写好内容

要有力有据，深入浅出地谈问题，泛泛而谈，流于形式，势必成为“口水帖”。论坛的读者与传统读者不同，他们阅读的习惯往往是浏览，这就要求论坛时评的写作要精简、提炼、字字珠玑，过多的空话、套话很容易引起读者反感，失去兴趣。同时，论坛参与者素质高低不同，理解能力差别很大，在写作中还应注意行文的通俗易懂、言简意赅，切忌咬文嚼字、措辞晦涩。

2. 论坛时评的策划

论坛时评的策划要注意以下几点：

(1) 找好切入点

这里说的找好切入点，既是指找出关键的问题，也是指找准发表位置的问题。首先要清楚从哪个角度入手。切入点的好坏直接关系到一篇时评的整体走向和写作价值。没有好的切入点，再好的文笔，作品也只是辞藻堆砌的空壳，没有灵魂。与此同时，一篇切入点准确，立意深刻的时评也必须找准自己发表的位置。目前，论坛数量众多，各类综合论坛、专业论坛林立，就是同一论坛里，也划分了诸多版块、专栏。在什么样的论坛或者什么样的版块来发布什么样的时评，是需要认真考虑的。不同的论坛，阅读群体也是不同的，时评发布要找准位置，否则就有可能是“明珠暗投”了。

(2) 找好组织形式

针对不同新闻事件的时评，也可以利用论坛的特色，采用不同的组织和表达方式。对于争议性较大的新闻事件，可以采用辩论的形式，正、反两方阵营立场明确，展开激烈、充分的讨论，在思想碰撞和思辨角力的过程中，接近事实的真相，明晰事故的原委。对于一些社会热议的问题，可以在表达自己观点之外，增加一种选择投票的形式，来聚拢人气，吸引网民的广泛参与。同时，这种允许和倾听不同声音的形式也是一种民主言论的体现。

电影局副局长评价《南京！南京！》是一部“世界观公正、经得起现实和历史考验的电影”，您对这部电影的看法是？(网络投票《南方周末》网络版)

投票项：1. 残酷之余不失冷静，是部好电影

2. 不过不失，可以更出彩

3. 美化侵略者，有“文化卖国”之嫌

4. 没看过，无法评价

有近千人参与投票，讨论热烈。

(3) 找好表达方式

除了传统的文字表达方式之外，还可以充分利用论坛网络资源，将对新闻事件的评论由单一的文字评论转变为由图片、视频、动画等多媒体方式构成的超文本式、立体式的评论方式。这种表达方式往往更加直观，容易被阅读、接受和理解，也更受欢迎，更能实现论坛时评写作的价值。

8.3.3 博客时评的写作与策划

博客与传统的传播方式相比，毋庸置疑有着颠覆性，甚至和与其同根生长的其他互联网方式相比也有着诸多优势。论坛在互联网上为传播者提供了一个畅所欲言的空间，然而，作为一个公共性的论坛，参与人员众多且身份复杂，话题的讨论难以集中和深入。而博客作为个人网络空间，博主可以实时维护讨论话题的纯粹性，满足专业领域的要求，提升话题的思

辨深度。相对于可以随意发帖子的论坛,博客专栏显得更整齐有序、一目了然。博客作为独立的个体在互联网上进行信息的创作和传播,但是,他们的单个个体并不是孤立的,他们整体构成了一个开放的“知识共同体”。博客具有更加鲜明的个性化特征,也更容易形成某种特有的风格,博主的观点立场也往往具有某种一贯性。

既然博客与其他网络媒体相比,有着独特的优势和特点,那么博客时评的写作与策划也就有其不同的特点和方式。

1. 博客时评的写作

博客时评作为网络时评环境下出现的新的时评类型,从形式上看,它拥有简洁、立体、系统化的特点,是人们个性化思想、个性化生活的记录以及个性化情绪的宣泄。写作博客时评要做到以下几点:

(1) 博客时评的写作要客观、要表达真情实感

博客时评的写作是个性化的表达,无须接受编辑的审查、认可,甚至随意地删改。而它的空间在一定范围内又是完全公开的,可供别人阅读、评析。正是这种私人空间与大众空间的结合,在写作博客时评时,更应该避免写作的随意、自由,努力开拓生活视野,结合自己的生活体验,写出客观、深刻的时评。

(2) 根据个人爱好,表现自我特色

韩愈说“闻道有先后,术业有专攻”,博客的表现正是如此。与其写那些不伦不类的评论,不如根据自己的学识、兴趣和爱好,专注一点,主攻一面。这样,博客时评才有见地和深度,才会拥有读者,才会产生影响力,从而体现博客时评的价值。读者在搜索或单击网页时往往存在明确的目的性。当读者单击不值得看的内容时,他们就会对作为一种资源的博客网页失去信任,而且不大可能再来回访。

(3) 行文要简洁明快、活泼且紧凑

网络资源的信息量十分庞大,令人眼花缭乱。网络读者一般没有时间、没有心思去对作品细细品读,大多采用略读和速读的方式完成初读,他们对篇幅较长的文章往往不屑一顾。因此,博客文章特别要注意条理清楚,结构紧凑,形式活泼,内容生动。读者更喜欢开门见山、一目了然的作品。一篇博客作品的成功系数等于高点击率和高回访率之比。

(4) 注意个人文化修养,规范网络语言环境

网络的出现,培养和拥有了亿万网民。网民成分的复杂性不仅造成了网络内容五花八门、异彩纷呈,而且使网络语言环境千奇百怪,甚至千疮百孔。比如,为了争取文字输入的速度,“笔误”可以连篇累牍,“酱紫”(这样子)、“jj”(姐姐)一类的缩略语层出不穷。加强语言文字修养,规范语言文字环境,保持祖国语言文字的纯洁性是一个博客作者应尽的义务和承担的责任。

2. 博客时评的策划

博客时评的策划在网络评论传播中大显身手。在2007年的两会期间,中央电视台开创

了“名嘴两会博客”，开通了“两会博群”，囊括了央视主持人、记者和央视国际网络记者关于两会的博文。这些博客既是新闻传播渠道，又是影响广泛的互动空间，“小丫两会博客”里的优秀博文一度成为各大媒体争相转载报道的热点。

(1) 名人效应策划

博客具有强烈的个人化色彩，使得人们对博客的发布者——博主，给予了更高的关注。可以说，一个博客的博主是谁成了吸引眼球的一个重要因素。甚至有的网民只看×××写的博客时评，或者只要是×××写的时评一定会看。利用博客的这种“名人吸引眼球”的效应，可以更有效地推广博客时评的传播。

① 名家博客时评，主要指专家学者，也包括部分演艺或体育明星发表的时评。这些人是公众言论的代表或权威，是公众人物。他们利用自己的博客，对社会舆论和焦点事件以言论的形式参与公共事务讨论。

② 记者博客时评，专业记者能在媒体上公开发表的文章，往往是采访中得到的信息总量的一小部分，大部分信息都被割舍掉，这应该被看作记者信息资源的一种巨大浪费。如果很多有价值的观点无法出现在评论版面上，可以把这些消息在博客上刊出，让博客成为专业记者稿件的第二出口。

(2) 博客时评的主题策划

博客时评的策划要善于认识与理解网络读者的阅读需求与习惯，选择他们最感兴趣的主题。网络读者不是被动地接收信息，他们往往比印刷品的读者和影视观众更主动、更活跃。网络编辑在写作博客文章的时候，要考虑博客网页的目标受众，提供积极健康、能引起他们关注的感兴趣的话题，并通过互动空间积极地吸收反馈意见。博客成功的标志取决于其点击率，这里的点击率直接反映在传播效率上。就传播效率而言，网站具有抵达全球的潜力，因此，写作博客文章时要考虑多元文化的适应性与普适价值，以满足更多读者的需求。

(3) 组织形式框架策划

① 采用多样的表现形式。运用超文本技巧，做到图文共赏，声情并茂。基于超文本技术的多媒体信息能使人产生深刻的印象。它的最大特点就是交互性，它和观看电视、电影、录像、光盘的最大区别是能够让受众参与，受众可以控制整个过程，从而获得受众认为理想的结果和感受。

② 广泛地占有信息，提供相关性链接。和普通文章的写作过程一样，博客作者应该充分地收集用于写作的素材，充分地梳理、比对、分析、定位等一系列的整理活动，提炼出一个鲜明的主题，并围绕主题取舍、优化，谋篇布局，组织材料。撰写一篇博客文章是一个非常精细的编辑加工过程，这个过程建立在博客作者对主题特别是对支撑主题的材料所建立的信心之上。但博客作者的信心并不能取代读者的心态，为了使读者确信，应该把所获取的网络信息资源和其他相关的博客时评通过超级链接的方式提供给读者参考。

③ 文章的排列、组织方式。博客文章一般是以日期为顺序进行排列的，越是近期完成

的文章，在排列上越靠前。当然也可以根据实际情况，将文章按类别来分门别类地排列，设置专栏。尤其对于重大的新闻事件的连续评论可以采用这种归类的排列方式，以方便读者查阅，甚至可以将两种排列方式综合起来运用。

8.3.4 短视频时评文案的写作与策划

近年来，短视频呈现爆发式增长。在短视频与新闻业融合的过程中，出现了“短视频新闻评论”这种新型评论形式，于今已经进入快速发展期。短视频新闻评论放置于活跃受众多的社交平台，能够很好地发挥舆论的影响力。2018年被称为短视频爆发元年，短视频新闻评论开始大量出现，现在已经进入快速发展期。目前国内各大媒体已经陆续推出了短视频新闻评论产品，如中央电视台的“央视微评”、《新京报》“我们视频”旗下的“陈迪说”、《湖北日报》的“楚楚说两会”、《齐鲁晚报》的“小强说”等。短视频新闻时评按照时长来分类，可分为1分钟以内的“微型评论”、5分钟以内的“中型评论”、20分钟以内的“长评论”；按照节目内容，可分为对社会热点的评论、政治评论、军事评论、经济评论、文化评论，还有一个特殊现象，在对于媒介事件的评论中，如在两会期间，短视频新闻评论产品呈井喷式增长，形式和内容都纷纷得到了创新。

1. 短视频时评文案的写作

在录制前要精心创制短视频时评的文案，一个好的新闻时评文案有助于短视频的拍摄效果和传播效果。在写短视频时评文案的时候要注意以下几点要求：

(1) 文案创作要注重质量和产出效率

短视频是互联网发展的“下一个风口”，对于新闻评论的发展来说，短视频新闻时评既是机遇，也是挑战。因此，在短视频新闻时评的快速发展期，各家媒体需要在量和质上都进行突破。首先，要形成一套成熟的短视频新闻时评产品的文案写作流程；其次，在“新闻无终态”的现在，短视频新闻时评应该利用好网络平台的即时性，紧跟热点的发展，短视频新闻时评亦“无终态”；最后，需要提炼出独特的观点和视角，对新闻事件进行深度剖析，删除废话，给受众以启迪。

(2) 投放不同的栏目，口播语言设计要符合受众

国内短视频新闻时评的题材涵盖各个方面，但大多没有对受众进行细分，并未出现成熟的分众化栏目。其实分众化节目的投放，更能够提高用户的喜爱度和忠诚度。例如，在今日头条中，资深媒体人胡锡进每次的时评和短视频评论都会迎来很多新闻头条爱好者的点击和观看，获得了900多万粉丝的关注。他采用平实的语言，很符合普通民众的观赏点，与普通民众的理解层次和价值取向容易达成一致，再如网红军事评论家张召忠的《局座时评》栏目主要面向军迷群体，其上线一年左右的时候，播放量已高达4.3亿。像这种投放在移动端，属于“新媒体＋新闻时评”的形式，一定要做好区分受众的创作准备，对短视频新闻时评的发展也有一定的积极作用。

(3) 既要“讲道理”,也要“讲故事”

为了符合受众阅读习惯和平台特征,短视频新闻时评文案创作在制作上应更加注重互动性和趣味性。首先,在观念上要转变过来,要敢于“放下面子”,更加贴近群众,放弃以往说教的方式,转为使用沟通的语言和语气;其次,在语言运用上更加口语化,在“讲道理”的同时,也可以通过“讲故事”的方式,“动之以情、晓之以理”,方能取得较好的传播效果;最后,可以加入新鲜元素体现趣味性,还有一些短视频新闻时评文案创作中融入了大数据、3D模型技术等,受到受众广泛好评。

2. 短视频时评文案的策划

(1) 短视频网红效应策划

短视频网红属新型名词,其是依靠短视频“火”起来的一部分人。其借助互联网(涵盖移动互联网),利用短视频来展示自我才华、特质,吸引、积攒了大批粉丝的关注、追捧,进而被人们称为“短视频网红”。目前在各类短视频播放平台中也出现很多舆论大V,他们的关注度和粉丝量较大,他们通过镜头向普通民众进行新闻评论,也是网络时评的一种新形式。网红通常被视为某一领域的关键意见领袖或是精神领袖,其主要是通过短视频、直播、图文等去表明、传递自己对事件的认识和评论,这种与民众价值观的共鸣往往是他们吸引流量的一种方式,并通过个性化的短视频来不断完善、提高自身的品牌效应。所以在进行短视频时评文案策划时可以考虑与网红自媒体人合作,通过网红自媒体的网红效应传递信息。

(2) 短视频标题策划

传统新闻评论的标题是新闻评论的灵魂,同样短视频时评文案创作时也需要注重标题的策划,如何策划或者草拟一个有卖点、有点击量、有传播效果的短视频时评标题呢?如何取一个让观众有共同感受的标题呢?需要参考以下几点:满足观众的日常需求,与观众紧密相关,洞察生活细节;具有画面感,多出现一些动词,多用断句,让标题有画面感;寻找共鸣点,比如说能抓住观众的一些痛点或者谈资;抓住人性的痛点,多用“我”和“你”;角度要新颖,观点要突出、态度要鲜明,用自己的角度叙说不一样的事件。

① 一个好标题的三个特点

有卖点:能够给予到观众迫切需要了解和得到的知识,比如八卦的、好奇的、满足某种欲望的信息等。

有内容;文字有力,不歪曲,不夸张,直接介绍视频内容,让观众提前预知视频的内容。

有趣味:有创新思维,有独特的观点和态度,或者搞怪或新颖,能够使观众产生浓厚的兴趣。

② 写标题的实操步骤

思考内容:写标题前,先问自己几个问题:我的视频是打算给谁看的?我的视频内容想要表达什么?我的视频有什么吸引眼球的地方?我凭什么让观众留下来看我的视频?

起草标题:提取几个关键词,读几遍后判断是否能表达出自己想要的内容?

修改标题:是否能根据观众的心理增加一些共鸣点或引起悬念等?

(3) 短视频时评文案内容策划

短视频时评文案的创作并非原生态的记录,而是有选择、有区别、有针对性、精品化地描述和展示,便于拍摄和传达,具体的要求就是围绕闪光点、感动点、矛盾点、价值点和体验点。

① 闪光点:即在平台上记录生活时不能随便截取日常生活的片段,而应选择自己生活中发生在某个瞬间的趣事,比如第一次去某个城市旅行发生的趣事、自己在工作过程中意想不到的尴尬事、用心种植的农作物获得了丰收等,从而引出今天评论的新闻热点问题。

② 感动点:记录日常或在某个领域里一些打动人、触动人、让人产生共鸣的片段。这些感动点是每个人内心深处的软肋,是正能量的集中体现,也是社会真善美的浓缩。创作者在记录这些感动点时,必须先扪心自问这些内容是否会对自己产生触动,然后再分析这些触动点中哪一点可以放大展示,以记录事情的原委,表达核心观点。

③ 矛盾点:在日常生活中遇到的各种问题与麻烦,我们应该以什么态度面对,以什么方法解决,可以给人什么启迪?这样的创作方式在各个垂直领域都很适合,而且往往都是从开门见山的问题开始,然后展现解决过程,最终得出结果。

④ 价值点:站在观众角度来说的,我们在记录与分享短视频内容时传递给对方的不是模棱两可的内容,而是清晰直观的个人观点。比如,当分享了自己的一段历程,要同时表明自己从中感受到了什么、懂得了什么或是学会了什么。不是随便写写鸡汤,写写流水式的生活日常,然后简单拍摄一段风景分享出去就可以。一定要记住不要让观众过多思考自己的意图,不要让其过多思索短视频到底想要讲什么,而是直接告诉观看者风光美在哪里,以及自己有什么感悟等。

⑤ 体验点:记录分享的短视频内容,传递给观众一种独一无二的体验过程。在展示内容时需要有精品化的过程,并展示自己独特的感受和见解。这种记录分享多见于旅行、吃播、“三农”等领域,用于展示创作者的独特视角和体验过程,对外传递其人生态度。这里还需要提醒一点:不管哪一种形式,都要有因有果,就是说不管创作哪种内容,都需要有前提、有结果,不能让观众搞不清楚到底发生了什么、结局如何。

能力训练

1. 请就“原日本首相安倍晋三被刺杀”一事,写作一篇视频网络时评文案并录制视频。
2. 使用熟悉的微视频平台就“北极鲶鱼事件”展开视频评论。

思政园地

视频网络时评是一种独特的文化现象,它既是社会舆论的反映,也是个体思想的表达。在这个平台上,我们可以看到各种各样的声音,既有理性的思考,也有感性的抒发。正是这种多样性,让视频网络时评成为一个充满活力和创造力的空间。

视频网络时评是一种民主的体现，它为普通人提供了一个发声的平台。在这个平台上，每个人都可以发表自己的观点，参与到社会舆论的形成中来。然而，这种民主性也容易滋生极端主义和民粹主义。因此，我们在参与视频网络时评时，要时刻保持理性，避免被极端观点所左右。

视频网络时评是一种社会责任的体现。在这个平台上，我们不仅要关注自己的利益，还要关注社会的公共利益。我们要敢于揭露社会问题，勇于提出建设性的意见和建议。只有这样，视频网络时评才能真正发挥其应有的作用，为社会的进步和发展作出贡献。

视频网络时评是一种文化的传播和交流。在这个平台上，我们可以了解到不同地区、不同民族的文化特色，也可以传播和推广自己的文化。然而，这种文化的传播和交流也容易引发文化冲突和误解。因此，我们在参与视频网络时评时，要尊重多元文化，促进文化交流和融合。

视频网络时评是一种个人成长的途径。在这个平台上，我们可以学习到各种知识，也可以锻炼自己的思维能力和表达能力。然而，这种成长也容易让人陷入自我封闭和狭隘的思维。因此，我们在参与视频网络时评时，要保持开放的心态，不断拓宽自己的视野和认知。

课后自测

1. 单项选择题

(1) 下列叙述错误的是(　　)。

A. 论坛里的讨论话题容易出现跑题现象

B. 论坛的语言可以不需要过多强调规范

C. 论坛时评的观点呈现应适当留有讨论余地

D. 论坛版主是论坛的主要管理者

(2) 在选择或提供论坛论题时应注意避免哪种情况?(　　)。

A. 论题应明确具体，让人一目了然

B. 论题要注意引导舆论，应有明确、毋庸置疑的结论

C. 论题现实性要强，才能吸引网民更多的关注

D. 论题本身要有讨论的余地

(3) 请看下面网络稿件中的一句话，分析它的语病是什么?(　　)。

"目前，我国各方面人才的数量和质量还不能满足经济和社会发展。"

A. 用词错误　　　　B. 指代不明

C. 成分残缺　　　　D. 搭配不当

(4) 与传统媒体的时评相比，不属于网络时评基本特点的是(　　)。

A. 平等自由的交流特点　　　　B. 交互性评论的特点

C. 选题的个性、醒目　　　　D. 多样性、多元化的特点

(5) 网络时评的写作要注意很多问题,以下哪项不在此注意范围内?(　　)。

A. 标题要生动　　B. 注意时效性

C. 语言要简洁　　D. 结构要多层

2. 多项选择题

(1) 网络时评传播主要包括(　　)。

A. 网页时评　　B. BBS时评

C. 博客时评　　D. 即时通信时评

(2) 下面对博客的描述正确的是(　　)。

A. 博客的私密性说明博客具有私密的个人性质,不能公开

B. 博客是集丰富多彩的个性展示和轻松有效的交流为一体的综合性平台

C. 博客就是在网络上发布和阅读的流水记录,通常又称为"个人网页"

D. 博客是一种"零门槛"的网上个人写作、出版方式

(3) 博客网络时评传播的特点是(　　)。

A. 集合性　　B. 公开性

C. 即时性　　D. 个人性

(4) 在论坛里我们经常使用哪几种方式来写作时评?(　　)。

A. 主题式　　B. 访谈式

C. 投票式　　D. 辩论式

(5) 写作网页时评的时候,我们应该注意(　　)。

A. 挖掘新闻事件和现象背后的深层次的原因和相关因素

B. 精心制作好标题,可采取适当夸张的手法

C. 组织行文要结构合理,逻辑严谨

D. 语言要尽量通俗易懂,多用口语

参考文献

[1] 张燕丽.Photoshop CS5图形图像处理经典案例教程[M].武汉:华中科技大学出版社,2012.

[2] 赵殊,李侠.网页美工设计实训[M].2版.北京:高等教育出版社,2023.

[3] 方跃胜,张美虎.Flash CS5项目化教程[M].上海:上海科学技术出版社,2012.

[4] 毛宇航.Flash CS6动画制作实战从入门到精通[M].北京:人民邮电出版社,2016.

[5] 王寿苹,宁翔.非线性影视编辑教程[M].北京:人民邮电出版社,2010.

[6] 范生万,张磊.网络信息采集与编辑[M].合肥:中国科学技术大学出版社,2014.

[7] 胡爱娜,孙全宝.Dreamweaver CS5网页设计与制作实例教程[M].2版.西安:西安电子科技大学出版社,2019.

[8] 冯涛,王海波.网页设计与制作项目教程[M].2版.大连:大连理工大学出版社,2019.

[9] 张晓斐.网络新闻专题编辑意识呈现研究[J].中国报业,2024,9:88-89.

[10] 春风.网络新闻编辑的新闻发掘策略探究[J].新闻论坛,2024,38(2):90-92.

[11] 孟丛,王春燕,宋立.新媒体编辑[M].北京:清华大学出版社,2024.

[12] 张森.新华网《新华时评》专栏2023年第二季度时评研究[J].新闻研究导刊,2023,23:128-131.

[13] 杨开新.深融视域下经济时评的重塑:基于对经济日报时评作品的研究[J].全媒体探索,2023,9:72-73.

[14] 封绪荣.电子商务网页设计与制作(微课版)[M].北京:人民邮电出版社,2024.

[15] 谢元芒.商务网页设计与制作(微课版)[M].2版.北京:人民邮电出版社,2023.

[16] 李志云,田洁.网页设计与制作案例教程(HTML5+CSS3+JavaScript)(微课版)[M].2版.北京:人民邮电出版社,2023.

[17] 王萍,吉莉莉,耿慧慧.电子商务网页设计与制作(慕课版)[M].2版.北京:人民邮电出版社,2022.

[18] 叶丽萍,陈蒋.网页设计与制作:JavaScript+jQuery标准教程[M].北京:人民邮电出版社,2023.

[19] 余云晖,赵爱香,孙秋莲,等.Photoshop网店美工与网店装修(微课版)[M].北京:人民邮电出版社,2023.

[20] 张雅明,高茹.Premiere非线性编辑(Premiere Pro 2020)(全彩微课版)[M].北京:人民邮电出版社,2024.

[21] 兰和平.Flash CS6动画设计立体化教程(微课版)[M].2版.北京:人民邮电出版社,2023.

[22] 高杰,庄元,王定朱.数字音频编辑Adobe Audition实用教程(微课版)[M].北京:人民邮电出版社,2023.

[23] 刘琴琴,王哲.数字媒体技术与应用(移动学习版)[M].北京:人民邮电出版社,2023.